南方水稻灌区节水减排理论与技术

崔远来　许亚群　赵树君　刘方平　董　斌　著

科学出版社

北　京

内 容 简 介

本书针对我国南方水稻种植区水肥资源利用率不高、农业面源污染排放形势严峻、水环境污染突出等问题，围绕水稻节水灌溉与水肥综合调控、水稻灌区农业面源污染生态治理两个主题开展了系统研究。全书共9章，主要内容包括：不同水肥处理（灌溉模式、施氮肥量、施肥次数）下水稻的生物学特性指标、产量、水量平衡要素、灌溉水分生产率和氮、磷排放负荷等指标的变化规律及其机理，从节水、增产、提高水肥利用效率、减少氮、磷排放等综合指标提出适合研究区的早晚稻田间最优水肥管理模式，生态沟对稻田氮、磷排放的去除效果、主要影响因素及其规律，生态沟的设计及运行技术，塘堰湿地对稻田氮、磷排放的去除效果、主要影响因素及其规律，塘堰湿地的设计及运行技术，适合水稻灌区农业面源污染分布式模拟的模型构建，不同水肥管理制度下农业面源污染排放规律模拟分析，水稻灌区节水减排模式构建及其示范应用等。

本书可供从事节水灌溉、灌区水管理、农业面源污染治理、水环境修复等领域的科研、教学、管理人员及大专院校师生参考。

图书在版编目(CIP)数据

南方水稻灌区节水减排理论与技术/崔远来等著. —北京：科学出版社，2017.3

ISBN 978-7-03-052116-3

Ⅰ.①南… Ⅱ.①崔… Ⅲ.①水稻-灌区-农业污染源-面源污染-污染防治-研究-中国②水稻-灌区-农田灌溉-节约用水-研究-中国 Ⅳ.①X501②S511.07

中国版本图书馆 CIP 数据核字(2017)第 050402 号

责任编辑：周 炜／责任校对：桂伟利
责任印制：张 伟／封面设计：陈 敬

科 学 出 版 社 出版
北京东黄城根北街 16 号
邮政编码：100717
http://www.sciencep.com

北京建宏印刷有限公司 印刷
科学出版社发行 各地新华书店经销
*
2017 年 3 月第 一 版 开本：720×1000 B5
2017 年 3 月第一次印刷 印张：19 3/4
字数：383 000
定价：118.00 元
(如有印装质量问题，我社负责调换)

前　言

我国南方地区是指秦岭-淮河-白龙江以南的区域,多年平均降水量基本在800mm以上,涉及16个省(直辖市、自治区)。南方地区是我国重要的农耕区之一,以水田为主,其中,南方水稻种植面积约占全国水稻种植面积的98%。南方地区水热资源丰富、匹配较好,但季风活动频繁,降水丰沛、时空变幅较大,降水集中在4~8月,极易产生洪涝灾害。而在伏旱期,气温高、降水少、蒸发强,易产生季节性干旱。虽然南方降水及水资源比北方丰富,但由于降水在年际,特别是年内分布极不均匀,水资源在地区间的分布也不均匀,南方每个省(直辖市、自治区)都有数百万公顷甚至上千万公顷的稻田水源不足,加之工业用水及城镇生活用水的急剧增长,缺水问题日益突出。在南方,水稻节水灌溉成为当前发展高产、优质、高效农业的最重要问题之一。

农业面源污染又称为农业非点源污染,主要是指农业生产活动中农田中的土粒、营养盐(氮、磷等)、农药及其他有机或无机污染物质,在降水或灌溉过程中,通过农田地表径流、壤中流、农田排水和地下渗漏,大量进入水体造成的水环境污染。这些污染物主要来源于农田施肥、农药、畜禽及水产养殖和农村居民生活污水。

近年来对水稻节水灌溉及稻田水肥管理的研究表明,水稻采用节水灌溉,可大幅度减少地表排水及渗漏量,从而减少氮、磷等面源污染的排放负荷。节水灌溉与合理施肥相结合可提高水分及肥料养分的利用效率,减少水分及肥料养分的投入,进而减少田间氮、磷等的排放负荷。然而,节水灌溉的环境效应近年来才被人们所认识,对节水灌溉与水肥耦合及综合调控对减少氮、磷等面源污染排放的量化研究才刚刚起步。另外,水稻灌区存在大量的排水沟、塘堰、中小型水库等自然水体,它们可对地表排水进行拦截、调蓄,并重复用于灌溉,而这些水体同时起到对农业面源污染进行截留、净化及二次利用的作用,但对排水沟及塘堰湿地净化农业面源污染的规律及机理,以及如何通过设计合理的参数提高处理效果缺少研究。

鉴于南方地区节水减排工作的重要性和紧迫性,2015年水利部启动了"南方地区节水减排实施方案编制"工作。南方地区的主要灌溉作物为水稻,该实施方案主要针对以水稻为灌溉作物的灌区开展,而该方案的实施也需要相应的技术支撑及节水减排指标为考核依据。因此,在南方地区研究和推广水稻灌区节水灌溉与水肥综合调控,以及农业面源污染控制,对高效利用水肥资源、保障水稻生产的"高产、优质、高效、环保"和我国粮食安全、实施南方地区节水减排、建立资源节约和环境友好型社会都具有重要意义。为此,本书作者以位于鄱阳湖流域的江西省赣抚平原灌区为背景,基于多年来主持完成的科研项目开展系统研究。本书总结了这些项目的主要研究结果,以期为相关研究及应用提供参考。

通过这些研究,从节水、增产,提高水肥利用效率,减少氮、磷排放 4 个方面的目标,提出水稻节水灌溉与水肥综合调控模式,探明生态沟及塘堰湿地对稻田氮、磷排放的去除效果、主要影响因素及其规律,提出生态沟的设计及运行技术、塘堰湿地的设计及运行技术,构建适合水稻灌区农业面源污染分布式模拟的模型,开展不同水肥管理制度下农业面源污染排放规律模拟分析,提出流域节水减排的水肥综合调控措施,构建水稻灌区农业面源污染生态治理模式并进行示范应用。

本书涉及的主要科研项目包括:水利部"948"项目"南方水稻灌区农业面源污染生态治理模式及示范"(201229),江西省水利厅重大国际合作项目"鄱阳湖流域农业面源污染生态修复技术研究"(20111017),高等学校博士学科点专项科研基金"水稻灌区农田氮磷迁移转化的尺度效应"(20130141110014)。

本书共 9 章,撰写分工如下:第 1 章由崔远来撰写;第 2 章由刘方平、余双、才硕撰写;第 3 章由赵树君、侯静文、许亚群撰写;第 4 章由刘方平、赵树君、侯静文撰写;第 5 章由赵树君、牟军、郭长强撰写;第 6 章由董斌、郭长强撰写;第 7 章由崔远来、童晓霞撰写;第 8 章由许亚群、赵树君、时红撰写;第 9 章由崔远来撰写。全书由崔远来统稿。

本书涉及的有关项目在实施过程中,得到了水利部科技推广中心"948"项目管理办公室、江西省水利厅等单位的资助,项目区所在的江西省赣抚平原水利工程管理局的领导和技术人员对研究内容的完成给予了大力支持,陈祯、邓海龙、吴军、王少华、向昭、谭君位、龚孟梨、王力、韩焕豪、靳伟荣、李桓、廖伟、杨宝林、邓惠元、时元智、柴江颖、陈劲丰、陈曼雨等参与了有关项目的研究,在此一并表示衷心的感谢。

限于作者水平,书中难免有疏漏和不妥之处,敬请读者批评指正。

目　　录

第1章　绪　　论

1.1　背景及意义

1.1.1　研究的必要性

至 2011 年,我国农业用水量已经下降到占全国总用水量的 64.8%,未来随着人口增长及粮食需求进一步扩大,灌溉面积要进一步增加,但农业用水总量要零增长或继续减少。因此,以节水、增产为中心的灌区续建配套与改造及节水灌溉技术的研究与推广将是我国今后相当长时间的一项战略任务。

由于土地资源的限制,提高粮食单产是我国提高粮食产量的主要措施,目前增加粮食单产的主要措施之一是肥料等资源的高投入,结果造成资源利用率低及环境污染加剧。2014 年 5 月 25 日《焦点访谈》在题为"被化肥'喂瘦'的耕地"中给出的一组数据表明,我国用 9% 的耕地和 6% 的水资源养活了全世界 21% 的人口,但同时也消耗了全球 1/3 的化肥,大量使用化肥使得土地质量每况愈下,土壤严重酸化,粮食增产越来越难。

农业面源污染又称为农业非点源污染,主要是指农业生产活动中农田中的土粒、营养盐(氮、磷等)、农药及其他有机或无机污染物质,在降水或灌溉过程中,通过农田地表径流、壤中流、农田排水和地下渗漏,大量进入水体,造成的水环境污染。从全球范围来看,30%~50% 的地球表面已受面源污染的影响,并且在全世界不同程度退化的 12 亿 hm² 耕地中,约 12% 由农业面源污染引起(Corwin et al.,1998)。美国环境保护局 2003 年的调查结果显示,农业面源污染是美国水体污染的第一大污染源,导致约 40% 的河流和湖泊水质不合格,是河口污染的第三大污染源,是造成地下水污染和湿地退化的主要因素(US EPA,2016)。近年来,随着化肥的大量使用和经济发展,我国农业面源污染已到了非常严峻的地步。2010 年 2 月 9 日公布的"第一次全国污染源普查公报"显示,农业面源污染物排放对水环境的影响较大,其中化学需氧量(COD)、总氮(TN)量、总磷(TP)量占污染物排放总量的比例分别为 43.7%、57.2% 和 67.4%。调查显示,农田、农村畜禽养殖、没有污水管网和污水处理设施的城乡结合部城区面源是造成流域水体氮、磷富营养化的最主要原因。以太湖流域为例,来源于农田面源、农村畜禽养殖业、城乡结合部城区面源三大来源的 TP 量分别占排放到水体 TP 总量的 20%、32% 和 23%,TN 量分别占排放到水体 TN 总量的 30%、23% 和 19%,贡献率超过来自工业和城市生活的点源污染,其中农田面源污染负荷约占农业面源污染负荷的 30%

（张维理等,2004）。因此,即使点源污染得到完全控制也不能解决太湖等流域水体污染的问题。可见,研究农业面源污染的变化规律及各种控制措施对解决我国日益恶化的水环境状况意义重大。

　　来自农田的面源污染主要是氮、磷及农药残留的排放,其主要原因是化肥及农药的过量使用,其中又以氮、磷污染物为主。调查表明:一方面,若按每公顷耕地化肥投入量计算,我国是世界平均水平的 2.6 倍（侯彦林等,2008;曹志洪,2003）;另一方面,我国三大主要粮食作物水稻、小麦和玉米的氮肥利用率分别为 28.3%、28.2% 和 26.1%,磷肥利用率仅有 13.1%、10.7% 和 11%,远低于国际平均水平,并呈逐年下降趋势（张福锁等,2008）。造成肥料利用率低的主要原因包括过量施肥及养分损失未能得到有效阻控。因此,有关农田氮、磷在土壤、水及作物间的运移和吸收规律,水肥耦合机理及其综合高效利用,不同灌排模式及施肥制度下农田氮、磷流失规律等已成为近年来的研究热点（张文剑等,2007;郑世宗等,2005;崔远来等,2004）。另外,农田氮、磷流失（排放）对水体的污染也越来越引起广泛关注（樊娟等,2008;李恒鹏等,2007;刘振英等,2007;程波等,2005;宋蕾等,2001）。但在田间尺度综合考虑节水、增产、提高水肥利用效率及减排目标[①],研究作物节水灌溉及水肥施肥综合调控模式的还比较少。另外,有关氮、磷等的运移规律、水肥耦合机理及其综合高效利用、不同灌排模式及施肥制度下农田氮、磷流失规律等方面的研究基本以测筒、测坑、田间小区为背景,过于微观而不能回答对不同尺度水体[排水毛沟、农沟（塘堰）、支沟（中小型水库）、干沟、湖泊]污染的程度;而以湖泊等水体为主要对象的农田氮、磷面源污染流失对水体污染影响的研究则基本以进入水体的水量监测及氮、磷污染物浓度监测为基础进行计算,过于宏观而很少考虑田间灌溉排水制度、施肥制度、耕作措施等对水体污染的影响。

　　据 2008 年统计数据,我国水稻种植面积占我国粮食作物播种面积的 27.4%,产量占我国粮食作物总产量的 36.3%,灌溉用水量占我国农业灌溉用水量的 55%～65%,氮肥用量平均为 180kg/hm²,比世界平均水平高 1 倍左右。我国南方水稻种植面积约占全国水稻种植面积的 98%,与旱作种植区相比,南方水稻种植区（简称为水稻灌区）降水丰沛,灌溉定额大,使大量氮、磷等通过地表排水及稻田渗漏排出农田,且以地表排放为主,致使水稻种植区的氮、磷面源污染排放尤其严重。另外,水稻灌区存在大量的排水沟（水稻灌区的排水沟有时兼具灌溉渠道的作用,因此也称为排水沟渠）、塘堰、中小型水库等自然水体,可对地表排水进行拦截、调蓄,

---

　　① 本书的减排是指通过减少排水量或降低排水中氮、磷等污染物浓度,从而减少稻田、排水沟及塘堰湿地氮、磷等面源污染负荷的排放,也称为减污。相应地采取某项技术后氮、磷污染负荷减少所占比例称为减排率或去除率。

并重复用于灌溉,这些水体同时起到对农业面源污染进行截留、净化及二次利用的作用。

水稻是我国最重要的粮食作物之一,也是耗水、耗肥最多的粮食作物,稻田农业面源污染排放所导致的水环境问题十分突出。而水稻水肥综合调控具有节水、增产、高效、减排的作用,但其综合效应研究不够;水稻灌区的排水沟及塘堰起着自然湿地的作用,但其效果有待挖掘。因此,水稻灌区节水灌溉与水肥综合调控及农业面源污染控制,对高效利用水肥资源,保障我国粮食安全,建立资源节约和环境友好型社会具有重要意义。

1.1.2　解决的关键问题及意义

近年来,水稻节水灌溉及稻田水肥管理研究表明,水稻采用节水灌溉,可大幅度减少地表排水及渗漏量,从而减少氮、磷等面源污染的排放负荷。节水灌溉与合理施肥相结合可提高水分及肥料养分的利用效率,减少水分及肥料养分的投入,进而减少田间氮、磷等的排放负荷。然而,节水灌溉的环境效应近年来才被人们所认识,节水灌溉与水肥耦合及其综合调控对减少氮、磷等面源污染排放的量化研究才刚刚起步。

人工湿地主要用于处理工业污水及生活污水,在我国将人工湿地应用于处理农业面源污染的研究还较少,欧美等国家的研究则主要针对旱作物灌区。我国在太湖及滇池等流域的周边已开始研究人工湿地处理面源污染的效果,但基本还是针对城乡结合部的面源污染为主。由于建立专门人工湿地造价昂贵,人工湿地处理面源污染的技术不适合在灌区推广应用。如果能结合灌区现有水体进行简单改造形成自然-人工复合湿地系统,并用于处理农田面源污染,不仅造价低,而且容易推广。排水沟及塘堰湿地作为一种后处理方式,特别适合应用用于水稻灌区。首先,稻田氮、磷主要通过地表排水而流失;其次,水稻灌区的排水沟、塘堰湿地系统可以对稻田排水进行截留、净化及二次利用,既净化了污染负荷,又对水分及养分进行重新利用。但目前对排水沟及塘堰湿地处理农田面源污染的规律及机理,以及如何通过设计合理的参数提高处理效果缺少系统研究。

常规灌排系统的主要功能只是单纯从水量方面满足农业高产和灌溉排水的要求。为了使排水系统同时还具备减污功能,必须在原有排水系统的基础上构建新式排水沟——具有减污效果的生态型排水沟(简称为生态沟)。由于常规排水系统是无控制的,必须改无控制排水系统为合理控制排水系统,并与塘堰湿地相结合,构建新式排水沟——自然(或自然-人工)塘堰湿地综合系统。要研究主要的理论与技术来规划、设计和管理这种系统,使其既能发挥节水、增产、高效、减排作用,又符合省地、省工、省钱的原则。该系统从仅考虑灌溉排水目标,发展到综合考虑灌溉排水及农业面源污染净化目标,扩展农田灌排系统的作用。

近年来,作者所在的武汉大学课题组在湖北漳河、广西桂林、江西赣抚平原、浙江永康开展了稻田水肥管理模式对氮、磷面源污染排放的试验研究,以及排水沟和塘堰湿地对氮、磷面源污染的去除效果研究。武汉大学由茆智院士带领的水稻节水灌溉及其环境效应课题组将其总结为稻田面源污染控制的三道防线。

第一道防线:农业面源污染源头控制,即通过田间节水灌溉及水肥高效利用减少氮、磷流失。研究表明,在保持施肥量不变的条件下,采用节水灌溉模式(如间歇灌溉、薄露灌溉)与适当多次使用氮肥相结合,可提高水稻产量、减少灌溉水量、提高降水有效利用率、减少稻田排水量、提高氮肥利用率及水分生产率,从而减少氮、磷田间排放量,达到节水、增产、高效、减排的效果,即从源头上节约水肥资源,减轻氮、磷面源污染排放。这是治理稻田面源污染的源头控制措施,为第一道防线。

第二道防线:排水沟对农业面源污染的去除净化。农田面源污染在流入湿地前,一般经过若干级排水沟系统,排水沟中长满各种杂草,同时农民往往在排水沟上修建一些临时挡水设施,以便对排水进行重复利用,这些都会减缓排水的速率,同时排水沟中的植物及泥土对氮、磷进行吸收和吸附,可对排水中氮、磷负荷起到较好的去除和净化作用。

第三道防线:塘堰湿地对农业面源污染的去除净化。我国南方水稻灌区的多水塘系统由许多沟塘组成,星罗棋布地分布在农田中。试验研究表明,多水塘系统能够显著地降低径流速率,具有储存暴雨径流,减少水、悬浮物和磷元素输出的功能,从而有效地截留和净化氮、磷等面源污染。多水塘系统不仅在传统农业灌溉方面具有重要作用,而且对径流的截留、营养物质的储存、水的循环利用及促使沉积等有作用,是控制农业面源污染、使宝贵的营养元素多次循环的一种可持续方法。

目前针对单一环节(防线)对氮、磷等面源污染的净化效果有一些初步的研究,但很少将三道防线结合起来研究,构成从源头控制、排水沟及塘堰去除到进入水体的整体模式。另外,在排水沟及塘堰湿地对面源污染的去除效果研究中,更多地采用人工控制排水系统,实际上,过多的控制会影响排水效果,因此需研究在自然排水条件或不对灌区现有排水沟及塘堰系统进行大的改变前提下的面源污染去除效果。对每道防线中的具体污染物影响因素及其变化规律,以及具体的减排技术等的研究还不系统,有利于提高净化效果的排水沟、塘堰参数(如植物类型、水力停留时间、排水沟及塘堰湿地结构等)优选缺少研究,不同防线之间减排效应的协同作用及其综合效应缺少研究。田间灌溉与施肥-排水沟-塘堰湿地系统减排与灌溉排水协同效应需要探讨。

1.2　研　究　现　状

1.2.1　不同灌溉模式下水稻水肥综合调控及氮、磷流失规律

　　我国大部分地区水稻的高产、稳产依赖于灌溉。由于水稻生产的重要性及水资源的紧缺,我国水稻节水灌溉研究及推广应用一直得到重视,其水平处于世界前列。我国研究人员提出的水稻节水灌溉模式达 10 多种,并得到大面积推广应用(彭世彰等,2012;茆智,1997)。氮是水稻生产中最重要的养分元素之一,氮肥施用的数量和时期对水稻生长特性及氮素本身的运移转化都会产生重要影响。为了提高水稻对水肥的利用效率,国内外学者对稻田水肥调控机理及其模式开展了大量研究。朱庭芸(1998)研究了不同灌溉制度对水稻吸收利用氮素养分的影响,结果表明浅湿灌溉可以提高氮素养分的有效性。崔远来等(2004)的研究表明,适度的水分胁迫能促进氮素等养分向稻谷转移,从而提高氮素利用效率。吕国安等(2001;2000;1997)的研究表明,节水灌溉有利于氮、钾的吸收利用,而磷的有效性则降低。杨建昌等(1996)观察到,干旱程度较轻时,增施氮肥能明显提高水稻产量,"以肥调水"作用明显,但土壤干旱程度较重时,"以肥调水"作用不明显。Belder 等(2005)在中国和菲律宾开展不同水肥对不同水稻品种最终产量影响及水肥利用率的试验研究,得出间歇灌溉比淹灌增产 4％～6％,施用氮肥比不施氮肥能显著提高水分生产率的结论。郑世宗等(2005)开展了水稻不同灌溉模式下污染物流失规律的研究,结果表明,节水灌溉条件下地表排水及深层入渗所排放的COD、TN 及 TP 都有较大幅度减少。高焕芝等(2009)在试验区对排水完全控制条件下的研究表明,控制灌排模式与常规灌排模式对比,两年平均排水总量减少 54％,水稻全生育期稻田排水中铵态氮(NH_4^+-N)、硝态氮(NO_3^--N)与 TP 流失总量分别减少38.07％、82.29％和 52.15％。由于该系统完全控制排水量及排水历时(水力停留时间),因此减排效果十分明显,但实际灌溉系统如何应用还有待进一步研究。

　　上述研究表明,不同水肥管理模式显著影响稻田肥料利用效率,从而影响肥料养分的损失(流失);稻田水分管理模式显著影响稻田排水及渗漏过程,从而影响氮、磷污染负荷排放。目前大部分研究以节水、增产或提高水肥利用效率为目标,近年来虽然有些研究开始关注减排目标,但综合考虑节水、增产、提高水肥利用效率及减排目标的研究还比较少。另外,现有研究基本以测坑、测筒或田间小区为对象,对灌溉系统及灌区尺度关注不够。由于农田灌溉排水系统的复杂性、灌区水量转化的尺度效应,以上测坑及田间尺度得出的相关研究结果与灌区尺度相差较大。

1.2.2　排水沟及塘堰湿地对农业面源污染物去除规律

　　近年来,利用河流与陆地交错带的湿地净化农业面源污染已受到国内外普遍

关注,许多国家已对湿地去除氮、磷等营养物的机理及去除能力进行了大量的研究,充分证明湿地在减轻地表水污染物负荷方面的积极作用,但河流与陆地交错带的湿地面积相对较小,净化效果受季节和排水强度影响较大。排水沟及塘堰湿地作为另一种湿地生态系统,是农田和下游水体之间的一个过渡带,具有河流和湿地两种特征,发挥着排水和生态湿地双重功效,能够通过截留沉淀、水生植物吸收、沉积物吸附和微生物降解等一系列作用,减少进入下游水体的污染负荷,从而,对控制农业流域的氮、磷流失起着重要作用,成为目前农业面源污染防治研究的热点。

　　徐红灯等(2007)在杭嘉湖平原于总长 300m 的排水沟中布点研究降雨径流对农田排水沟水体中氮、磷迁移影响的规律。结果表明,TN 浓度沿程呈 3 次多项式曲线变化,TP 浓度整体呈指数递减变化,到排水出口 TN、TP 浓度均有明显减少。胡颖(2005)在 4 个不同尺度的自然沟(河)中取样观测氮、磷浓度的变化。结果表明,TN、铵态氮及 TP 的浓度在不同尺度的河流和排水沟中都表现为沿程减少,硝态氮浓度在小尺度沟道中表现为沿程增加,在大尺度河流中表现为沿程减少。Takeda 和 Fukushima(2006)的研究表明,在稻田—排水—排水再利用系统中,氮、磷的出流负荷随着年降水量的增加呈近似线性增长规律,且随水力停留时间的增加而减小。杨林章等(2005)的研究表明,生态沟系统对农田径流中 TN、TP 的去除效果分别达到 48.36% 和 40.53%。孔莉莉等(2009)对氮素在排水沟中的归趋机理,以及不同因素对氮素归趋的影响等进行了总结。何军等(2011)在湖北省漳河灌区的研究表明,农沟-斗沟尺度典型排水沟及塘堰对 TN、铵态氮、硝态氮、TP 的整体去除率分别为 44.6%、37.3%、9.9%、35.1%,以及 15.2%、30.2%、15.6%、−6.5%。彭世彰等(2010)通过修整灌区内承泄排水的沟塘及重建水生植物系统发现,沟塘出流水体中 TN 和 TP 的平均质量浓度比入口处分别减少了22.0% 和 9.6%。

　　人工湿地系统最早应用于城市及工业废水的处理,直到 20 世纪 80 年代左右,欧美等一些国家意识到农业面源污染的危害,才逐渐开展了人工湿地处理农业排水的研究。1998 年在意大利东北部的帕多瓦开展了人工湿地治理农田氮污染的试验研究(Borin and Tocchetto,2007),在 5 年的试验中,湿地对 TN 的去除率达到 90%。1998 年在芬兰开展了湿地处理农田排水的研究(Jari et al.,2003),结果表明,磷的去除主要是通过土壤的吸附作用,并与湿地底泥有很大关系。此外,磷的去除还与湿地面积与农田面积的比例有关。我国在 90 年代也开展了人工湿地处理农业面源污染的研究。在滇池流域,用人工湿地处理农业面源污染的初步应用效果显示(刘文祥,1997),当湿地系统稳定运行后,TN 和 TP 的去除率分别可达到 60% 和 50%。人工湿地对西湖面源污染的治理研究表明(王晓玥等,2001),人工湿地对 TN 的去除率维持在 73% 以上,TP 的去除率为 49%～71%,出水水质总体达到国家 Ⅱ类、Ⅲ类地表水标准。彭世彰等(2009a)在江苏高邮灌区的研究表明,中稻生育期自然湿地(占所控制稻田面积的 1.62%)出口中 TN、铵态氮和硝态氮的浓度比进口中的浓度平均降低了 16.8%、14.4% 和 50.9%,但作者没有对进出水量实施监测。

人工湿地对农田排水中 TN、TP 的去除效果均比较明显,人工湿地作为一种后处理方式,特别适合应用于我国的水稻灌区。首先,稻田中的氮、磷主要通过地表排水而流失,特别是磷在土壤中的移动速率很慢,可以忽略深层渗漏;其次,水稻灌区面源污染受降水量的影响在时间、空间上分布不均匀,在湿润季节地表径流流量较大且较为集中,干旱季节则较少,人工湿地处理污染物不受时间的影响,能够适应农田排水在时间和空间上的变化;最后,我国灌区中现存众多的小型塘堰,这些塘堰大都与灌区中的灌排系统连接在一起,对其改造后可成为人工湿地,排水通过排水沟可直接进入湿地净化,而且湿地还有调蓄径流的功能,这些径流又是后期干旱季节的灌溉水源,从而可以对截留的氮、磷等肥料养分进行二次利用。

综上所述,利用排水沟及塘堰湿地控制农田面源污染是一条有效的生态化途径,但目前,对面源污染物在排水沟及塘堰湿地中转化和去除机理的研究还很少,也鲜见鄱阳湖流域利用湿地处理农业面源污染的报道,对当地优势水生植物的筛选工作更是未见先例。

1.2.3　农业面源污染管理、控制和综合治理

农业面源污染管理和控制方面的研究以美国在 20 世纪 70 年代中期提出的最佳管理措施(best management practice,BMP)最具代表性。美国环境保护局(United States Environmental Protection Agency,USEPA)将 BMP 定义为任何能够减少或预防水资源污染的方法、措施或操作程序,包括工程、非工程措施的操作和维护程序(章明奎等,2005)。

非工程性 BMP 以源头控制为基本策略,强调政府部门和公众的作用。政府根据法律规定制定各种行政法规与管理制度,通过污染源管理、农业用地管理、城市土地规划管理等措施控制或减少污染源(金可礼等,2007)。其中预防农业面源污染的具体措施包括减少农药和化肥的使用、建立畜禽养殖管理制度以防止畜禽排放物等对环境造成污染、提高农民的环保意识、发展无公害农业、改进传统的耕作方式、采用科学灌溉技术等。在政策上,鼓励农民采用先进的科学管理方式,发展生态农业。

工程性 BMP 以径流过程中的污染控制为主要途径,通过延长径流停留时间、减缓流速、向地下渗透、物理沉淀过滤和生物净化等技术去除污染物(金可礼等,2007)。其中预防农业面源污染的具体措施包括建造人工湿地、防护林、植被过滤带、缓冲带、暴雨蓄积池、沉淀塘、渗透沟、水土保持工程等。

农业面源污染的末端处理主要是通过生态排水沟、塘堰/人工湿地、暴雨蓄积

池和稳定塘、植被缓冲带等对流出农田的面源污染及其他农业面源污染进行截留、净化,以及通过排水再利用对流出农田的水肥资源重复利用,达到进一步削减农业面源污染和重复利用农田排水中水肥资源的目的,从而减少对下游水体污染负荷的贡献。农田系统主要是通过对现有的生态排水沟及塘堰湿地系统进行简单改造,用于处理农田排水中的面源污染。灌区(特别对南方水稻灌区)的排水沟及塘堰是天然的湿地,简单改造适合处理农业面源污染。

　　将源头控制及末端处理集成,即构成了农业面源污染处理的集成模式。美国俄亥俄州立大学与美国农业部研究提出的湿地-水库-地下灌溉系统(WRSIS 系统)(Allred et al. ,2003),主要针对美国中西部旱作地区的农田排水问题而开发,该系统的目的是将人工湿地与农田系统联系起来构成"农业人工湿地系统",达到控制地下水埋深、收集排水、净化并重新用于灌溉的目的。作者结合"948"项目引进并结合水稻灌区的特点改进了该系统,主要是将以暗管排水和地下灌溉为主体的技术方案,改为以明沟灌排为主体的技术方案,同时去除 WRSIS 系统的动力系统(主要是水泵),使湿地排水自流进入蓄水池用于下游灌溉,提出"灌溉-排水-小型湿地系统"(董斌等,2009)。在此基础上,针对我国南方水稻灌区用水浪费及农业面源污染严重等问题,武汉大学提出了农田面源污染治理三道防线的模式。通过三道防线对面源污染净化及排水进行重复利用,可以达到显著的节水、增产、提高水肥利用效率、减轻污染物排放负荷的综合效益。

1.2.4　农业面源污染数值模拟模型

　　研究农业面源污染需要同步监测降水、径流和水质变化过程,费用昂贵,并且短期监测资料不能满足水质控制和管理工作的需要,所以数学模型成为研究农业面源污染的最常用方法。利用数学模型可以有效解决面源污染的随机性和观测点的不确定性,可以模拟农业面源污染的形成、运移、输出等过程。许多学者(王少丽等,2007;赖格英和于革,2005;马蔚纯等,2003;薛金凤等,2002)对面源污染数学模型进行了研究。农业面源污染模型分为早期的经验型统计模型,后期的机理型模型,机理型模型又分为集总式模型和近年来发展起来的分布式模型。根据模拟时间的长短又分为单一事件模型和连续事件模型。还有人根据模型是否考虑随机因子将农业面源污染模型分为确定性模型及随机模型。

　　1.　国外面源污染模型研究

　　第一阶段为 20 世纪 60 年代到 70 年代初,是农业面源污染模型研究的起步和迅速发展时期。早期的面源污染模型研究始于土地利用对河流水质产生影响的认识,其方法是依据因果分析和统计分析来建立统计模型,并以此建立污染负荷与流域土地利用或径流量之间的统计关系。例如,70 年代美国和加拿大联合开展的土地利用与五大湖水质污染关系的项目,研究了多种单一土地利用类型的单位面积污染负荷,探讨了多因子(地形、土地利用程度、肥料、农药、气候条件等)对污染负荷的影响(王晓燕,2003)。这类统计模型对数据的需求比较低,能够简便地计算出流域出口的污染负荷,表现出较强的实用性和准确性,因而在早期得到较为广泛的应用。但是由于其难以描述污染物迁移的路径与机理,使得这类模型的进一步应用受到较大的限制(王少丽等,2007)。这个时期还提出了早期的输出系数模型法(金鑫,2005)、通用土壤流失方程 USLE、农药输移和径流模型 PTR 及最初的城市暴雨水管理模型 SWMM 等(马蔚纯等,2003)。

第二阶段为 20 世纪 70 年代中后期至 90 年代初,是农业面源污染模型蓬勃发展的时期,很多面源污染机理模型出现。其中有美国农业部开发的农业管理系统中化学污染物、径流负荷和流失模型(chemical runoff and erosion from agricultural management systems,CREAMS),该模型是面源模型发展的"里程碑",其首次对面源污染的水文、侵蚀和污染物迁移过程进行了系统的综合(Knisel,1980)。CREAMS 提出后,发展了一系列结构类似的模型,如农田尺度的水侵蚀预测预报模型 WEPP、适用于农田小区的土壤生产力评价模型 EPIC(Ramanarayanan et al.,1998)、用于中小尺度农业面源管理和政策制定的 AGNPS 模型(Young et al.,1989)、用于模拟农业活动对地下水影响的 GLEAMS 模型(Stone et al.,1998)、用于大流域面源污染负荷模拟的 SWAT 模型(Arnold et al.,1998)等。这些尺度和功能各异的模型极大地丰富了面源污染模型的内涵。此外,传统的土壤流失方程 USLE 也经过改进成为 RUSLE。

第三阶段为 20 世纪 90 年代以来,重点加强"3S"①技术在面源污染模型中的应用,使得模型能与各种管理措施相结合,用于面源的预测预报及不同管理措施改变对农业面源污染影响的研究。"3S"技术的应用,不仅有助于获得模型所需要的参数,而且对污染模拟结果的可视化输出有了质的改变。随着"3S"技术在流域研究中的广泛应用,如何获取宏观大尺度的数据及参数,提高模型质量和模拟的精确度成为面源研究的一个主要方向。"3S"技术在这方面体现了巨大的优势。一些功能强大的超大型流域模型被开发出来,这些模型已不再是单纯的数学运算程序,而是集空间信息处理、数据库技术、数学计算、可视化表达等功能于一体的大型软件(Hession and Shanholtz,1998)。其中比较著名的有美国国家环境保护局开发的 BASINS(US EPA,2001)、美国农业部农业研究署开发的 SWAT、Ann AGNPS(邹桂红和崔建勇,2008)。

2. 国内面源污染模型研究

我国农业面源污染研究起步较晚,真正意义上的研究始于 20 世纪 80 年代初

---

① 3S 技术指遥感技术(remote sensing)、地理信息系统(geography information system)和全球定位系统(global positioning system)。

的湖泊、水库富营养化调查和河流水质规划。我国先后在于桥水库、滇池、太湖、巢湖、三峡库区等湖泊、水库展开了农业面源污染探索性的研究,主要研究方法为分析土地利用方式与面源污染的关系,立足于受纳水体的水质,建立计算汇水区域污染物输出量的经验统计模型。这一阶段仅为农业面源污染的宏观特征与污染负荷定量计算模型的初步研究。

进入20世纪90年代之后,我国对农业面源污染的产污机理与影响因素进行了较为深入的探讨,农药、化肥污染的宏观特征、影响因素和黑箱经验统计模型在农业面源污染研究中占有重要地位。李怀恩等(1997)用逆高斯分布瞬时单位线建立的暴雨径流污染负荷计算的响应函数模型,较好地模拟了于桥水库及宝象河流域洪水、泥沙和多种污染物的产生及迁移,该模型适合我国目前资料短缺的面源污染研究现状,但不能解释面源污染在流域内的空间分布。此后李怀恩又提出了面源污染迁移逆高斯模型、分布瞬时单位线模型和流域产污模型,并建立了流域面源污染模型系统(李怀恩和吴晓光,1997)。

总体来看,我国面源污染研究还处于对农业面源的宏观特征与污染负荷定量计算模型的初步研究阶段,已经建立的面源模型大多是形式简单、功能单一的经验模型。在机理模型方面,主要限于对国外已有模型的率定、验证及其适应性评价。

3. SWAT 模型及其适合灌区水量转化模拟的改进

SWAT 模型和 AGNPS 模型在国外已经得到广泛的研究和应用,两者均属于分布式流域面源污染模拟模型。AGNPS 模型用于研究点源污染物和面源污染物对地表水质和地下水质的潜在影响,适用于集水面积为 200km² 以下的流域,定量估计来自农业区域的污染负荷,评价不同管理措施的效果。AGNPS 模型可以模拟集水区内单降水事件的径流、侵蚀、沉积和化学物质输移。改进版之一的 Ann AGNPS 能够模拟长时间系列,在资料的预处理、后处理及可视化方面有了很大改善。径流计算采用径流曲线法(soil conservation service,SCS),侵蚀速率和侵蚀量的计算采用改进的土壤侵蚀计算方法。化学物质运移计算模块中假设氮、磷等养分溶于地表径流后便不再有消耗,模型认为污染物在土壤中的含量是恒定的,所以相对其他流域模型来说,该模型所需参数较少,每一网格需要 21 个参数,有些参数可通过专业数据库获得,有些可通过模型提供的参数表获得(孙金华等,2009;王少丽等,2007)。

SWAT 模型可以预测不同的土壤、土地利用和管理措施对流域径流、泥沙负荷、农业化学物质运移等的长期影响,包括产流、坡面汇流和河道汇流,既可应用于以农业为主的集水区,也可帮助水资源管理者评价水质、营养物和杀虫剂等面源污染及相应的管理措施。SWAT 模型也可以模拟河流内生物和营养物的变化过程,包括藻类的生长、死亡和沉积,水中的溶解氧,通气和光合作用,水温变化等。径流计算采用径流曲线法,侵蚀速率和侵蚀量的计算采用改进的土壤侵蚀计算方法。地下水的处理方式仍然是一维的、概念性的,没有考虑不同子流域之间的地下水流动关系。SWAT 模型可以模拟 5 种形态的氮和磷,包括矿质态和有机态氮、磷,但模型所需的参数较多。

SWAT 模型是最有活力的面源模拟模型之一,自 20 世纪 90 年代初开发以来,做了许多修改和完善。1998 年推出了两个与地理信息系统集成的版本,即 AVSWAT 版本和 SWAT-GRASS 版本。最近该模型又在美国工程兵团的支持下,开发了基于 Arc GIS 8. x 的 SWAT2003、SWAT2005,该版本与 Arc Hydro 数据模型完全兼容,并且使用 Arc GIS 的地理数据库结构来存储或联结流域的相关特征,增加了用于评估模拟可靠性程度的 Monte Carlo 方法。目前最新版本为 2012 版。SWAT 模型是一个完全开放的系统,其源代码可从其官方网站免费下载,因此得到广泛应用。

SWAT 模型是针对自然流域开发的,在用于模拟农田氮、磷污染负荷排放时,由于灌区受人类活动的强烈影响,其水文过程不同于自然流域,因此必须开发能定量描述在人类灌溉排水措施影响下灌区水量转化的灌区分布式水文模型。国内许多学者根据不同的流域条件对 SWAT 模型进行了修改(桑学锋等,2008;张东等,2005;黄清华和张万昌,2004)。张永勇等(2009)以河水可生化降解特性参数为依据,增加了 SWAT 模型对 COD 指标的模拟功能,并获得了较好的结果。作者所在课题组结合我国南方以水稻为灌溉作物的灌溉系统对 SAWT 模型模拟灌区水量转化过程进行了改进(Liu et al.,2013;Xie and Cui,2011;王建鹏和崔远来,2011;代俊峰和崔远来,2009a;2009b),经过典型灌区的研究表明,该改进模型适合于水稻灌区水分循环的模拟。

1.3 研究内容与技术路线

1.3.1 研究内容

选择南方典型水稻灌区(具体结合江西省赣抚平原灌区),针对南方水稻灌区节水减排的共性问题,开展试验研究、数值模拟分析及示范应用,具体包括以下内容:

(1) 从节水、增产、提高水肥利用效率,以及减少氮、磷排放 4 个方面的目标,综合考虑水稻节水灌溉模式、氮肥使用量及氮肥施肥次数,研究提出田间最优水肥管理模式。

(2) 研究不同节水灌溉模式及水肥综合调控模式下,水稻的生物学特性、产量、水肥利用效率,稻田氮、磷排放,稻田氨挥发、稻田土壤肥力等的变化规律。

(3) 研究不同排水沟植物及水力要素对氮、磷去除效应的影响规律,优选排水沟植物及水力要素,提出生态沟设计方法及运行技术。

(4) 研究不同塘堰湿地植物、湿地占稻田面积比、湿地水深及水力停留时间对氮、磷去除效应的影响规律。优选塘堰湿地植物类型、湿地占稻田面积比、湿地水深及水力停留时间,提出塘堰湿地设计方法及运行技术。

(5)构建农业面源污染分布式模拟模型,开展灌区农业面源污染排放规律及其调控措施模拟研究,提出节水、增产、减排的灌区水肥协同管理技术。

(6)提出水稻灌区节水减排模式(田间节水灌溉与水肥综合调控,灌区农业面源污染生态治理),进行示范应用。

1.3.2　技术路线

采用现场试验→室内化验分析→模型开发→数值模拟→分析评价→示范应用的总体研究方案。具体研究技术路线如图 1-1 所示。

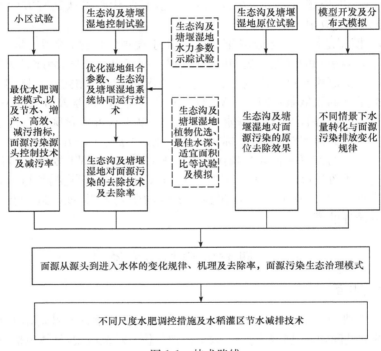

图 1-1　技术路线

1. 现场调查、资料收集、整理、分析

包括赣抚平原灌区土壤、作物、气候、灌溉排水及其他用水管理、农业养殖、工农业企业资料,面源污染排放资料等。

2. 现场试验及化验分析

2012 年和 2013 年连续 2 年进行了对比试验,并采集稻田、湿地等进出水水

样,进行氮、磷等面源污染物浓度化验分析,2014 年主要开展示范观测及水力参数示踪试验。具体包括以下内容:

(1) 在江西省灌溉试验中心站开展水稻水肥综合调控田间对比试验,观测分析不同水肥处理(灌溉模式、施氮肥量、施肥次数)下水稻的生物学特性指标、产量,水量平衡要素及灌溉水分生产率,肥料利用率,氮、磷排放负荷,稻田氨挥发、土壤肥力等指标的变化规律及其机理。

(2) 根据 3 年早、晚稻共计 6 季水稻的试验研究,从节水、增产、提高水肥利用效率,以及减少氮、磷排放等综合指标提出适合当地早、晚稻的田间最优水肥管理模式。

(3) 在江西省灌溉试验中心站开展生态沟对稻田氮、磷排放的去除效果试验,观测分析生态沟对稻田排水中氮、磷的去除效果、主要影响因素及其规律。

(4) 在赣抚平原灌区选择典型排水沟,开展原位条件下生态沟对农业面源污染的去除效果试验观测。

(5) 开展示踪试验,观测分析生态沟的水力性能参数随不同影响因素的变化规律,根据试验分析,提出生态沟的设计及运行技术。

(6) 在江西省灌溉试验中心站开展塘堰湿地对稻田氮、磷排放的去除效果试验,观测分析塘堰湿地不同湿地植物、不同水力停留时间、不同湿地水深、不同运行模式等对稻田排水中氮、磷的去除效果及其规律。

(7) 在赣抚平原灌区选择典型塘堰湿地,开展原位条件下塘堰湿地对农业面源污染的去除效果试验观测。

(8) 根据试验观测及计算分析,提出适合鄱阳湖流域的适宜稻田与塘堰湿地面积比。

(9) 开展示踪试验,观测分析不同湿地水深条件下塘堰湿地水力参数变化规律,优选塘堰湿地水深。根据试验分析,提出塘堰湿地设计及运行技术。

(10) 针对芳溪湖流域,设置观测点,开展 3 年入湖径流及氮、磷污染负荷过程的观测。

3. 模型开发

改进 SWAT 模型,使之适合灌区水量转化的分布式模拟,基于改进的 SWAT 模型,收集资料,以芳溪湖典型流域为背景,构建水稻灌区农业面源污染分布式模拟模型。基于观测数据,对构建的模拟模型进行率定和验证。

4. 数值模拟及分析评价

开展不同水肥管理制度下农业面源污染排放规律模拟分析,提出减少芳溪湖流域农业面源污染排放的水肥综合管理措施。

5. 分析评价

根据各种情况下的试验及模拟结果,探明相关变化规律,并分析原因,总结提炼相关结论。

6. 示范推广

建立面积为 13hm² 的示范区,将田间最优水肥管理、排水沟及塘堰湿地去除综合集成为水稻灌区节水减排模式,并进行 2 年的示范运行,观测示范区氮、磷面源污染排放的变化规律,并与其他传统区域进行对比。

选择 667hm² 的辐射区,指导农民(通过培训方式)进行田间最优水肥管理、排水沟及塘堰湿地建设,运用本书提出的水稻灌区节水减排模式进行水肥协同管理。

1.4　研究区域概况

1.4.1　研究区域总体情况

鄱阳湖位于长江中下游南岸,江西省的北部(东经 $115°49' \sim 116°46'$,北纬 $28°24' \sim 29°46'$),南北长 173km,东西最大宽度约为 74km,水系流域面积为 1622 万 km²,是我国第一大淡水湖。鄱阳湖是江西境内赣江、抚河、信江、饶河及修水五大主要河流的汇聚地,经调蓄后由湖口排入长江,是一个吞吐型的湖泊,具有巨大的调蓄洪水能力。充沛的水资源使得鄱阳湖成为我国湿地生态系统中生物资源最为丰富的地区,是我国首批国家重点湿地保护地之一,也是具有国际性保护意义的生态湿地。2009 年,国务院正式批复《鄱阳湖生态经济区规划》,使鄱阳湖生态经济区的建设上升到国家战略层面,对实现江西崛起有重大而深远的意义。因此,鄱阳湖的水环境质量状况直接关系到生态与经济协调发展新模式的顺利进行,关系到江西以鄱阳湖流域为重点的经济开发带发展战略目标的实现。保护和改善鄱阳湖水质,治理富营养化是流域经济发展的关键和社会关注的焦点之一。

近年来,随着鄱阳湖流域经济持续快速增长,大量工农业污水和生活废水逐年排放,而水污染防治相对落后,导致以有机物污染为特征的水污染现象日趋严重,突出表现为流域入流河网水质污染和鄱阳湖富营养化程度加剧。根据自 2009 年以来的江西省水资源质量公报,鄱阳湖水质主要超标项目为氨氮和 TP,且呈现污染逐渐加重的趋势。鄱阳湖的水污染问题对人民生存和经济发展构成的威胁也正日益凸显,治理农业面源污染问题,走可持续发展道路已到了刻不容缓的地步。

鄱阳湖流域农业的栽培措施以油菜-水稻轮种模式为主,为满足农田灌溉和排水的需求,流域农田之间密布着纵横交错的排水沟及塘堰湿地,排水沟及塘堰既是农业面源污染物最初的汇集地,又是下游河道和湖泊营养盐的输入源。鄱阳湖地区降水充沛,气候温和,排水沟及塘堰湿地水生植物生长茂盛,自然生长的主要水生植物有芦苇(*Phragmites communis*)、茭草(*Zizania latifolia*)和薹草(*Carex* spp.)等,生长繁殖能力较强。

本书开展的试验在江西省灌溉试验中心站和赣抚平原灌区同时进行,试验区均位于江西省鄱阳湖流域。位于鄱阳湖流域的赣抚平原灌区是江西省最大的灌区,江西省灌溉试验中心站位于赣抚平原灌区内。江西省赣抚平原灌区位于江西省中部偏北的赣江和抚河下游的三角洲平原地带,灌区水管理以灌溉为主,兼顾防洪、排涝、航运、发电、养鱼,以及城镇、工业、生活、环境供水。灌区地跨南昌、宜春、抚州三市的 7 个县(市、区),总土地面积为 2142km²,耕地为 8.4 万 hm²。灌区设计灌溉面积为 8 万 hm²,有效灌溉面积近 6.67 万 hm²,排渍面积为 4.67 万 hm²。灌区作物以水稻为主,是江西省的粮食主要产区。

赣抚平原灌区属于典型的亚热带湿润季风性气候,气候温和,雨量充沛,常年平均气温为 18.1℃,1 月平均气温最低,为 4.7℃,年平均降水量为 1636mm,常年无霜期约为 280 天。试验区内土壤多为红壤性水稻土,土质黏重,黏土矿物组成以高岭石-石英-蒙脱石为主。盐基饱和度低,仅为 10%～25%。土壤呈酸性,pH 为 4.5～6.5。

江西省灌溉试验中心站站内有农田 4050m²,均种植双季稻,稻田采用多种施肥方式,水稻施肥平均水平为:氮肥(N)160kg/hm²,基肥为 30% 的缓控释氮肥和生物有机肥,以及 70% 的尿素;磷肥(P_2O_5)67.5kg/hm²,品种为钙镁磷肥;钾肥(K_2O)150kg/hm²,品种为氯化钾。农田区域地势北高南低,主排水沟位于农田东侧,区域内田块按水稻不同处理分别管理,灌溉水源主要来自试验站旁边的抚河二干渠。

1.4.2　试验地点分布

围绕水稻种植的节水减排(田间节水灌溉与水肥综合调控、灌区农业面源污染生态治理)开展了多项试验,具体试验内容及相应地点如图 1-2 所示。

(1) 以江西省灌溉试验中心站为核心开展水稻节水减排机理试验,构建三道防线协同运行系统。

(2) 在勒家村选择原位条件下的排水沟及塘堰湿地开展观测。

(3) 建立礼坊示范区,并向周边 10 个自然村进行辐射,在这些自然村选择原位条件下不同的生态沟及塘堰开展典型观测,辐射面积约为 667hm²。

(4) 在芳溪湖流域(流域面积 30km²)灌区小流域开展监测及数值模拟研究。

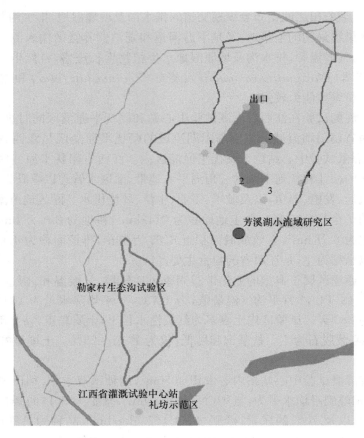

图 1-2　试验区域分布

第2章　水稻田间最优水肥综合调控模式试验研究

2.1　试验方法与处理设计

2.1.1　试验场地基本情况

试验在江西省灌溉试验中心站进行,该站地理坐标为东经 116°00′、北纬 28°26′,海拔为 22m,为典型的亚热带湿润季风性气候区,气候温和,日照充足,雨量充沛。年平均气温为 17.5℃,年平均日照时数为 1720.8h,年平均蒸发量为 1139mm;年平均降水量为 1747mm,但降水量年内分布不均,降水集中在 4～6 月,占全年降水量的 48%,7～9 月降水较少,仅占全年降水量的 20%。试验区耕作层厚度为 15～20cm;耕作层土壤质地为粉壤土,即砂粒 8.13%、粉粒 70.01%、黏粒 21.86%;容重为 1.34g/cm³。耕作层土壤全氮 1.02g/kg、全磷 0.29g/kg、有机质 17.33g/kg、速效钾 74.8mg/kg,pH6.8。

2.1.2　试验处理设计

试验于 2012～2014 年在试验小区中进行,各小区面积为 75m²,各小区采用埋深为 60cm 的水泥田埂,且小区四周设有宽度为 1m 的保护行。2013 年各处理各重复对应的试验小区位置与 2012 年相比有所变动。

试验设 2 个灌溉处理:淹水灌溉(W0)、间歇灌溉(W1),具体水层控制标准分别见表 2-1 和表 2-2;4 个氮肥(以纯氮计)施肥水平:N0(0kg/hm²)、N1(135kg/hm²)、N2(180kg/hm²)、N3(225kg/hm²);2 个氮肥施肥方式:F1(基肥∶蘗肥＝50%∶50%)、F2(基肥∶蘗肥∶穗肥＝50%∶30%∶20%)。以上因素组合为 14 个处理(表 2-3),每个处理 3 个重复,共计 42 个小区,各小区采用随机区组排列。

表 2-1　间歇灌溉稻田各生育期田间水层控制标准

水稻种类	生育期	返青期	分蘗前期	分蘗后期	拔节孕穗期	抽穗开花期	乳熟期	黄熟期
早稻	雨后极限/mm	40	50	0	60	60	50	
	灌后上限/mm	30	30	0	40	40	30	
	灌前下限(土壤含水率占饱和含水量的百分比)/%	100	85	65～70	90	90	85	落干
	间歇脱水天数/天	0	4～6	晒田	3～5	3～5	3～5	

续表

水稻种类	生育期	返青期	分蘖前期	分蘖后期	拔节孕穗期	抽穗开花期	乳熟期	黄熟期
晚稻	雨后极限/mm	40	50	0	60	60	50	
	灌后上限/mm	30	30	0	40	40	30	落干
	灌前下限(土壤含水率占饱和含水率的百分比)/%	100	90	65~70	90	90	85	
	间歇脱水天数/天	0	3~5	晒田	1~3	1~3	1~3	

注:灌前下限的 100%、85% 等为土壤含水率占饱和含水率的百分比。

表 2-2　长期淹水灌溉稻田各生育期田间水层控制标准

水稻种类	生育期	返青期	分蘖前期	分蘖后期	拔节孕穗期	抽穗开花期	乳熟期	黄熟期
早稻	雨后极限/mm	40	50	0	60	60	50	
	灌后上限/mm	30	30	0	40	40	30	落干
	灌前下限/mm	10	10	后期晒田	10	10	10	
晚稻	雨后极限/mm	40	50	0	60	60	50	
	灌后上限/mm	30	30	0	40	40	30	落干
	灌前下限/mm	10	10	晒田	10	10	10	

表 2-3　不同水肥处理具体组合方式

处理	灌水模式	施肥水平	施肥方式	处理	灌水模式	施肥水平	施肥方式
W0N0	W0	N0	—	W1N0	W1	N0	—
W0N1F1	W0	N1	F1	W1N1F1	W1	N1	F1
W0N1F2	W0	N1	F2	W1N1F2	W1	N1	F2
W0N2F1	W0	N2	F1	W1N2F1	W1	N2	F1
W0N2F2	W0	N2	F2	W1N2F2	W1	N2	F2
W0N3F1	W0	N3	F1	W1N3F1	W1	N3	F1
W0N3F2	W0	N3	F2	W1N3F2	W1	N3	F2

2014 年试验站只有 6 个处理,即 W0N0、W1N0、W1N1F2、W1N2F1、W1N2F2、W0N2F1,主要开展产量及氨挥发观测。

2013 年及 2014 年在站外典型水稻种植区(礼坊示范区)选定多个示范点对 W0N2F1 与 W1N2F2 两种模式进行效果对比,每个点每个处理 3 次重复。具体分析结果见第 8 章。

基肥氮肥品种为 45% 的复合肥($N:P_2O_5:K_2O=15:15:15$),不足氮肥部分用尿素补充,均匀撒施后用耙子将田面整平,追肥采用尿素。各处理磷肥、钾肥施用标准相同,其中磷肥为 67.5kg/hm^2(以 P_2O_5 计),磷肥全部作基肥施用,品种为钙镁磷肥;钾肥为 150kg/hm^2(以 K_2O 计),钾肥按基肥:穗肥＝45％:55％的比例施用,品种为 KCl。对照处理(W0N0、W1N0)基肥不施氮肥,其磷肥、钾肥分别以钙镁磷和氯化钾代替。水稻用收割机收割,将秸秆还田,晚稻收割后田间种植紫云英作绿肥。水稻品种:早稻采用"两优 287",晚稻采用"923"。

2.1.3　观测内容与方法

1. 水量平衡要素观测

水量平衡要素观测包括灌水量、排水量、田间耗水量、渗漏量、蒸发蒸腾量、土壤储水变化量。

灌水量、排水量根据灌水、排水前后田间水层深度的差值进行计算。灌水量同时直接由安装在每个小区供水管的水表计量,并换算为单位面积上的水深,将两种方法获得的灌水量进行校核。

稻田插秧灌水后,在各小区竖直打下一根带有平台的铁钎,在各小区量取多点水深取均值,然后用铁锤使铁钎平台距水面的高度为水深均值。每日早 8 点用水文测针于铁钎处同方向观测田间水层深度变化,逐日水深变化即为逐日田间耗水量。

在田间安装钢板测渗筒(有盖),筒内钉入铁钎,每日早 8 点用水文测针观测测渗筒水深变化,测渗筒每日水深之差即为渗漏量。注意保持测渗筒中水层深度与田间水层深度基本持平,避免侧渗。

用逐日田间耗水量减去逐日田间渗漏量即为逐日田间蒸发蒸腾量(又称为腾发量)。灌水、排水前后及降水后加测测渗筒及田面水层深度。

土壤储水变化量通过泡田前及收割后在各小区用时域反射仪(time domain reflector,TDR)读取 20cm 深度范围土壤平均体积含水率获得,测 3 点取均值。

2. 物候及气象要素观测

测产考种:于收获前 1 天,每小区调查有效穗数 30 蔸,取有代表性的植株 5 蔸考种,考察穗长、每穗粒数、每穗空粒数、实粒数、千粒重。收割时每个小区取 2×3＝6m^2 测产,且各小区单打、单收验产。

植株生理指标观测:根据《灌溉试验规范》(SL 13—2015)划分生育阶段;从分蘖期开始,每 5 天观测 1 次分蘖数,连续观测 5 次,抽穗期调查 1 次有效穗数;每个生育期调查完分蘖数、株高后,按平均茎蘖数取植株样 3 蔸,进行叶面积、干物质调查。

常规气象观测在试验站内气象园进行,观测项目包括降水量、最高气温、最低气温、平均气温、相对湿度、日照时数、风速、大气压强。

3. 水土植株中氮、磷指标观测

1) 土壤肥力指标观测

各试验小区在插秧前和收割后用土钻分上层(0～20cm)、下层(20～40cm)取土样,每个小区在中间部位取 3 钻,将土样风干、混合、过筛后对其总氮(TN)、总磷(TP)进行化验。同时测定土壤有机质、速效磷、速效钾、pH。

土样 TN 的测定参考《土壤质量 全氮的测定 凯氏法》(HJ 717—2014),TP 的测定参考《土壤 总磷的测定 碱熔-钼锑抗分光光度法》(HJ 632—2011),有效磷的测定参考《土壤 有效磷的测定 碳酸氢钠浸提-钼锑抗分光光度法》(HJ 704—2014),速效钾的测定参考《土壤速效钾和缓效钾含量的测定》(NY/T 889—2004),pH 的测定参考《土壤检测 第 2 部分:土壤 pH 的测定》(NY/T 1121.2—2006),有机质的测定参考《土壤检测 第 6 部分:土壤有机质的测定》(NY/T 1121.6—2006)。

2) 水样氮、磷观测

水样包括田面水和渗漏水,水样水质化验采用国家标准化验方法。水样中 TN 含量测定参考《水质 总氮的测定 碱性过硫酸钾消解紫外分光光度法》(HJ 636—2012),TP 参考《水质 总磷的测定 钼酸铵分光光度法》(GB 11893—1989),硝态氮参考《水质 硝酸盐氮的测定 紫外分光光度法(试行)》(HJ/T 346—2007),铵态氮的测定参考《水质 氨氮的测定 纳氏试剂分光光度法》(HJ 535—2009)。

各小区田面水在水稻各生育期末、田间产生排水时,以及施肥后第 1、3、5、7、9 天分别进行取样,水样用聚乙烯瓶采取,低温保存。在每个试验小区布置穿过耕作层的 PVC 管,管下穿数个小孔,用纱布包裹,以收集渗漏水,渗漏水取样时间与田面水取样时间保持一致。

为探索氮素在土壤垂直方向的变化情况,2013 年晚稻种植期间,选择 W0N0、W1N0、W0N2F2、W1N2F2 共 4 个处理的田块,在其中植入深度分别为 20cm、40cm、60cm 的土壤水溶液提取器对土壤水进行取样化验。田间 TN、TP 流失及渗漏损失量按式(2-1)计算。

$$T = 10^{-2} \sum_{i=1}^{n} C_i Q_i \tag{2-1}$$

式中,T 为氮、磷损失总量,kg/hm^2;i、n 分别为水稻生育期日序号和全生育期天数;C_i 为第 i 天所取田面水、土壤水中氮、磷浓度,mg/L;Q_i 为第 i 天田间排水量或渗漏量,mm。

3) 植株样氮、磷观测

每个生育期按平均茎蘖数取植株样 3 株,分茎、叶、籽粒进行氮、磷含量测定。植株样化验前先杀青、烘干。TN 的测定采用 H_2SO_4-H_2O_2 消煮、凯氏法测定,参考《土壤质量 全氮的测定 凯氏法》(HJ 717—2014)。TP 的测定采用 H_2SO_4-H_2O_2

消煮,后处理参考《土壤 总磷的测定 碱熔-钼锑抗分光光度法》(HJ 632—2011)。

4)稻田氨挥发观测

采用通气法(王朝辉等,2002)对稻田氨挥发速率进行观测。2013 年晚稻种植期间选择 W0N0、W1N0、W0N2F2、W1N2F2 共 4 种处理的 4 个小区进行氨挥发观测。2014 年早稻生长期间选择了 6 个处理(W0N0、W1N0、W0N2F1、W1N1F2、W1N2F1、W1N2F2)对稻田氨挥发进行观测。氨气采集装置为上下无底透明玻璃圆柱筒(内径为 10cm、高为 20cm)。采样过程中将两块厚度 2cm、直径 10.5cm 的海绵均匀涂以 6mL 磷酸甘油溶液(50mL 磷酸加 40mL 丙三醇,定容至 1000mL),置于玻璃圆筒中,上层海绵与圆筒顶部齐平,下层海绵与上层海绵间隔 1cm,下层海绵吸收田面挥发的 NH_3,上层海绵防止外部空气中的 NH_3 进入玻璃圆筒。氨挥发取样时间为:施肥后一周每天取样一次,然后视测到的挥发速率大小,每 1～3 天取样一次,拔节孕穗期以后取样间隔延长到 4～6 天,直到水稻收获。取样后,用镊子将下层海绵放入大小合适的密封袋内,然后换上新鲜的涂有药品的海绵,上层海绵视其干湿状况 4～5 天更换一次。在密封袋内加入 200mL 1.0mol/L 的 KCl 溶液,用手挤压海绵数次,将密封袋放入 1L 的塑料瓶中,振荡 1h,浸提液中的铵态氮用纳氏试剂比色法测定。田间氨挥发速率按式(2-2)计算。

$$V = (M/A) \times 10^{-1} \tag{2-2}$$

式中,V 为田间单位面积单位时间内铵态氮挥发量,$kg/(hm^2 \cdot d)$;M 为海绵一天内捕获的铵态氮,$\mu g/d$;A 为玻璃圆筒横截面面积,cm^2。

2.2 不同水肥处理下水稻的生物学特性

2.2.1 不同水肥处理下水稻株高的变化

2012 年及 2013 年早、晚稻不同水肥处理下的株高变化情况如图 2-1～图 2-4、表 2-4～表 2-7 所示(由于处理较多,图只能看出大致变化趋势,因此同时以表格形式给出不同处理的数据)。从图 2-1～图 2-4 中可见,不同年际、不同稻季、不同水肥处理下的水稻株高变化趋势基本一致。营养生长阶段水稻株高快速增长,但增长速率逐渐变小,在抽穗开花期达到最大,生殖生长阶段株高略有下降,然后保持稳定。因此,外部的气象条件、水肥条件对水稻株高的变化趋势没有明显影响,水稻株高主要由水稻本身的基因决定。

从表 2-4～表 2-7 中可以看出,不同灌溉模式下水稻株高的差异不大,株高差占株高的比例基本都小于 5%,且两种灌溉模式之间的株高差值正负性随机,因此灌溉模式对株高的影响不明显。

在 4 种施氮水平下,N1、N2、N3 水平下的水稻株高差异很小,4 季水稻试验都表现为不施氮肥（N0）的株高值最小，到抽穗开花期以后不施氮肥处理的株高比施氮肥处理的株高要小 10～15cm。

同一施氮水平、不同施肥次数下的株高基本没有差异。

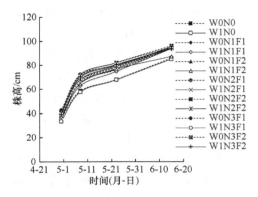

图 2-1　2012 年早稻不同处理株高动态变化　　图 2-2　2012 年晚稻不同处理株高动态变化

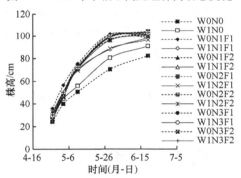 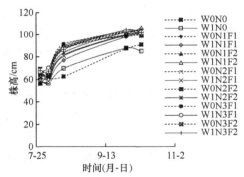

图 2-3　2013 年早稻不同处理株高动态变化　　图 2-4　2013 年晚稻不同处理株高动态变化

表 2-4　2012 年早稻不同水肥处理各生育期株高　　　　（单位：cm）

| 处理 | 分蘖前期 | 分蘖后期 | 拔节孕穗期 | 抽穗开花期 |
	4 月 30 日	5 月 8 日	5 月 23 日	6 月 15 日
W0N0	35.94	58.57	67.99	85.93
W1N0	33.51	57.68	67.70	85.01
W0N1F1	37.92	66.40	76.17	93.94
W1N1F1	36.00	62.80	74.62	93.81
W0N1F2	42.97	67.87	77.13	95.53
W1N1F2	36.92	64.73	76.53	87.30
W0N2F1	41.23	68.02	78.19	95.47
W1N2F1	35.58	65.08	77.19	93.95

续表

处理	分蘖前期 4 月 30 日	分蘖后期 5 月 8 日	拔节孕穗期 5 月 23 日	抽穗开花期 6 月 15 日
W0N2F2	40.35	71.54	80.00	94.84
W1N2F2	40.56	68.07	79.02	94.32
W0N3F1	42.60	72.33	81.86	95.04
W1N3F1	39.68	69.70	79.69	94.22
W0N3F2	40.83	71.90	82.07	96.18
W1N3F2	39.11	70.30	80.43	93.58

表 2-5　2012 年晚稻不同水肥处理各生育期株高　　（单位：cm）

处理	返青期 7 月 22 日	分蘖前期 7 月 28 日	分蘖后期 8 月 9 日	拔节孕穗期 8 月 13 日	抽穗开花期 8 月 23 日	乳熟期 9 月 25 日	黄熟期 10 月 10 日
W0N0	44.89	46.61	63.66	69.19	70.65	82.66	81.78
W1N0	44.79	51.22	71.67	78.39	86.45	88.95	88.66
W0N1F1	45.76	56.96	80.04	92.80	96.81	96.37	98.33
W1N1F1	47.29	60.02	85.11	93.27	104.39	100.96	106.99
W0N1F2	45.32	56.28	79.45	91.88	101.49	96.73	101.70
W1N1F2	45.57	57.51	75.84	82.37	96.57	95.45	101.03
W0N2F1	47.34	60.41	81.83	92.17	101.46	102.25	99.59
W1N2F1	44.13	56.09	80.80	88.77	93.45	95.34	100.73
W0N2F2	49.43	60.36	81.06	99.48	116.90	105.56	104.97
W1N2F2	47.11	57.05	83.38	94.91	111.27	103.27	102.34
W0N3F1	46.59	58.21	81.74	97.61	95.79	95.23	103.60
W1N3F1	45.26	56.97	83.36	97.00	97.54	99.46	100.67
W0N3F2	46.00	56.26	83.94	100.41	105.01	102.80	106.43
W1N3F2	48.74	62.44	83.73	93.57	107.77	106.99	104.49

表 2-6　2013 年早稻不同水肥处理各生育期株高　　（单位：cm）

处理	返青期 4 月 27 日	分蘖前期 5 月 3 日	分蘖后期 5 月 11 日	拔节孕穗期 5 月 29 日	抽穗开花期 6 月 19 日
W0N0	24.32	39.76	50.50	70.46	82.11
W1N0	26.60	44.30	55.81	80.33	90.56
W0N1F1	35.73	56.44	75.23	101.57	98.02
W1N1F1	27.95	47.83	70.29	87.98	98.07

续表

处理	返青期 4月27日	分蘖前期 5月3日	分蘖后期 5月11日	拔节孕穗期 5月29日	抽穗开花期 6月19日
W0N1F2	27.88	47.50	71.23	100.98	99.12
W1N1F2	29.01	49.56	71.13	95.95	100.68
W0N2F1	27.74	50.42	71.46	98.47	102.24
W1N2F1	28.37	50.37	69.40	88.53	96.31
W0N2F2	27.43	48.10	70.96	98.95	101.24
W1N2F2	32.99	50.59	72.43	98.82	103.68
W0N3F1	31.49	49.98	73.91	96.53	101.48
W1N3F1	28.32	46.62	71.32	99.37	101.76
W0N3F2	26.29	45.95	71.41	98.74	104.16
W1N3F2	30.37	50.28	72.25	99.61	102.97

表 2-7　2013 年晚稻不同水肥处理各生育期株高　　　（单位：cm）

处理	返青期 7月28日	分蘖前期 8月3日	分蘖后期 8月14日	乳熟期 9月28日	黄熟期 10月9日
W0N0	68.93	60.83	62.43	86.90	90.42
W1N0	59.35	56.28	69.59	87.40	84.74
W0N1F1	68.09	65.58	89.37	102.50	99.41
W1N1F1	57.99	57.51	76.59	97.80	101.42
W0N1F2	65.30	60.93	86.20	102.39	100.65
W1N1F2	61.66	60.34	81.17	100.03	106.07
W0N2F1	66.53	63.46	86.31	99.56	102.37
W1N2F1	58.08	58.15	80.39	99.18	101.11
W0N2F2	56.24	64.30	87.03	99.54	98.76
W1N2F2	66.06	62.41	83.35	102.13	103.77
W0N3F1	63.84	64.54	90.96	97.74	100.21
W1N3F1	66.41	69.94	88.22	103.72	102.39
W0N3F2	61.81	66.08	87.53	101.73	100.75
W1N3F2	67.77	67.01	86.15	104.02	101.53

2.2.2　不同水肥处理下水稻分蘖的变化

2012 年及 2013 年早、晚稻不同水肥处理下的分蘖数变化情况如图 2-5～

图 2-8、表 2-8～表 2-11 所示。从图 2-5～图 2-8 中可见,不同年际、不同稻季、不同水肥处理下的水稻分蘖变化趋势基本保持一致。返青期至分蘖后期水稻分蘖数快速增长,在分蘖后期达到最大,分蘖后期至黄熟期分蘖数逐渐减小,且减小速率逐渐变小。

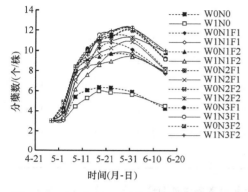

图 2-5　2012 年早稻不同处理分蘖动态变化

图 2-6　2012 年晚稻不同处理分蘖动态变化

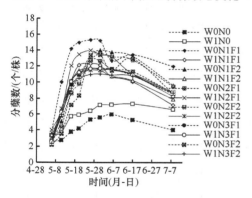

图 2-7　2013 年早稻不同处理分蘖动态变化图

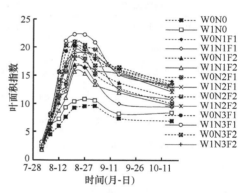

图 2-8　2013 年晚稻不同处理分蘖动态变化

表 2-8　2012 年早稻不同水肥处理各生育期分蘖数　（单位:个/蔸）

处理	返青期	分蘖前期	分蘖后期			拔节孕穗期		抽穗开花期
	4 月 28 日	5 月 3 日	5 月 8 日	5 月 13 日	5 月 18 日	5 月 23 日	6 月 1 日	6 月 15 日
W0N0	3.00	3.15	5.40	6.05	6.35	6.30	5.90	4.25
W1N0	3.00	3.15	4.45	5.30	6.00	5.85	5.65	4.50
W0N1F1	3.00	4.65	8.00	9.05	10.25	10.80	10.10	7.80
W1N1F1	3.00	3.05	7.05	8.40	8.75	9.70	9.70	7.75
W0N1F2	3.00	4.35	8.30	9.15	9.40	9.70	9.50	7.90
W1N1F2	3.00	3.30	6.15	7.60	8.60	8.95	9.40	7.98

处理	返青期	分蘖前期	分蘖后期			拔节孕穗期		抽穗开花期
	4月28日	5月3日	5月8日	5月13日	5月18日	5月23日	6月1日	6月15日
W0N2F1	3.00	4.90	8.20	9.90	11.10	11.50	11.20	8.20
W1N2F1	3.00	3.45	6.90	8.75	9.75	10.25	10.85	8.10
W0N2F2	3.00	4.90	8.40	10.00	11.00	11.35	11.95	9.16
W1N2F2	3.00	3.85	7.65	8.55	10.60	10.95	11.30	9.88
W0N3F1	3.00	4.30	8.40	10.20	11.20	11.40	12.05	9.25
W1N3F1	3.00	3.90	7.85	9.30	11.55	11.85	12.25	9.14
W0N3F2	3.00	4.00	7.95	9.95	11.25	11.80	12.15	9.78
W1N3F2	3.00	4.70	8.35	9.55	11.30	11.95	12.20	10.00

表 2-9　2012 年晚稻不同水肥处理各生育期分蘖数　（单位：个/蔸）

处理	分蘖前期		分蘖后期			拔节孕穗期	抽穗开花期	黄熟期
	7月30日	8月3日	8月7日	8月13日	8月20日	9月4日	9月14日	10月9日
W0N0	5.60	7.00	8.60	9.05	9.45	8.20	8.05	6.18
W1N0	7.55	10.05	12.35	13.05	11.55	9.60	9.50	7.23
W0N1F1	7.95	11.85	17.80	20.65	20.00	14.65	13.75	11.03
W1N1F1	10.95	17.30	21.50	22.30	19.45	14.50	13.00	10.45
W0N1F2	8.70	13.55	20.15	22.10	20.30	14.90	13.95	11.35
W1N1F2	9.10	16.10	21.00	20.95	19.65	14.75	13.65	10.60
W0N2F1	10.65	16.50	22.90	24.15	20.80	14.95	14.55	11.70
W1N2F1	9.30	15.80	20.60	24.25	21.10	15.05	14.35	12.03
W0N2F2	7.75	13.80	20.05	21.50	21.10	15.65	14.80	12.34
W1N2F2	9.00	15.20	19.95	22.65	20.90	15.30	14.60	12.63
W0N3F1	8.35	15.85	20.30	24.10	21.25	15.85	15.15	12.78
W1N3F1	8.95	13.90	19.95	23.00	21.05	15.65	15.30	12.86
W0N3F2	8.05	13.00	16.50	19.25	21.55	16.10	15.30	12.81
W1N3F2	8.35	12.60	17.20	18.65	21.05	15.95	15.60	12.83

表 2-10　2013 年早稻不同水肥处理各生育期分蘖数　（单位：个/蔸）

处理	分蘖前期	分蘖后期					拔节孕穗期		抽穗开花期	黄熟期
	5 月 6 日	5 月 11 日	5 月 16 日	5 月 20 日	5 月 26 日	5 月 31 日	6 月 6 日	6 月 17 日	7 月 8 日
W0N0	2.60	2.75	3.75	4.15	5.30	5.55	5.95	5.25	4.00
W1N0	3.30	3.70	5.70	5.90	6.40	7.15	7.20	7.30	6.60
W0N1F1	3.85	10.00	14.15	14.95	15.30	15.20	12.65	13.40	11.95
W1N1F1	3.30	6.35	10.15	12.10	12.30	12.10	10.70	10.05	7.15
W0N1F2	2.35	5.05	8.80	10.55	13.35	14.00	13.75	13.20	9.60
W1N1F2	2.95	5.80	10.05	11.40	11.75	11.50	10.75	10.20	7.90
W0N2F1	2.65	5.80	9.60	10.60	12.80	12.60	11.65	11.30	8.70
W1N2F1	4.00	6.50	12.05	13.45	13.95	13.40	13.15	11.00	8.65
W0N2F2	2.70	4.40	8.60	9.80	12.65	13.55	13.15	12.75	9.45
W1N2F2	2.70	6.70	10.10	11.10	11.50	11.50	11.55	11.00	8.78
W0N3F1	2.50	5.80	9.50	10.70	11.65	11.65	11.65	10.80	8.55
W1N3F1	2.60	6.25	10.05	11.20	11.65	11.70	11.50	10.90	8.25
W0N3F2	2.20	3.55	7.15	8.35	13.35	13.40	11.45	12.90	8.60
W1N3F2	2.35	5.95	9.25	10.45	10.95	11.00	10.89	10.74	8.68

表 2-11　2013 年晚稻不同水肥处理各生育期分蘖数　（单位：个/蔸）

处理	分蘖前期	分蘖后期				拔节孕穗期		抽穗开花期	黄熟期
	8 月 2 日	8 月 7 日	8 月 12 日	8 月 16 日	8 月 21 日	8 月 27 日	9 月 2 日	9 月 16 日	10 月 17 日
W0N0	1.80	4.50	5.95	7.55	9.20	9.50	9.55	7.30	6.85
W1N0	2.45	6.00	7.20	9.30	10.35	10.80	10.55	8.15	8.35
W0N1F1	2.40	6.30	13.25	17.25	21.10	20.20	17.80	15.94	13.95
W1N1F1	2.50	6.20	11.00	12.15	16.35	16.35	14.00	9.95	9.40
W0N1F2	1.90	5.35	10.10	13.70	16.85	16.50	16.00	13.70	11.05
W1N1F2	1.80	5.90	8.70	11.05	15.63	15.32	13.37	11.95	9.68
W0N2F1	2.50	6.35	11.25	16.60	18.30	17.90	15.15	12.75	10.00
W1N2F1	2.75	6.65	13.35	14.00	19.40	18.84	18.53	12.53	10.74
W0N2F2	2.35	6.70	14.20	15.65	20.10	19.90	19.55	15.90	12.55
W1N2F2	2.40	6.00	12.00	13.00	17.90	17.50	15.85	15.25	12.15
W0N3F1	2.35	6.35	12.55	19.25	20.30	19.20	18.35	16.05	13.10
W1N3F1	3.15	8.15	15.65	21.10	22.30	22.25	20.85	15.15	13.30
W0N3F2	2.60	7.90	15.60	20.35	20.95	20.40	16.75	16.40	13.35
W1N3F2	2.65	7.05	12.30	17.15	18.85	19.00	18.60	15.55	12.95

　　从表 2-8～表 2-11 中可见,不同灌溉模式下,2012 年的早稻试验表现出间歇灌溉对无效分蘖的控制效果,即分蘖后期分蘖数淹水灌溉大于间歇灌溉,但到了黄熟期两种灌溉模式下的分蘖数却没有明显差异。其他 3 季试验间歇灌溉对无效分蘖的控制效果不明显,其原因可能在于试验中淹水灌溉、间歇灌溉分蘖后期都进行了相同程度的晒田以抑制无效分蘖。

　　不同施氮水平比较表明,施氮处理的分蘖数明显大于不施氮处理的,且分蘖数有随施氮量增加而增加的趋势,说明一定范围内增施氮肥能促进水稻分蘖。

　　在同一施氮水平下,两次追肥(F2)与一次追肥(F1)相比,分蘖后期分蘖数较少,但到了黄熟期保留下来的分蘖数却较多。因此同一施氮水平下,通过增加追肥次数能很好地起到控制无效分蘖的效果,从而对水稻获取高产有积极作用。

2.2.3　不同水肥处理下水稻叶面积指数的变化

　　2012 年及 2013 年早、晚稻不同水肥处理下的叶面积指数(LAI)变化情况如图 2-9～图 2-11、表 2-12～表 2-14 所示。结合水稻生长规律,从图 2-9～图 2-11 中可见,从返青期至拔节孕穗期水稻叶面积指数快速增长并达到最大值,从拔节孕穗期到黄熟期水稻叶面积指数慢慢变小。叶是植株进行光合作用合成碳水化合物的场所,叶面积指数能反映可用于光能截获和气体交换的植物潜在叶片面积,要获得高产就必须使叶面积指数保持在适宜的范围。叶面积指数偏低,就不能充分利用光能,光合产物相对不足,从而造成减产;叶面积指数过大,叶面积稳定期短,后期衰退过快,故也不能获得高产。所以只有在最适宜叶面积指数范围条件下才能发挥增产作用。

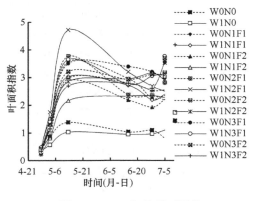

图 2-9　2012 年早稻不同处理叶面积指数动态变化

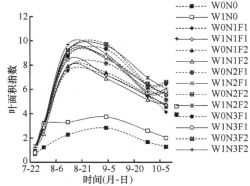

图 2-10　2012 年晚稻不同处理叶面积指数动态变化

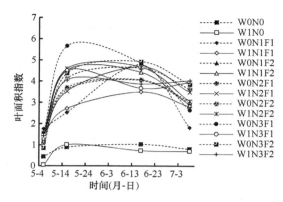

图 2-11　2013 年早稻不同处理叶面积指数动态变化

表 2-12　2012 年早稻不同水肥处理各生育期叶面积指数

处理	返青期 4 月 28 日	分蘖前期 5 月 3 日	分蘖后期 5 月 13 日	抽穗开花期 6 月 15 日	乳熟期 6 月 28 日	黄熟期 7 月 5 日
W0N0	0.36	0.85	1.38	1.03	1.09	0.80
W1N0	0.35	0.57	1.03	0.94	0.96	1.10
W0N1F1	0.46	1.26	3.56	2.95	2.24	2.33
W1N1F1	0.49	1.50	3.03	2.71	2.18	2.39
W0N1F2	0.44	0.90	2.88	2.18	1.92	2.20
W1N1F2	0.25	0.80	2.15	2.32	2.34	2.27
W0N2F1	0.22	1.27	3.76	2.36	2.34	2.17
W1N2F1	0.46	1.74	4.71	3.19	2.68	2.50
W0N2F2	0.38	1.11	2.97	2.79	2.53	2.54
W1N2F2	0.33	1.24	2.85	2.94	3.16	2.89
W0N3F1	0.35	1.36	3.50	3.39	3.20	2.92
W1N3F1	0.29	1.40	3.65	2.75	3.05	3.13
W0N3F2	0.41	1.21	3.21	2.93	3.12	3.06
W1N3F2	0.33	1.14	2.69	2.78	2.60	3.54

表 2-13　2012 年晚稻不同水肥处理各生育期叶面积指数

处理	返青期 7 月 25 日	分蘖前期 7 月 30 日	分蘖后期 8 月 13 日	拔节孕穗期 9 月 4 日	乳熟期 9 月 28 日	黄熟期 10 月 9 日
W0N0	0.67	1.21	2.27	2.83	1.66	1.27
W1N0	0.75	3.07	3.29	3.74	2.59	1.98
W0N1F1	0.98	2.82	7.53	7.15	5.41	4.12

续表

处理	返青期 7月25日	分蘖前期 7月30日	分蘖后期 8月13日	拔节孕穗期 9月4日	乳熟期 9月28日	黄熟期 10月9日
W1N1F1	1.04	2.78	8.43	7.18	5.46	4.74
W0N1F2	1.09	2.97	7.89	7.40	5.55	4.56
W1N1F2	1.08	2.32	7.91	6.88	5.14	4.74
W0N2F1	1.22	2.82	7.80	8.14	6.04	5.11
W1N2F1	1.02	2.99	9.27	8.54	6.35	5.58
W0N2F2	1.31	2.96	8.88	8.71	6.30	5.51
W1N2F2	1.33	3.09	9.16	9.57	6.96	5.99
W0N3F1	1.10	3.24	8.71	9.30	6.35	6.43
W1N3F1	1.12	2.84	9.03	8.66	5.67	5.80
W0N3F2	1.14	3.19	9.22	9.72	6.47	6.62
W1N3F2	1.23	3.15	9.69	8.92	5.80	6.03

表 2-14　2013 年早稻不同水肥处理各生育期叶面积指数

处理	分蘖前期 5月6日	分蘖后期 5月16日	抽穗开花期 6月17日	黄熟期 7月8日
W0N0	0.43	0.89	1.03	0.80
W1N0	0.04	1.00	0.72	0.70
W0N1F1	1.74	2.52	4.77	1.81
W1N1F1	1.50	2.71	3.49	2.80
W0N1F2	1.25	3.60	4.03	2.98
W1N1F2	1.29	4.51	4.41	2.87
W0N2F1	1.40	3.69	4.06	3.06
W1N2F1	1.37	3.52	4.68	3.48
W0N2F2	1.11	4.13	4.62	3.63
W1N2F2	1.56	4.58	4.66	3.05
W0N3F1	1.53	5.66	4.83	2.64
W1N3F1	1.42	4.50	3.67	3.94
W0N3F2	0.85	4.38	4.92	3.85
W1N3F2	1.42	4.05	3.87	4.03

从图 2-9~图 2-11 中可见,在抽穗开花期以前,不同灌溉模式下的水稻叶面积指数没有明显差异,但是到了乳熟期、黄熟期,间歇灌溉模式下的水稻叶面积指数

普遍大于淹灌模式下的。这说明间歇灌溉不会阻碍水稻生长前期叶面积指数的增长,能有效防止水稻早衰,有利于水稻生长后期对叶面积指数的保持和稳定,保证水稻生长后期所需营养物质的供应,从而对高产产生积极影响。

不同施氮水平下,3 个施氮处理的叶面积指数在返青期以后都明显大于不施氮处理的。在黄熟期以前,3 个施氮处理之间增加施氮量对叶面积指数的增长作用不大,但是到了黄熟期水稻叶面积指数大小则随着施氮量的增加而增长。这说明一定范围内,增施氮肥有利于水稻生长后期对叶面积指数的保持。

在同一施氮水平同一灌溉模式下,在水稻生长的前期,不同追肥次数下水稻叶面积指数差异不明显,到了抽穗开花期以后,两次追肥(F2)下的叶面积指数比一次追肥(F1)的一般要大 2%~10%。因此,在一定施氮水平下,分次施肥有利于水稻生长后期对叶面积指数的保持。

2.2.4　不同水肥处理下水稻干物质累积量的变化

2012 年及 2013 年早、晚稻不同水肥处理下的干物质累积量变化情况如图 2-12~图 2-15、表 2-15~表 2-18 所示。从图 2-12~图 2-15 中可见,水稻干物质累积量随生育期的进行而不断增长,在黄熟期达到最大。不同水肥处理下的水稻干物质累积量随生育期的变化趋势在每一季的试验中基本一致,但不同年份、不同稻季的变化趋势则不尽相同。2012 年的早稻试验中,水稻干物质增长速率随着生育期的进行不断提高,到了黄熟期增长速率达到最大,原因可能是 2012 年早稻生长前期阴雨天气过多,其正常生长受到抑制,到了乳熟期开始晴热少雨,水稻光合同化能力得到释放。其他 3 季试验中,水稻干物质累积量从返青期到分蘖后期增长较快,从分蘖后期到拔节孕穗期增长速率有所放缓,从拔节孕穗期到抽穗开花期增长速率达到全生育期最大,从抽穗开花期到黄熟期增长速率逐渐变小。

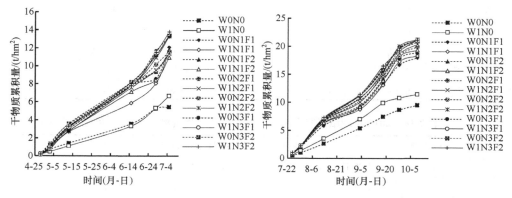

图 2-12　2012 年早稻干物质累积量动态变化　图 2-13　2012 年晚稻干物质累积量动态变化

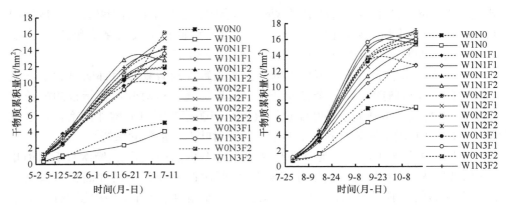

图 2-14　2013 年早稻干物质累积量动态变化　图 2-15　2013 年晚稻干物质累积量动态变化

表 2-15　2012 年早稻不同水肥处理各生育期干物质累积量　（单位：t/hm^2）

处理	返青期 4 月 28 日	分蘖前期 5 月 3 日	分蘖后期 5 月 13 日	抽穗开花期 6 月 15 日	乳熟期 6 月 28 日	黄熟期 7 月 5 日
W0N0	0.21	0.72	1.43	3.58	5.27	5.43
W1N0	0.17	0.47	1.12	3.34	5.32	6.65
W0N1F1	0.22	0.99	3.31	7.85	8.60	12.07
W1N1F1	0.19	0.72	2.68	5.88	8.07	11.70
W0N1F2	0.24	1.24	2.97	8.10	9.36	11.47
W1N1F2	0.12	0.81	2.78	7.13	8.43	10.95
W0N2F1	0.12	0.95	2.98	7.74	9.53	11.45
W1N2F1	0.20	0.83	2.74	7.57	9.52	11.36
W0N2F2	0.24	1.34	3.52	7.79	10.17	11.61
W1N2F2	0.17	0.96	3.23	7.82	10.91	13.31
W0N3F1	0.18	1.10	2.74	7.99	11.65	13.27
W1N3F1	0.22	0.97	3.14	8.17	11.16	13.43
W0N3F2	0.15	1.10	3.58	8.20	11.22	13.40
W1N3F2	0.16	0.86	3.29	7.78	11.50	13.80

表 2-16　2012 年晚稻不同水肥处理各生育期干物质累积量　（单位：t/hm^2）

处理	返青期 7 月 25 日	分蘖前期 7 月 30 日	分蘖后期 8 月 13 日	拔节孕穗期 9 月 4 日	抽穗开花期 9 月 18 日	乳熟期 9 月 28 日	黄熟期 10 月 9 日
W0N0	0.44	0.96	2.65	5.39	7.47	8.68	9.48
W1N0	0.62	1.37	3.57	7.03	9.89	10.79	11.44
W0N1F1	0.75	2.00	5.86	9.12	13.26	16.72	17.99

续表

处理	返青期 7 月 25 日	分蘖前期 7 月 30 日	分蘖后期 8 月 13 日	拔节孕穗期 9 月 4 日	抽穗开花期 9 月 18 日	乳熟期 9 月 28 日	黄熟期 10 月 9 日
W1N1F1	0.76	2.08	6.33	8.78	13.09	17.31	18.32
W0N1F2	0.83	2.10	6.64	9.46	14.16	17.95	18.94
W1N1F2	0.85	2.16	6.41	9.25	13.92	18.25	19.35
W0N2F1	0.90	2.30	6.75	10.28	14.65	18.49	19.94
W1N2F1	0.92	2.32	6.79	10.03	14.95	18.72	20.40
W0N2F2	0.93	2.33	6.84	10.81	15.08	19.21	20.80
W1N2F2	0.91	2.26	6.98	10.70	15.46	20.05	21.25
W0N3F1	0.91	2.26	6.95	11.24	15.74	19.82	21.05
W1N3F1	0.89	2.16	7.12	11.23	15.95	19.57	21.23
W0N3F2	0.95	2.24	7.20	11.27	16.21	19.74	21.08
W1N3F2	1.01	2.24	7.30	11.40	16.51	19.23	21.16

表 2-17　2013 年早稻不同水肥处理各生育期干物质累积量　　（单位：t/hm²）

处理	分蘖前期 5 月 6 日	分蘖后期 5 月 16 日	抽穗开花期 6 月 17 日	黄熟期 7 月 8 日
W0N0	0.36	0.88	4.04	5.05
W1N0	0.33	1.05	2.31	4.01
W0N1F1	1.29	3.77	9.61	9.93
W1N1F1	1.22	2.41	10.25	11.09
W0N1F2	0.95	2.63	10.53	11.84
W1N1F2	1.05	3.27	12.77	12.75
W0N2F1	1.10	3.25	11.36	14.29
W1N2F1	1.11	2.87	11.45	15.41
W0N2F2	0.89	3.26	9.09	16.14
W1N2F2	1.26	3.51	10.75	13.29
W0N3F1	1.17	2.55	10.35	13.56
W1N3F1	1.12	3.20	9.13	13.53
W0N3F2	0.70	3.16	10.65	11.97
W1N3F2	1.10	3.12	11.85	14.09

表 2-18　2013 年晚稻不同水肥处理各生育期干物质累积量　　　（单位：t/hm²）

处理	返青期	分蘖后期	抽穗开花期	黄熟期
	7 月 30 日	8 月 16 日	9 月 16 日	10 月 17 日
W0N0	0.72	1.69	7.31	7.36
W1N0	0.90	1.61	5.56	7.47
W0N1F1	0.91	3.90	13.25	12.80
W1N1F1	0.94	3.18	10.49	12.69
W0N1F2	0.87	3.35	8.81	15.59
W1N1F2	0.73	3.66	11.38	15.35
W0N2F1	0.75	3.55	13.70	16.82
W1N2F1	0.84	3.90	12.58	16.23
W0N2F2	0.94	4.50	13.56	16.05
W1N2F2	0.90	3.89	15.04	15.59
W0N3F1	0.73	3.95	13.19	17.13
W1N3F1	1.20	4.45	15.63	16.03
W0N3F2	0.86	3.82	13.32	15.60
W1N3F2	0.94	4.49	14.58	17.09

从图 2-12～图 2-15 中可见，不同年际，不同灌溉模式下水稻干物质累积量的变化规律不一致，2012 年的晚稻试验中间歇灌溉下的水稻干物质累积量普遍略大于淹水灌溉的，而 2013 年晚稻试验中干物质累积量的变化趋势为淹水灌溉下的略大于间歇灌溉的。在 2012 年、2013 年的早稻试验中，不同灌溉模式下水稻干物质累积量的变化无明显规律。这说明不同灌溉模式对水稻干物质累积量的影响规律还不是很明确，需要进一步探讨。

不同施氮水平下，施氮处理的干物质累积量都明显大于不施氮处理的，这说明施氮对干物质累积量的增长效果显著。在 3 个施氮水平中，2012 年的两季试验表明，随着施氮量的增加水稻干物质累积量也会增加，但增加幅度不大。2013 年的早稻试验中，3 个施氮处理的干物质累积量的大小顺序为 N2＞N3＞N1。2013 年的晚稻试验中，N2、N3 施氮水平下的干物质累积量都大于 N1 施氮水平下的，但非常接近。因此在一定范围内增施氮肥对水稻干物质累积量的增长作用很大，但超过一定限度后，如本次试验中的 N2 水平，增施氮肥对水稻干物质累积量的增长效果很有限，甚至出现负增长。

同一施氮水平下，不同施肥次数对水稻干物质累积量的影响无明显规律性。

2.3　不同水肥处理下水稻产量及其构成

2012～2014 年早、晚稻不同水肥处理下的稻田产量如图 2-16～图 2-20 所示。
2012～2013 年稻田产量构成要素见表 2-19～表 2-21(其中 2012 年早稻产量构成
要素缺),产量的单变量多因素方差分析情况见表 2-22～表 2-25。

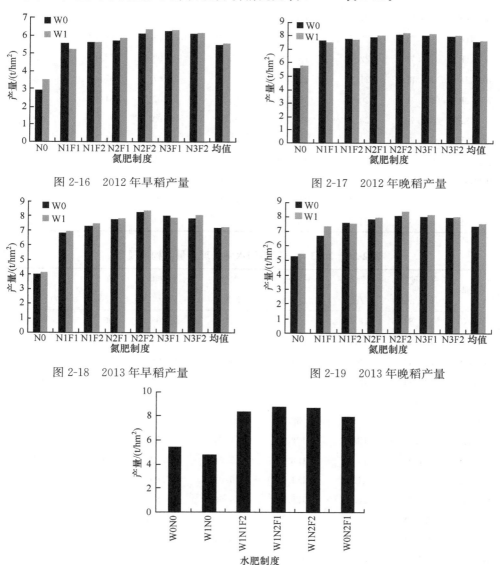

图 2-16　2012 年早稻产量　　　　　图 2-17　2012 年晚稻产量

图 2-18　2013 年早稻产量　　　　　图 2-19　2013 年晚稻产量

图 2-20　2014 年晚稻产量

表 2-19 2012 年晚稻不同水肥处理产量及构成要素

处理	有效穗数 /(10^4/hm²)	穗长 /cm	每穗总粒数	每穗空粒数	千粒重 /g	结实率 /%	产量 /(t/hm²)
W0N0	214.41	18.90	158.10	19.70	23.98	87.54	5.69
W1N0	255.94	20.14	159.80	19.20	25.46	87.98	5.89
W0N1F1	345.11	22.49	181.27	46.13	25.84	74.55	7.75
W1N1F1	348.56	21.19	158.27	31.20	25.68	80.29	7.67
W0N1F2	351.91	22.30	169.00	30.90	26.87	81.72	7.80
W1N1F2	356.75	22.06	167.87	37.87	26.93	77.44	7.79
W0N2F1	363.82	21.21	172.80	56.30	26.67	67.42	7.84
W1N2F1	375.16	20.80	153.50	28.20	26.02	81.63	8.14
W0N2F2	380.74	24.89	180.10	46.70	25.03	74.07	8.24
W1N2F2	385.76	22.10	184.00	36.93	25.15	79.93	8.34
W0N3F1	391.53	22.34	197.60	54.90	25.70	72.22	8.15
W1N3F1	394.69	21.12	167.73	33.93	26.66	79.77	8.28
W0N3F2	398.04	22.11	172.90	37.30	25.87	78.43	8.10
W1N3F2	401.57	21.75	166.60	39.40	26.09	76.35	8.17

表 2-20 2013 年早稻不同水肥处理产量及构成要素

处理	有效穗数 /(10^4/hm²)	穗长 /cm	每穗总粒数	每穗空粒数	千粒重 /g	结实率 /%	产量 /(t/hm²)
W0N0	119.84	18.90	108.39	4.02	27.05	96.20	4.04
W1N0	126.26	18.84	110.66	5.65	27.20	94.63	4.11
W0N1F1	236.47	18.94	129.30	10.93	27.99	91.56	6.82
W1N1F1	227.11	18.83	125.44	10.21	28.54	91.87	6.93
W0N1F2	244.15	20.25	141.77	17.88	27.87	87.78	7.29
W1N1F2	242.36	20.04	133.21	20.26	28.49	85.04	7.45
W0N2F1	249.31	18.39	122.18	11.79	28.26	90.93	7.77
W1N2F1	251.72	19.42	138.71	15.04	28.12	89.17	7.84
W0N2F2	258.60	21.04	151.26	30.00	27.80	80.30	8.32
W1N2F2	260.28	20.42	128.42	19.50	28.83	84.85	8.08
W0N3F1	250.38	19.52	147.24	12.08	27.53	92.06	8.01
W1N3F1	253.75	19.22	138.69	13.91	27.59	89.95	7.87
W0N3F2	257.07	20.46	147.68	23.83	28.19	84.07	8.36
W1N3F2	260.16	20.12	135.15	20.11	27.81	86.00	8.08

表 2-21　2013 年晚稻不同水肥处理产量及构成要素

处理	有效穗数 /(10^4/hm^2)	穗长 /cm	每穗 总粒数	每穗 空粒数	千粒重 /g	结实率 /%	产量 /(t/hm^2)
W0N0	196.37	18.75	132.10	15.08	24.43	89.01	5.26
W1N0	191.27	19.01	141.23	14.47	24.32	89.71	5.43
W0N1F1	290.29	19.62	145.65	21.58	25.53	85.70	6.68
W1N1F1	268.30	19.32	143.99	17.16	25.07	88.25	7.32
W0N1F2	305.88	20.40	160.11	32.05	25.16	80.71	7.57
W1N1F2	292.11	21.64	150.89	17.18	25.55	88.58	7.51
W0N2F1	318.25	19.46	131.30	14.27	25.39	89.30	7.86
W1N2F1	310.49	19.19	142.45	19.09	25.37	86.44	7.97
W0N2F2	325.19	20.54	145.61	24.81	25.75	83.21	8.08
W1N2F2	318.77	19.89	137.62	20.35	25.91	85.15	8.39
W0N3F1	335.37	20.37	172.69	32.59	25.31	81.24	7.99
W1N3F1	338.28	19.64	147.42	20.21	25.57	86.23	8.12
W0N3F2	343.86	20.78	156.53	24.45	26.09	84.40	7.96
W1N3F2	348.80	20.29	145.14	19.68	25.72	86.23	8.04

表 2-22　2012 年早稻产量多因素方差分析

检验项目	灌溉模式	施氮量	施肥次数	水肥交互
F 值	0.22	12.25	2.2	1.66
假设概率(P)	0.15	0.00**	0.15	0.2

　　根据《灌溉试验规范》(SL 13—2015),对田间试验结果进行差异显著性检验,采用 F 检验法。显著性标准如下: $F_U < F_{0.10}$ 时为不显著(ns); $F_{0.05} > F_U \geqslant F_{0.10}$ 时为较显著(⊛); $F_{0.01} > F_U \geqslant F_{0.05}$ 时为显著(*); $F_U \geqslant F_{0.01}$ 时为极显著(**)。上述判别标准中, F_U 为因素均方差与误差均方差的比值; $F_{0.10}$、$F_{0.05}$ 与 $F_{0.01}$ 分别为 F 分布表中相应于 $\alpha=0.10$、$\alpha=0.05$ 和 $\alpha=0.01$ 的临界值,均根据试验设计的因素自由度与误差自由度查出。下同。

表 2-23　2012 年晚稻产量多因素方差分析

检验项目	灌溉模式	施氮量	施肥次数	水肥交互
F 值	3	34.78	12.77	0.35
假设概率(P)	0.09⊛	0.00**	0.01**	0.79

表 2-24　2013 年早稻产量多因素方差分析

检验项目	灌溉模式	施氮量	施肥次数	水肥交互
F 值	1.39	47.97	16.16	0.04
假设概率(P)	0.25	0.00**	0.00**	0.99

表 2-25　2013 年晚稻产量多因素方差分析

检验项目	灌溉模式	施氮量	施肥次数	水肥交互
F 值	7.17	48.96	16.16	0.04
假设概率(P)	0.01**	0.00**	0.00**	0.99

　　从图 2-16~图 2-19 可见,不同灌溉模式下,4 季水稻试验的产量均值都是间歇灌溉(W1)＞淹水灌溉(W0),间歇灌溉下水稻增产率为 0.8%~2.7%。方差分析表明,4 季试验中,2012 年晚稻试验的灌溉模式对产量的影响较显著,2013 年对产量的影响显著,因此稻田采用间歇灌溉能在一定程度上增加水稻产量。

　　从表 2-19~表 2-21 可见,间歇灌溉下穗长及每穗总粒数小,千粒重和结实率大,但不同灌溉模式下各产量构成要素差异不显著。前人的研究表明,稻田采用间歇灌溉的增产机理在于它能促进水稻根系生长、提高根系活力、防止水稻早衰、改善群体特性、抑制无效分蘖、提高后期叶面积指数等(李远华等,1998;吕国安等,1997)。

　　不同施氮水平下,2012 年早稻试验产量的大小顺序为 N3＞N2＞N1＞N0,其他 3 季试验产量的大小顺序为 N2＞N3＞N1＞N0。从表 2-22~表 2-25 所示的方差分析可见,每次试验中施氮量对水稻产量的影响都显著。不同施氮水平,除 N2、N3 之间的差异不显著外,其他各施氮水平间的产量差异均显著。因此,在一定范围内增施氮肥能显著提高水稻产量,但超过一定范围后则不会提高产量,甚至还会造成减产。不同施氮水平的产量构成要素在不同稻季的试验中表现出的规律不完全一致,但整体来看,增加施氮量有利于提高有效穗(显著)、每穗总粒数、千粒重,但结实率会下降。

　　不同施肥次数下,4 季的试验结果都是两次追肥(F2)条件下的水稻平均产量大于一次追肥(F1)的,且在 N1、N2 施氮水平时表现比较明显,但在 N3 施氮水平时不明显。方差分析表明,除 2012 年早稻试验中两种施肥次数的产量差异不显著外,其他 3 次试验中两种施肥次数下的产量差异都是显著的。因此,在一定施氮水平下,通过增加追肥次数,能够显著提高水稻产量,提高氮肥利用率。增加追肥次数对产量构成要素的影响表现为增加有效穗(不显著)、提高穗长(显著)、增加每穗总粒数(不显著)和增加千粒重(不显著),但结实率有所降低。

　　综上所述,从高产的角度出发,稻田采用间歇灌溉优于淹水灌溉;施氮量不宜过高,应定为 180kg/hm²(N2)左右,因过高可能导致产量负增长;两次追肥显著优于一次追肥。由于不存在显著的水肥交互效应,所以从水稻高产的角度出发稻田最优水肥模式可定为 W1N2F2。

　　试验站小区 2012 年及 2013 年早、晚稻,以及 2014 年晚稻(2014 年早稻由于基肥施用失误,试验数据失败)统计结果显示,优选模式 W1N2F2 与当地的传统模式 W0N2F1 相比,在站内 5 季小区试验中分别增产了 680kg/hm²、310kg/hm²、

630kg/hm²、530kg/hm²、774kg/hm²，2012 年及 2013 年每年平均增产 1074kg/hm²（71.65kg/亩[①]），平均增产率为 7.35%（平均增产率等于间歇灌溉产量之和减去淹水灌溉产量之和然后除以淹水灌溉产量之和，下面均采用该方法计算 4 季水稻涉及的节水率、减排率、灌溉水分生产率、氮肥利用率等指标平均值）。

2.4　不同水肥处理下稻田水量平衡及灌溉水分生产率

2.4.1　不同水肥处理下稻田水量平衡分析

2012 年及 2013 年早、晚稻不同水肥处理下的稻田水量平衡要素见表 2-26～表 2-29，各要素的单变量多因素方差分析见表 2-30～表 2-33。从表 2-26～表 2-29 可见，不同年际、不同稻季田间各水量平衡要素差异很大，其主要原因在于不同年际、稻季气象条件差异大。例如，降水（水稻生育期主要为降雨），不同稻季降水量及其时间分布差别大，降水量少的只有 138.5mm，多的则达到 562.3mm，在 2013 年的早稻试验中乳熟期 3 天降水量就达到 243.6mm，占到当季降水总量的 53.4%，降水十分集中，而其他各季的降水量分布则相对均匀。另外，2012 年早稻期间不仅降水多，而且气温偏低，导致腾发量明显偏小。

表 2-26　2012 年早稻不同水肥处理水量平衡要素　　　　（单位：mm）

处理	降水量	灌水量	排水量	耗水量	渗漏量	腾发量
W0N0	562.3	103.00	383.67	337.60	97.47	240.13
W1N0	562.3	85.00	324.60	319.60	88.20	246.40
W0N1F1	562.3	95.00	327.00	344.90	94.67	250.23
W1N1F1	562.3	95.00	357.60	322.20	91.30	245.90
W0N1F2	562.3	85.47	332.23	343.13	98.83	244.30
W1N1F2	562.3	91.00	357.63	351.83	86.00	280.83
W0N2F1	562.3	82.00	311.80	341.37	96.27	245.10
W1N2F1	562.3	76.93	316.93	334.80	91.37	258.43
W0N2F2	562.3	102.19	355.37	336.62	91.90	244.72
W1N2F2	562.3	86.00	380.20	300.67	91.60	224.07
W0N3F1	562.3	91.83	341.60	340.03	99.37	240.67
W1N3F1	562.3	97.00	363.50	318.43	92.67	240.77
W0N3F2	562.3	98.67	340.80	347.67	92.70	254.97
W1N3F2	562.3	87.00	342.43	302.97	90.07	227.90

注：2012 年早稻期间阴雨频繁，气温偏低、累计日照不足、腾发量偏低、相应产量也低。

[①]　1 亩≈666.7m²，下同。

表 2-27 2012 年晚稻不同水肥处理水量平衡要素　　　（单位：mm）

处理	降水量	灌水量	排水量	耗水量	渗漏量	腾发量
W0N0	284.3	381.80	134.30	564.61	98.50	466.11
W1N0	284.3	386.50	168.56	534.65	100.73	433.92
W0N1F1	284.3	420.77	177.32	563.18	98.70	464.48
W1N1F1	284.3	363.57	123.74	556.41	96.50	459.91
W0N1F2	284.3	369.57	119.04	566.67	99.93	466.73
W1N1F2	284.3	327.73	144.08	502.13	78.07	424.06
W0N2F1	284.3	401.92	150.69	571.54	88.67	482.87
W1N2F1	284.3	345.66	117.34	545.04	88.73	456.30
W0N2F2	284.3	411.72	145.08	586.07	87.20	498.87
W1N2F2	284.3	311.28	105.52	524.30	70.97	453.33
W0N3F1	284.3	380.87	125.59	571.95	102.60	469.35
W1N3F1	284.3	321.34	115.75	526.50	86.20	440.30
W0N3F2	284.3	443.94	173.34	585.90	105.93	479.96
W1N3F2	284.3	340.65	123.09	534.51	92.80	441.71

表 2-28 2013 年早稻不同水肥处理水量平衡要素　　　（单位：mm）

处理	降水量	灌水量	排水量	耗水量	渗漏量	腾发量
W0N0	455.9	228.00	265.07	435.87	85.63	350.23
W1N0	455.9	186.41	263.67	412.00	87.50	324.50
W0N1F1	455.9	206.26	250.73	452.53	86.93	365.60
W1N1F1	455.9	166.91	249.27	404.89	83.07	321.82
W0N1F2	455.9	221.77	265.03	442.60	88.27	354.33
W1N1F2	455.9	219.00	281.17	433.38	84.60	348.78
W0N2F1	455.9	232.39	263.17	455.42	84.10	371.32
W1N2F1	455.9	199.34	263.03	432.52	86.67	345.86
W0N2F2	455.9	226.89	249.03	465.11	88.33	376.77
W1N2F2	455.9	211.25	272.37	428.07	74.87	353.20
W0N3F1	455.9	201.38	255.20	431.00	91.13	339.87
W1N3F1	455.9	204.96	267.47	431.80	87.43	344.36
W0N3F2	455.9	225.05	258.57	459.29	84.90	374.39
W1N3F2	455.9	220.47	266.57	426.38	76.83	349.55

表 2-29　2013 年晚稻不同水肥处理水量平衡要素　　（单位：mm）

处理	降水量	灌水量	排水量	耗水量	渗漏量	腾发量
W0N0	138.5	389.22	43.73	511.91	88.00	423.91
W1N0	138.5	354.84	32.83	483.96	82.47	401.49
W0N1F1	138.5	411.29	34.90	540.72	86.57	454.16
W1N1F1	138.5	354.68	32.10	491.86	80.60	411.26
W0N1F2	138.5	422.85	32.63	546.48	88.17	458.31
W1N1F2	138.5	333.58	21.00	478.28	74.40	403.88
W0N2F1	138.5	409.61	45.87	529.61	80.20	449.41
W1N2F1	138.5	370.46	41.27	497.71	70.10	427.61
W0N2F2	138.5	423.96	59.57	528.10	81.60	446.50
W1N2F2	138.5	336.89	16.40	487.72	67.93	419.79
W0N3F1	138.5	424.08	39.43	549.80	87.57	462.23
W1N3F1	138.5	364.72	54.13	477.82	83.50	394.32
W0N3F2	138.5	421.49	37.00	558.12	74.60	483.52
W1N3F2	138.5	366.93	28.73	504.11	71.93	432.18

表 2-30　2012 年早稻水量平衡要素多因素方差分析

水量要素	检测因子	F 值	假设概率（P）	显著水平
灌水量	灌溉模式	1.533	0.224	ns
	施氮量	0.439	0.648	ns
	施肥次数	0.123	0.728	ns
	水肥交互	0.551	0.651	ns
排水量	灌溉模式	0.009	0.925	ns
	施氮量	0.088	0.916	ns
	施肥次数	1.648	0.208	ns
	水肥交互	2.194	0.107	ns
渗漏量	灌溉模式	0.877	0.006	＊＊
	施氮量	0.089	0.915	ns
	施肥次数	1.273	0.267	ns
	水肥交互	0.550	0.652	ns
腾发量	灌溉模式	0.039	0.844	ns
	施氮量	1.704	0.198	ns
	施肥次数	0.011	0.917	ns
	水肥交互	1.130	0.351	ns

表 2-31 2012 年晚稻水量平衡要素多因素方差分析

水量要素	检测因子	F 值	假设概率(P)	显著水平
灌水量	灌溉模式	11.745	0.002	＊＊
	施氮量	0.024	0.976	ns
	施肥次数	0.100	0.754	ns
	水肥交互	1.401	0.260	ns
排水量	灌溉模式	0.467	0.499	ns
	施氮量	0.141	0.869	ns
	施肥次数	0.000	0.998	ns
	水肥交互	0.670	0.578	ns
渗漏量	灌溉模式	3.666	0.064	⊛
	施氮量	3.907	0.059	⊛
	施肥次数	1.006	0.323	ns
	水肥交互	0.601	0.619	ns
腾发量	灌溉模式	2.706	0.109	ns
	施氮量	0.346	0.710	ns
	施肥次数	0.005	0.943	ns
	水肥交互	0.025	0.995	ns

表 2-32 2013 年早稻水量平衡要素多因素方差分析

水量要素	检测因子	F 值	假设概率(P)	显著水平
灌水量	灌溉模式	5.024	0.032	＊
	施氮量	0.657	0.525	ns
	施肥次数	3.572	0.068	⊛
	水肥交互	0.694	0.562	ns
排水量	灌溉模式	0.135	0.715	ns
	施氮量	0.001	0.999	ns
	施肥次数	0.676	0.417	ns
	水肥交互	1.293	0.293	ns
渗漏量	灌溉模式	1.381	0.248	ns
	施氮量	0.207	0.814	ns
	施肥次数	1.524	0.226	ns
	水肥交互	0.301	0.824	ns
腾发量	灌溉模式	3.551	0.068	⊛
	施氮量	0.515	0.602	ns
	施肥次数	0.948	0.337	ns
	水肥交互	0.126	0.944	ns

表 2-33　2013 年晚稻水量平衡要素多因素方差分析

水量要素	检测因子	F 值	假设概率(P)	显著水平
灌水量	灌溉模式	28.004	0.000	＊＊
	施氮量	0.526	0.596	ns
	施肥次数	0.192	0.664	ns
	水肥交互	0.465	0.708	ns
排水量	灌溉模式	1.216	0.278	ns
	施氮量	0.558	0.578	ns
	施肥次数	0.924	0.343	ns
	水肥交互	0.505	0.681	ns
渗漏量	灌溉模式	3.837	0.059	ns
	施氮量	1.154	0.328	ns
	施肥次数	1.521	0.226	ns
	水肥交互	0.293	0.830	ns
腾发量	灌溉模式	17.823	0.000	＊＊
	施氮量	0.476	0.625	ns
	施肥次数	0.633	0.432	ns
	水肥交互	1.061	0.379	ns

从表 2-30~表 2-33 可见,灌溉模式是影响稻田水量平衡要素的主要因子,施氮量、施肥次数及水肥交互对水量平衡要素的影响不显著。结合不同灌溉模式下水量平衡要素均值(表 2-34)可以看出,间歇灌溉模式下 4 季试验中的灌水量都要小于淹水灌溉,其中 3 季试验差异达显著或极显著。2012 年的早稻试验差异不显著,其原因在于 2012 年早稻生长期间降水太多,所需灌水量少,整个稻季只有水稻种植前和分蘖后期晒田结束后的两次灌水。

表 2-34　不同灌溉模式下水量平衡要素均值　　　　　(单位:mm)

稻季	灌溉制度	降水量	灌水量	排水量	渗漏量	腾发量
2012 年早稻	W0	562.3	94.02	341.78	95.89	245.73
	W1	562.3	88.28	348.99	90.17	246.33
2012 年晚稻	W0	284.3	401.51	146.48	97.36	475.48
	W1	284.3	342.39	128.30	87.71	444.22
2013 年早稻	W0	455.9	220.25	258.11	87.04	361.79
	W1	455.9	201.19	266.22	83.00	341.15
2013 年晚稻	W0	138.5	414.64	41.88	83.81	454.00
	W1	138.5	354.59	32.35	75.85	412.93

间歇灌溉下的田间渗漏量在各次试验中均小于淹水灌溉的,且2012年早稻试验差异较显著、2012年晚稻试验差异极显著。间歇灌溉下的田间腾发量小于淹水灌溉的,且在2013年的试验中差异达较显著及以上水平。

间歇灌溉下的田间排水量在晚稻试验中要小于淹水灌溉的,而在早稻试验中则略大于淹水灌溉,其原因在于早稻期间降水过多,为了保证两种灌溉模式下田间水层的差异,在水稻生育后期,一次大的降水过后,人工排水时间歇灌溉下的排水量有时会大于淹水灌溉的。

采用间歇灌溉稻田的节水能力主要在于提高了降水利用率,减少了渗漏量,并在一定程度上降低了稻田腾发量。在4季试验中,与淹水灌溉相比,间歇灌溉下田间腾发量减少了15~40mm、渗漏量减少5~10mm,腾发量与渗漏量的减少率都为5%~10%。在2012年、2013年试验中,与淹水灌溉相比,稻田采用间歇灌溉平均节水量分别为57m³/hm²、591m³/hm²、190.5m³/hm²、601.5m³/hm²,早、晚稻合计每年平均节水量720m³/hm²,平均节水率12.7%。

优选模式W1N2F2与当地的传统模式W0N2F1相比,在4季试验中的节水量分别为−40.5m³/hm²、907.5m³/hm²、211.5m³/hm²、727.5m³/hm²,早、晚稻合计每年平均节水量903m³/hm²,平均节水率16.0%。

2.4.2　不同水肥处理下灌溉水分生产率的变化

灌溉水分生产率是指单位灌溉水量可以获得的粮食产量,它可用于衡量外部条件相同情况下,不同灌溉技术的先进性和合理性,能综合反映农业水平、农业用水的科学性和合理性。对于水稻来说就是单位灌水量可以生产多少斤[①]稻谷,这一指标集中反映作物对水分的利用效率。灌溉水分生产率计算公式见式(2-3)。

$$WP_I = Y/I \qquad\qquad (2-3)$$

式中,WP_I为灌溉水分生产率,kg/m^3;Y为稻田产量,t/hm^2;I为稻田全生育期灌水总量,m^3/hm^2。

2012年及2013年早、晚稻不同水肥处理下的稻田灌溉水分生产率见表2-35~表2-38。从表2-35~表2-38中可见,不同稻季灌溉水分生产率数值差异较大,特别是2012年早稻试验中的灌溉水分生产率数值明显大于其他3季的。其原因在于不同稻季气象条件差异较大,2012年早稻生长期间降水太多,导致2012年早稻产量有所下降,灌水量因此也大幅度下降,从而使灌溉水分生产率明显变大。

---

① 1斤=500g,下同。

表 2-35　2012 年早稻不同水肥处理灌溉水分生产率

灌溉模式	氮肥制度	产量/(t/hm²)	灌水量/mm	灌溉水分生产率/(kg/m³)
W0	N0	2.90	103.00	2.82
	N1F1	5.57	95.00	5.86
	N1F2	5.61	85.47	6.56
	N2F1	5.69	82.00	6.93
	N2F2	6.12	102.19	5.99
	N3F1	6.25	91.83	6.81
	N3F2	6.10	98.67	6.18
W1	N0	3.50	85.00	4.12
	N1F1	5.22	95.00	5.49
	N1F2	5.60	91.00	6.15
	N2F1	5.88	76.93	7.64
	N2F2	6.37	86.00	7.40
	N3F1	6.29	97.00	6.49
	N3F2	6.17	87.00	7.09

表 2-36　2012 年晚稻不同水肥处理灌溉水分生产率

灌溉模式	氮肥制度	产量/(t/hm²)	灌水量/mm	灌溉水分生产率/(kg/m³)
W0	N0	5.56	381.80	1.46
	N1F1	7.62	420.77	1.81
	N1F2	7.77	369.57	2.10
	N2F1	7.92	401.92	1.97
	N2F2	8.11	411.72	1.97
	N3F1	8.02	380.87	2.11
	N3F2	7.97	443.94	1.80
W1	N0	5.75	386.50	1.49
	N1F1	7.54	363.57	2.07
	N1F2	7.67	327.73	2.34
	N2F1	8.00	345.66	2.31
	N2F2	8.23	311.28	2.64
	N3F1	8.15	321.34	2.54
	N3F2	8.05	340.65	2.36

表 2-37　2013 年早稻不同水肥处理灌溉水分生产率

灌溉模式	氮肥制度	产量/(t/hm²)	灌水量/mm	灌溉水分生产率/(kg/m³)
W0	N0	4.04	228.00	1.77
	N1F1	6.82	206.26	3.30
	N1F2	7.29	221.77	3.29
	N2F1	7.77	232.39	3.34
	N2F2	8.27	226.89	3.64
	N3F1	8.01	201.38	3.98
	N3F2	7.81	225.05	3.47
W1	N0	4.11	186.41	2.21
	N1F1	6.93	166.91	4.15
	N1F2	7.45	219.00	3.40
	N2F1	7.84	199.34	3.93
	N2F2	8.40	211.25	3.97
	N3F1	7.87	204.96	3.84
	N3F2	8.08	220.47	3.67

表 2-38　2013 年晚稻不同水肥处理灌溉水分生产率

灌溉模式	氮肥制度	产量/(t/hm²)	灌水量/mm	灌溉水分生产率/(kg/m³)
W0	N0	5.26	389.22	1.35
	N1F1	6.68	411.29	1.62
	N1F2	7.57	422.85	1.79
	N2F1	7.86	409.61	1.92
	N2F2	8.08	423.96	1.91
	N3F1	7.99	424.08	1.89
	N3F2	7.96	421.49	1.89
W1	N0	5.43	354.84	1.53
	N1F1	7.32	354.68	2.06
	N1F2	7.51	333.58	2.25
	N2F1	7.97	370.46	2.15
	N2F2	8.39	336.89	2.49
	N3F1	8.12	364.72	2.23
	N3F2	8.04	366.93	2.19

不同灌溉模式下,间歇灌溉模式下的灌溉水分生产率均值在各季试验中都要大于淹水灌溉模式的,4 季试验中灌溉水分生产率均值分别提高了 0.56kg/m³、0.36kg/m³、0.34kg/m³、0.36kg/m³,提高幅度分别为 7.8%、19.0%、10.4%、20.3%,晚稻提高幅度明显大于早稻提高幅度。原因在于间歇灌溉模式下不同稻季不同程度减少了稻田灌水量,晚稻节水幅度显著大于早稻节水幅度,同时还能在一定程度上增产。因此相比于淹水灌溉,稻田采用间歇灌溉能较大幅度地提高灌溉水分生产率。

不同施氮水平下,4 季试验中各施氮处理的田间灌溉水分生产率都明显大于不施氮处理的,说明稻田通过适当施氮能有效提高灌溉水分生产率。不同施氮水平之间,不论是间歇灌溉还是淹水灌溉,灌溉水分生产率数值大小基本都是 N2>N3>N1,与不同施氮水平下稻田产量规律一致。因此,在一定范围内增施氮肥能有效提高灌溉水分生产率,但超过一定范围后灌溉水分生产率则会下降。

不同施氮水平下,不同的施肥次数对灌溉水分生产率的影响规律不一致。均值比较,在 N1 水平下,1 次追肥与 2 次追肥的灌溉水分生产率均值分别为 3.3kg/m³、3.49kg/m³。N2 水平下分别为 3.78kg/m³、3.75kg/m³;N3 水平下分别为 3.73kg/m³、3.58kg/m³。因此在低氮水平下,分次施肥能提高灌溉水分生产率;在高氮水平下,分次施肥会降低灌溉水分生产率。

因此,从提高灌溉水分生产率的角度出发,间歇灌溉优于淹水灌溉,N2 施氮水平优于 N3、N1 施氮水平,在中低氮水平下 2 次追肥又优于 1 次追肥。

优选模式 W1N2F2 与当地传统模式 W0N2F1 相比,在 4 季试验中灌溉水分生产率分别提高了 0.47kg/m³、0.67kg/m³、0.63kg/m³、0.57kg/m³,平均提高了 16.6%。

2.5　不同水肥处理下稻田氮、磷流失量

2.5.1　不同水肥处理下稻田氮、磷浓度

1. 不同水肥处理下田面水氮、磷浓度变化规律

不同水肥处理的田面水 TN 浓度如图 2-21～图 2-24 所示。从图 2-21～图 2-24 中可见,不同季节同一氮肥水平下施用氮肥后田面水 TN 浓度差异较大,不同氮肥水平下田面水 TN 浓度随施肥量的增加而变大。施肥后 1～3 天田面水 TN 浓度达到最大值,然后快速下降,但施用基肥后田面水 TN 浓度下降的速率慢

于施用蘖肥和穗肥的,施肥后 7～10 天田面水 TN 浓度趋于稳定,这与前人的研究结果一致(王莹等,2009;张志剑等,2001)。

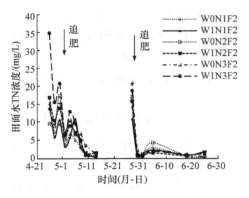

图 2-21　2012 年早稻不同处理田面水 TN 浓度

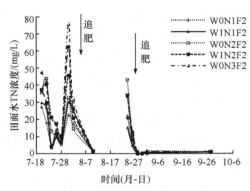

图 2-22　2012 年晚稻不同处理田面水 TN 浓度(部分处理)

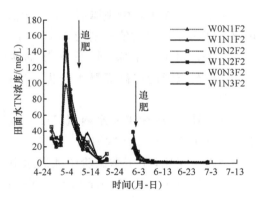

图 2-23　2013 年早稻不同处理田面水 TN 浓度(部分处理)

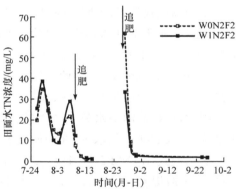

图 2-24　2013 年晚稻不同处理田面水 TN 浓度(部分处理)

图 2-21～图 2-24 还表明,同一施氮水平下,施用拔节孕穗肥(简称为穗肥)后间歇灌溉下的田面水 TN 浓度明显比淹水灌溉的低,而施用基肥、分蘖肥后间歇灌溉的田面水 TN 浓度比淹水灌溉的要高。从 2012 年早稻数据来看,3 种氮肥水平下,施用穗肥后第 2 天采用间歇灌溉的田面水 TN 浓度与淹水灌溉相比分别降低了 23.3%、6.76%、10.32%,平均降低了 13.46%;2012 年晚稻分别降低了 30.63%、21.09%、−59.29%;2013 年早稻分别降低了 37.18%、31.99%、−1.71%;2013 年晚稻 N2 施肥水平降低了 46.01%。施用穗肥后间歇灌溉的田面水深比淹水灌溉的浅,但相同氮肥水平下其田面水 TN 浓度却低,其原因在于:间歇灌溉田面有水层时间短且水层较浅,提高了土壤通透性,分蘖后期晒田结束后

田间裂隙发育程度强于淹水灌溉,裂隙多且深,拔节孕穗初期进行灌水施肥,氮素在随着水分向下运动的过程中能更加有效地深入土壤,增大氮素与土壤的接触面积,通过置换作用使更多的氮素被土壤胶体吸附,而之前田间干缩形成的裂隙在复水后会明显愈合,从而减少了停留在田面水层中的氮素含量。其中,N3 施肥量下穗肥施用后间歇灌溉下的田面水 TN 浓度高于淹灌,应该是田间水分管理不到位,间歇灌溉下灌水过多,或 TN 浓度过高时土壤胶体吸附的氮素比例变小,导致差异不明显。在水稻生长前期,不同灌溉模式下田间土壤物理性质差异不大,由于间歇灌溉模式下的田间水层浅,所以在施用基肥和分蘖肥后间歇灌溉的田面水 TN 浓度要高。

不同水肥处理的田面水 TP 浓度如图 2-25、图 2-26、表 2-39、表 2-40 所示。因为试验中每年每季每个试验小区磷肥施用标准相同,都是插秧前作基肥一次施入,然后在耙田的过程中混入泥土表层,田面水 TP 浓度变化过程类似,因此本节仅以 2012 年的试验数据对田面水 TP 浓度变化规律进行说明。从图 2-25、图 2-26 中可见,在此次试验过程中田面水 TP 浓度最大值为 2mg/L,远小于田面水 TN 浓度,原因在于磷肥施用量相对较小,并且土壤中磷肥的移动性较差;从插秧到稻田分蘖后期落干晒田之前田面水 TP 浓度是震荡下行的,晒田结束以后的田面水 TP 浓度相比晒田开始之前大幅度下降,然后一直维持在低位,分蘖后期晒田结束后的田面水 TP 浓度绝大部分已小于地表 II 类水 TP 浓度要求(0.1mg/L),与试验站灌溉水 TP 浓度出入不大,这说明晒田结束后基肥施入稻田的磷肥对田面水的影响十分有限。因此,稻田施用磷肥后,田面水 TP 浓度除了会随着时间的变长而降低外,晒田也能加速磷素在土壤中的吸附与固定,起到有效降低田面水 TP 浓度的作用。

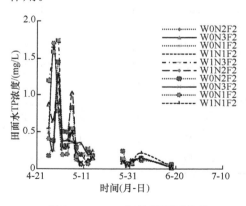

图 2-25　2012 年早稻不同处理
田面水 TP 浓度(部分处理)

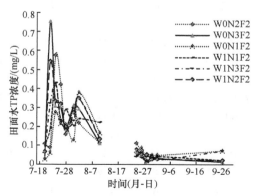

图 2-26　2012 年晚稻不同处理
田面水 TP 浓度(部分处理)

表 2-39　2012 年早稻不同处理田面水 TP 浓度变化过程　　（单位：mg/L）

处理	时间（月-日）							
	4-26	4-28	4-30	5-2	5-4	5-6	5-8	5-10
W0N2F2	0.17	0.38	1.45	0.50	0.49	0.83	0.29	0.19
W0N2F1	0.26	1.30	1.88	0.23	0.23	1.18	0.41	0.11
W0N3F2	0.49	0.26	1.29	0.39	0.39	0.36	0.34	0.34
W0N0	0.42	1.73	0.20	0.13	0.14	1.25	0.07	0.02
W0N1F2	0.40	1.70	0.78	0.18	0.19	0.47	0.13	0.05
W0N1F1	0.44	1.49	1.08	0.24	0.25	0.29	0.50	0.08
W0N3F1	0.40	0.63	1.81	0.35	0.35	0.55	0.11	0.07
淹水灌溉均值	0.37	1.07	1.21	0.29	0.29	0.71	0.26	0.12
W1N1F2	0.54	1.65	0.88	0.31	0.31	0.48	0.17	0.18
W1N3F2	1.19	1.58	1.74	0.31	0.31	0.54	0.16	0.07
W1N2F2	0.87	0.65	1.16	0.28	0.29	1.02	0.21	0.07
W1N2F1	0.62	0.62	1.86	0.54	0.53	0.71	0.20	0.14
W1N3F1	0.26	0.12	1.68	0.20	0.21	0.75	0.14	0.04
W1N1F1	0.17	0.63	1.55	0.51	0.50	0.46	0.20	0.12
W1N0	1.10	0.77	0.20	0.27	0.28	0.23	0.14	0.08
间歇灌溉均值	0.68	0.86	1.30	0.35	0.35	0.60	0.17	0.10

处理	时间（月-日）							
	5-13	5-15	5-28	5-30	6-1	6-5	6-18	6-25
W0N2F2	0.24	0.18	0.24	0.07	0.11	0.11	0.06	0.16
W0N2F1	0.25	0.17	0.16	0.05	0.06	0.15	0.05	0.12
W0N3F2	0.19	0.25	0.12	0.05	0.09	0.14	0.02	0.09
W0N0	0.05	0.18	0.20	0.08	0.08	0.17	0.02	0.08
W0N1F2	0.06	0.17	0.10	0.06	0.06	0.14	0.02	0.12
W0N1F1	0.10	0.16	0.10	0.07	0.12	0.21	0.02	0.09
W0N3F1	0.29	0.06	0.11	0.03	0.05	0.13	0.02	0.10
淹水灌溉均值	0.17	0.17	0.14	0.06	0.08	0.15	0.03	0.11
W1N1F2	0.08	0.14	0.10	0.04	0.06	0.21	0.03	0.09
W1N3F2	0.27	0.15	0.13	0.06	0.07	0.14	0.01	0.12
W1N2F2	0.11	0.14	0.09	0.04	0.10	0.14	0.01	0.12
W1N2F1	0.23	0.16	0.06	0.05	0.07	0.14	0.01	0.11
W1N3F1	0.10	0.06	0.10	0.05	0.08	0.14	0.02	0.18
W1N1F1	0.10	0.12	0.07	0.05	0.12	0.16	0.01	0.11
W1N0	0.06	0.05	0.08	0.04	0.17	0.17	0.02	0.04
间歇灌溉均值	0.14	0.12	0.09	0.05	0.09	0.16	0.02	0.11

表 2-40　2012 年晚稻不同处理田面水 TP 浓度变化过程　　　　（单位：mg/L）

处理	时间（月-日）													
	7-20	7-22	7-24	7-26	7-28	7-31	8-2	8-10	8-24	8-26	8-28	8-30	9-1	9-26
W0N2F2	0.109	0.090	0.577	0.420	0.158	0.301	0.219	0.113	0.112	0.065	0.015	0.044	0.028	0.022
W0N2F1	0.146	0.433	0.764	0.330	0.212	0.181	0.188	0.209	0.081	0.057	0.010	0.036	0.052	0.022
W0N3F2	0.035	0.753	0.307	0.302	0.189	0.313	0.294	0.111	0.064	0.045	0.016	0.044	0.032	0.014
W0N0	0.100	0.098	0.407	0.163	0.133	0.107	0.147	0.087	0.039	0.042	0.032	0.077	0.028	0.068
W0N1F2	0.027	0.062	0.273	0.213	0.209	0.128	0.378	0.166	0.075	0.087	0.019	0.048	0.048	0.072
W0N1F1	0.018	0.391	0.691	0.326	0.170	0.137	0.360	0.120	0.015	0.021	0.040	0.028	0.038	0.018
W0N3F1	0.064	0.161	0.827	0.263	0.290	0.326	0.501	0.200	0.029	0.078	0.036	0.024	0.028	0.064
淹水灌溉均值	0.071	0.284	0.549	0.288	0.195	0.213	0.298	0.144	0.059	0.057	0.024	0.043	0.036	0.040
W1N1F2	0.096	0.189	0.429	0.226	0.289	0.203	0.240	0.221	0.049	0.035	0.015	0.024	0.042	0.022
W1N3F2	0.059	0.321	0.425	0.233	0.188	0.230	0.350	0.137	0.041	0.062	0.040	0.048	0.024	0.072
W1N2F2	0.068	0.544	0.335	0.319	0.180	0.274	0.349	0.134	0.078	0.055	0.052	0.028	0.029	0.022
W1N2F1	0.076	0.487	0.543	0.356	0.224	0.181	0.484	0.176	0.095	0.067	0.019	0.032	0.033	0.012
W1N3F1	0.051	0.238	0.790	0.358	0.164	0.145	0.524	0.278	0.045	0.048	0.019	0.020	0.022	0.010
W1N1F1	0.043	0.231	0.279	0.284	0.298	0.303	0.508	0.266	0.045	0.045	0.069	0.020	0.020	0.018
W1N0	0.068	0.215	0.504	0.304	0.164	0.225	0.219	0.095	0.042	0.037	0.036	0.077	0.036	0.022
间歇灌溉均值	0.066	0.318	0.472	0.297	0.215	0.223	0.382	0.187	0.056	0.050	0.036	0.035	0.029	0.025

　　虽然各次试验中田面水 TP 浓度总体变化趋势一致，但从图 2-25、图 2-26、表 2-39、表 2-40 中还可以看出，不同处理（不同田块）下同一时间田面水 TP 浓度差异较大，这说明混入泥土表层的磷素在向田面水扩散的过程中，或在取样、化验的过程中存在较大随机性。表 2-39、表 2-40 所示两种灌溉模式下同一时间的田面水 TP 浓度均值都在一个数量级且相差不大，同一季试验中两种灌溉模式下的田面水 TP 浓度均值的相对大小随时间而变化，但这种相对大小关系在不同季试验中的表现并不一致，因此不同灌溉模式对田面水 TP 浓度的影响在此次试验中不明显。

　　不同水肥处理的田面水铵态氮、硝态氮浓度见表 2-41～表 2-44。因为不同年际田面水铵态氮、硝态氮浓度的变化趋势类似，本节仅以 2012 年数据对不同水肥处理下田面水铵态氮、硝态氮浓度变化的特征进行说明。

表 2-41　2012 年早稻不同处理田面水铵态氮浓度变化过程（单位：mg/L）

处理	时间（月-日）													
	4-26	4-28	4-30	5-2	5-4	5-6	5-8	5-10	5-15	5-30	6-1	6-5	6-18	6-25
W0N0	5.93	4.30	3.24	9.91	5.40	2.25	0.74	0.03	0.01	0.90	0.44	0.56	2.30	0.28
W1N0	3.63	3.97	3.07	9.29	2.03	5.01	0.24	0.24	0.01	0.51	0.49	0.94	0.03	1.20
W0N1F1	10.42	38.57	43.37	59.23	11.45	19.73	6.58	4.53	1.31	0.18	0.49	0.56	0.51	0.51
W1N1F1	9.57	46.58	67.35	60.06	10.68	16.30	5.01	7.87	0.01	0.84	0.71	0.45	0.03	0.86
W0N1F2	9.38	35.42	42.95	39.01	9.57	15.16	3.44	3.46	0.03	4.55	0.49	0.51	0.03	0.62
W1N1F2	9.57	32.17	62.53	41.48	7.73	17.03	1.36	5.77	0.35	1.01	0.65	0.45	0.09	1.61
W0N2F1	11.26	44.34	73.40	85.85	12.50	23.16	1.76	7.53	0.63	0.84	0.65	0.56	0.03	0.28
W1N2F1	10.61	50.56	88.59	83.79	13.57	26.71	3.83	10.75	0.80	0.12	0.44	0.56	0.03	1.32
W0N2F2	11.76	44.12	64.42	48.50	8.44	19.28	4.06	9.45	0.03	5.99	0.65	0.40	7.00	0.28
W1N2F2	12.94	48.99	77.45	66.04	10.88	22.65	5.07	10.13	0.69	4.55	0.71	0.89	0.03	1.20
W0N3F1	12.94	55.11	53.17	90.39	13.52	23.59	1.08	10.63	2.89	0.12	0.44	0.51	0.67	1.15
W1N3F1	13.16	68.85	96.21	88.97	18.91	34.34	0.52	9.62	2.55	1.06	0.38	0.61	0.03	0.97
W0N3F2	15.43	54.94	86.40	74.30	18.23	24.41	10.57	11.26	0.18	8.49	0.76	0.45	0.03	0.28
W1N3F2	11.99	48.94	92.88	73.26	11.30	22.03	2.99	10.46	0.52	10.26	2.11	0.51	0.03	1.09

注：4 月 20 日施基肥，4 月 28 日施分蘖肥，5 月 28 日施拔节孕穗肥。

表 2-42　2012 年晚稻不同处理田面水铵态氮浓度变化过程　　　（单位：mg/L）

处理	时间（月-日）													
	7-20	7-22	7-24	7-26	7-28	7-31	8-2	8-10	8-24	8-26	8-28	8-30	9-1	9-27
W0N0	0.58	4.63	2.25	3.77	0.67	4.13	1.83	0.27	1.57	0.34	0.03	0.03	0.03	0.43
W1N0	0.42	1.07	4.11	2.17	1.70	5.84	2.88	0.25	0.14	0.77	0.03	0.03	0.03	0.30
W0N1F1	3.38	5.30	13.86	3.55	2.92	44.69	12.74	0.28	2.67	4.66	0.03	—	1.69	0.34
W1N1F1	1.56	11.77	10.68	2.17	1.00	49.66	8.88	0.37	0.16	0.45	0.03	0.03	0.03	0.21
W0N1F2	3.49	4.28	15.52	2.31	5.44	24.74	15.43	0.13	8.14	3.96	0.03	0.03	0.95	0.30
W1N1F2	2.93	2.26	37.80	4.71	6.69	15.99	17.11	0.30	10.90	0.39	0.03	—	0.04	0.30
W0N2F1	2.35	1.83	21.92	2.76	7.22	51.90	24.04	0.81	0.31	0.23	0.03	0.03	0.04	0.43
W1N2F1	3.27	11.42	40.55	2.29	10.79	61.67	22.56	1.08	0.48	0.77	0.03	—	1.52	0.77

续表

处理	时间(月-日)													
	7-20	7-22	7-24	7-26	7-28	7-31	8-2	8-10	8-24	8-26	8-28	8-30	9-1	9-27
W0N2F2	2.93	10.84	39.49	0.91	7.38	33.15	12.16	0.83	24.44	7.26	4.36	0.05	0.03	0.53
W1N2F2	3.99	3.21	35.61	8.87	11.34	38.24	14.44	0.46	13.85	6.77	0.03	—	3.28	0.40
W0N3F1	4.43	8.37	33.71	2.50	11.46	47.89	32.43	1.40	2.80	0.56	0.03	0.03	0.73	0.29
W1N3F1	4.02	2.70	38.53	6.45	11.32	86.20	12.56	1.56	0.82	0.45	0.03	—	0.10	0.19
W0N3F2	4.83	2.83	25.32	4.79	11.07	35.61	22.74	0.21	6.81	0.77	0.03	0.03	0.03	0.25
W1N3F2	3.93	3.28	38.03	2.66	5.98	60.62	10.19	0.30	12.81	9.37	4.43	0.03	0.03	0.19

注:7月18日施基肥,7月30日施分蘖肥,8月23日施拔节孕穗肥。

表 2-43　2012 年早稻不同处理田面水硝态氮浓度变化过程　　　　(单位:mg/L)

处理	时间(月-日)													
	4-26	4-28	4-30	5-2	5-4	5-8	5-10	5-14	5-28	5-30	6-1	6-5	6-18	6-25
W0N0	0.240	0.274	0.380	0.132	0.218	0.192	0.432	0.083	0.080	0.080	0.080	0.080	0.143	0.418
W1N0	0.256	0.523	0.305	0.124	0.147	0.207	0.342	0.079	0.104	0.085	0.080	0.080	0.080	0.594
W0N1F1	0.331	0.602	0.495	0.203	0.237	0.285	0.571	0.109	0.096	0.089	0.080	0.080	0.080	0.352
W1N1F1	0.218	0.447	0.391	0.166	0.256	0.255	0.214	0.154	0.080	0.117	0.096	0.080	0.080	0.469
W0N1F2	0.240	0.414	0.443	0.245	0.226	0.308	0.229	0.199	0.093	0.117	0.080	0.080	0.080	0.373
W1N1F2	0.440	0.579	0.406	0.188	0.279	0.361	0.267	0.158	0.093	0.089	0.080	0.080	0.080	0.352
W0N2F1	0.240	0.549	0.384	0.343	0.237	0.280	0.424	0.222	0.081	0.080	0.080	0.080	0.080	0.540
W1N2F1	0.293	0.530	0.566	0.377	0.316	0.192	0.218	0.188	0.093	0.080	0.080	0.085	0.100	0.444
W0N2F2	0.335	0.594	0.581	0.188	0.282	0.244	0.132	0.105	0.233	0.121	0.080	0.080	0.080	0.419
W1N2F2	0.474	0.718	0.682	0.271	0.343	0.240	0.300	0.128	0.143	0.146	0.080	0.080	0.080	0.300
W0N3F1	0.316	0.621	0.518	0.437	0.279	0.323	0.308	0.233	0.104	0.133	0.104	0.080	0.096	0.391
W1N3F1	0.267	0.534	0.641	0.301	0.282	0.233	0.252	0.124	0.089	0.085	0.080	0.080	0.080	0.435
W0N3F2	0.256	0.734	0.402	0.275	0.395	0.300	0.604	0.105	0.188	0.165	0.105	0.080	0.107	0.331
W1N3F2	0.489	0.877	0.544	0.294	0.241	0.334	0.240	0.135	0.230	0.166	0.080	0.080	0.111	0.256

注:4月20日施基肥,4月28日施分蘖肥,5月28日施拔节孕穗肥。

表 2-44　2012 年晚稻不同处理田面水硝态氮浓度变化过程　　（单位:mg/L）

处理	时间(月-日)												
	7-20	7-22	7-24	7-26	7-28	7-31	8-2	8-10	8-24	8-26	8-28	8-30	9-26
W0N0	0.159	0.470	0.647	0.346	0.316	0.509	0.192	0.138	0.545	0.139	0.120	0.080	0.095
W1N0	0.229	0.307	0.287	0.303	0.360	0.392	0.328	0.148	0.122	0.080	0.090	0.080	0.080
W0N1F1	0.374	0.442	0.772	0.309	0.417	0.563	0.235	0.116	—	0.151	—	0.120	0.080
W1N1F1	0.373	0.383	0.453	0.294	0.346	0.342	0.305	0.190	0.133	0.151	0.135	0.147	0.080
W0N1F2	0.230	0.483	0.601	0.230	0.287	0.323	0.194	0.127	0.239	0.193	0.105	0.080	0.080
W1N1F2	0.382	0.415	0.587	0.269	0.114	0.282	0.316	0.139	0.080	0.193	—	0.097	0.085
W0N2F1	0.218	0.305	0.755	0.479	0.661	0.257	0.270	0.100	0.697	0.284	0.101	0.080	0.085
W1N2F1	0.230	0.322	0.486	0.277	0.388	0.392	0.235	0.118	0.121	0.158	—	0.177	0.080
W0N2F2	0.299	0.363	0.534	0.740	0.211	0.402	0.288	0.151	0.121	0.158	0.080	0.112	0.081
W1N2F2	0.311	0.433	0.537	0.313	0.274	0.418	0.251	0.142	0.129	0.154	—	0.116	0.100
W0N3F1	0.313	0.510	1.351	0.262	0.402	0.545	0.325	0.160	0.114	0.200	0.101	0.080	0.099
W1N3F1	0.347	0.456	0.852	0.272	0.386	0.385	0.293	0.105	0.110	0.112	—	0.080	0.080
W0N3F2	0.155	0.635	0.629	0.397	0.462	0.461	0.426	0.244	0.663	0.277	0.132	0.080	0.203
W1N3F2	0.347	0.490	0.838	0.240	1.023	0.265	0.219	0.170	0.171	0.246	0.151	0.139	0.089

注:7 月 18 日施基肥,7 月 30 日施分蘖肥,8 月 23 日施拔节孕穗肥。

从表 2-41、表 2-42 中可见,施氮肥对田面水铵态氮浓度影响很大,田面水铵态氮浓度的变化趋势与田面水 TN 浓度的变化趋势一致。施肥后 1～3 天田面水铵态氮浓度达到最大值后快速下降,但施用基肥后田面水铵态氮浓度下降的速率慢于施用蘖肥和穗肥后的,原因在于基肥埋入泥土表层,延缓了氮素向田面水运移的进程。施肥后 7～10 天田面水铵态氮浓度基本降到对照处理水平。不同施氮水平下,田面水铵态氮浓度有随着施氮量的增加而变大的趋势。不同灌溉模式下,在水稻返青期、分蘖期间歇灌溉田面水铵态氮浓度大于淹水灌溉田面水铵态氮浓度的时候多一些;拔节孕穗期在 N1、N2 施氮水平下间歇灌溉的田面水铵态氮浓度小于淹水灌溉的,在 N3 水平则间歇灌溉大于淹水灌溉的;拔节孕穗期以后,施肥对田面水铵态氮浓度的影响基本消失,各田块田面水铵态氮浓度均很小且随机变化。

从表 2-43、表 2-44 中可见,2012 年的试验中田面水硝态氮浓度的最大值为 1.35mg/L,远小于田面水 TN 浓度及铵态氮浓度的最大值,因此不同水肥制度对田面水硝态氮浓度的影响十分有限。虽然田面水硝态氮浓度不大,但变化趋势与田面水 TN 浓度、铵态氮浓度的变化趋势保持一致,即施肥后 1～3 天田面水硝态氮浓度达到最大值,然后快速下降,施用基肥后田面水硝态氮浓度的下降速率慢于施用蘖肥和穗肥的,施肥后 7～10 天田面水硝态氮浓度基本降到对照水平。

2. 不同水肥处理下土壤水氮、磷浓度变化规律

2013 年晚稻种植期间,采用 WS100 土壤溶液提取器配合手持正负气压泵,对 W0N0、W1N0、W0N2F2、W1N2F2 共 4 个处理田块 20cm、40cm、60cm 深度处的土壤水溶液氮、磷浓度分别进行了原位高频动态观测。观测结果见表 2-45～表 2-48。

2012 年及 2013 年在每个试验小区都布置有穿过耕作层的聚氯乙烯(PVC)管,管下部穿数个小孔,用纱布包裹,以收集 40cm 深度处渗漏水。经仔细对比,PVC 管所取土壤水溶液氮、磷浓度值大部分时间与田面水氮、磷浓度保持在同一数量级,而土壤水溶液提取器所取土壤水溶液氮、磷浓度则大部分时间比田面水氮、磷浓度小一个数量级,两种取样方式对应的结果出入较大。鉴于土壤水溶液提取器设计与应用相对于 PVC 管更科学,所以本章对有关土壤水氮、磷浓度的分析计算以土壤水溶液提取器对应的氮、磷浓度为依据。

表 2-45　2013 年晚稻不同处理不同深度土壤水 TN 浓度变化过程　　（单位:mg/L）

时间(月-日)	W0N2F2				W0N0				W1N2F2				W1N0			
	田面	20cm	40cm	60cm	田面	20cm	40cm	60cm	田面	20cm	40cm	60cm	田面	20cm	40cm	60cm
8-1	15.12	1.31	0.69	0.09	0.75	2.45	0.59	0.50	3.00	2.83	0.24	0.93	0.93	2.02	0.82	1.23
8-3	13.27	0.95	0.44	0.34	1.72	2.24	1.05	0.55	3.93	4.10	0.32	0.99	1.33	2.55	1.26	1.29
8-5	—	0.86	0.22	—	3.80	—	0.99	0.59	—	3.17	0.36	1.09	1.50	2.23	1.03	1.38
8-7	21.62	0.22	0.26	0.00	1.19	1.40	—	0.03	21.82	1.95	0.20	0.28	1.32	1.04	0.36	0.36
8-9	2.53	1.24	0.48	0.00	1.97	1.85	1.54	0.82	12.27	3.55	0.19	1.20	1.33	2.46	1.16	1.04
8-11	2.48	1.49	0.45	0.56	2.79	2.85	0.30	0.63	—	3.87	0.21	0.89	2.40	3.23	1.80	1.13
8-13	0.96	1.34	0.78	0.65	1.24	2.87	0.34	0.63	1.68	4.31	0.47	1.09	1.38	2.88	1.74	1.55
8-15	1.15	1.19	0.31	0.24	0.63	2.73	0.83	0.38	1.07	2.61	0.27	0.88	1.09	1.98	1.35	1.75
8-17	—	2.54	2.20	1.60	—	3.92	2.47	2.01	—	5.60	2.68	2.61	—	4.12	4.72	3.81
8-20	—	2.41	0.68	0.63	—	3.64	1.94	1.59	—	5.25	0.45	2.73	—	5.37	4.61	2.28
8-24	—	1.46	0.44	0.35	—	—	—	—	—	3.75	0.31	1.36	—	2.60	1.71	1.63
8-27	61.77	4.75	1.89	1.98	2.17	—	—	—	33.35	12.66	1.22	5.89	2.94	3.52	5.89	0.00
8-31	3.19	0.86	0.26	0.16	0.87	1.54	0.91	0.62	2.69	0.56	1.46	1.35	2.26	1.12	1.41	1.60
9-2	—	0.94	0.13	0.24	—	1.57	1.15	0.96	—	2.38	1.29	1.26	—	2.27	1.56	0.89
9-17	—	4.21	1.41	2.28	—	2.88	2.11	2.22	—	—	1.91	—	—	4.36	1.78	2.09
9-24	1.87	2.32	1.44	1.61	1.71	1.94	2.37	2.79	1.88	2.99	1.56	2.22	1.77	3.90	3.33	4.46
9-26	1.69	0.65	1.37	1.31	1.84	1.66	3.40	3.40	1.80	1.84	1.46	2.38	1.67	2.85	1.29	2.02
9-29	—	2.03	1.39	1.36	0.97	1.23	2.33	2.02	1.49	3.81	1.30	2.15	1.76	2.08	1.68	1.65

续表

时间（月-日）	W0N2F2				W0N0				W1N2F2				W1N0			
	田面	20cm	40cm	60cm	田面	20cm	40cm	60cm	田面	20cm	40cm	60cm	田面	20cm	40cm	60cm
10-2	—	0.68	0.55	0.21	—	1.27	0.55	0.51	—	2.35	0.28	1.53	—	1.47	0.50	1.66
10-5	—	0.82	0.40	0.05	—	1.29	1.93	0.93	—	3.48	0.14	1.10	—	1.36	0.53	1.54
10-11	0.92	0.75	0.53	0.39	—	1.25	0.30	0.76	1.34	1.28	0.17	0.82	—	0.78	0.45	1.64
均值	10.55	1.57	0.78	0.70	1.67	2.17	1.35	1.16	7.19	3.62	0.72	1.65	1.67	2.58	1.86	1.67
方差	307.71	1.32	0.35	0.51	0.80	0.69	0.55	0.79	105.86	6.07	0.50	1.37	0.32	1.41	2.28	0.97
变异系数	1.66	0.73	0.76	1.02	0.54	0.38	0.55	0.77	1.43	0.68	0.98	0.71	0.34	0.46	0.81	0.59

注：7月25日施基肥，8月6日施分蘖肥，8月26日施拔节孕穗肥。

表 2-46　　2013 年晚稻不同处理不同深度土壤水 TP 浓度变化过程　　（单位：mg/L）

时间（月-日）	W0N2F2				W0N0				W1N2F2				W1N0			
	田面	20cm	40cm	60cm	田面	20cm	40cm	60cm	田面	20cm	40cm	60cm	田面	20cm	40cm	60cm
8-1	1.45	0.03	0.24	0.01	0.88	0.03	0.05	0.03	2.11	0.09	0.05	0.07	1.38	0.22	0.24	0.13
8-3	0.84	0.00	0.04	0.00	0.61	0.00	0.17	0.00	0.76	0.04	0.00	0.38	3.18	0.02	0.11	0.04
8-5	—	0.01	0.01	0.04	0.11	—	0.04	0.01	—	0.10	0.02	0.05	0.18	—	0.06	0.02
8-7	0.27	—	—	0.00	0.17	—	—	0.01	0.47	0.02	0.02	0.02	0.15	0.04	0.06	0.03
8-9	0.07	—	0.04	0.00	0.11	0.00	0.03	0.07	0.54	—	0.00	0.04	0.11	0.08	0.03	0.01
8-11	0.14	0.03	0.01	0.02	0.18	0.01	0.01	0.01	—	0.01	0.00	0.01	0.12	0.03	0.05	0.03
8-13	0.07	0.01	0.16	0.03	0.04	0.02	0.06	0.01	0.19	0.02	0.14	0.06	0.13	0.10	0.05	0.04
8-15	0.17	0.09	0.03	0.03	0.11	0.02	0.06	0.09	0.14	0.02	0.01	0.05	0.13	0.12	0.02	0.01
8-17	—	0.04	0.09	0.02	—	0.08	0.10	0.04	—	0.08	0.02	0.02	—	0.07	0.08	0.03
8-20	—	0.02	0.03	0.03	—	0.03	0.02	0.03	—	0.02	0.00	0.00	—	0.03	0.06	0.02
8-24	—	0.00	0.00	0.00	—	0.00	0.00	0.01	—	0.00	0.00	0.00	—	0.00	0.03	0.00
8-27	0.02	0.04	0.04	0.04	0.08	0.14	0.06	0.05	0.07	0.04	0.06	0.07	0.19	0.09	0.11	0.04
8-29	0.04	0.08	0.00	0.02	—	—	—	—	0.03	0.02	0.01	0.00	—	—	—	—
8-31	0.02	0.02	0.01	0.01	0.07	0.00	0.00	0.00	0.32	0.00	0.00	0.07	0.01	0.00	0.01	0.05
9-2	—	0.00	0.00	0.00	—	0.01	0.00	0.00	—	0.13	0.00	0.00	—	0.00	0.01	0.01
9-17	—	0.00	0.00	0.01	—	0.01	0.01	0.00	—	—	0.00	0.00	—	0.00	0.01	0.08
9-24	0.03	0.01	0.00	0.00	0.03	0.01	0.00	0.01	—	0.00	0.01	0.01	0.02	0.01	0.01	0.01
9-26	0.02	0.00	0.00	0.01	0.04	0.00	0.00	0.02	0.06	0.00	0.01	0.01	0.02	0.00	0.03	0.00
9-29	—	0.00	0.00	0.00	0.03	0.00	0.02	0.00	0.00	0.02	0.00	0.00	0.00	0.00	0.00	0.03
10-2	—	0.00	0.00	0.01	—	0.01	0.00	0.00	—	0.02	0.00	0.00	—	0.01	0.01	0.02
10-5	—	0.00	0.01	0.02	—	0.01	0.01	0.01	—	0.00	0.01	0.00	—	0.01	0.01	0.00
10-11	0.06	0.02	0.13	0.09	—	0.02	0.11	0.02	0.10	0.01	0.11	0.02	—	0.04	0.02	0.03
10-21	—	0.00	0.00	0.02	—	0.01	0.02	0.01	—	0.02	0.00	0.01	—	0.00	0.04	0.01

时间(月-日)	W0N2F2				W0N0				W1N2F2				W1N0			
	田面	20cm	40cm	60cm	田面	20cm	40cm	60cm	田面	20cm	40cm	60cm	田面	20cm	40cm	60cm
均值	0.25	0.02	0.04	0.02	0.19	0.02	0.04	0.02	0.37	0.03	0.02	0.04	0.43	0.04	0.05	0.03
方差	0.18	0.00	0.00	0.00	0.07	0.00	0.00	0.00	0.33	0.00	0.00	0.01	0.81	0.00	0.00	0.00
变异系数	1.72	1.32	1.59	1.11	1.36	1.61	1.20	1.16	1.55	1.20	1.61	1.95	2.09	1.35	1.14	1.02

表 2-47　2013 年晚稻不同处理不同深度土壤水铵态氮浓度变化过程　（单位：mg/L）

时间(月-日)	W0N2F2				W0N0				W1N2F2				W1N0			
	田面	20cm	40cm	60cm	田面	20cm	40cm	60cm	田面	20cm	40cm	60cm	田面	20cm	40cm	60cm
8-1	18.16	0.75	0.04	0.22	0.28	0.69	0.33	0.28	2.33	1.98	0.10	0.57	0.28	0.86	0.39	0.86
8-3	12.36	1.15	0.64	0.69	0.98	1.55	1.26	1.09	1.38	2.46	0.58	1.43	0.81	1.66	0.92	1.72
8-5	—	1.09	0.75	0.64	1.20	—	1.72	1.09	—	3.71	0.81	1.55	0.98	2.06	1.03	1.43
8-7	21.18	3.88	3.71	3.65	1.89	2.74	3.14	1.49	31.94	9.97	1.20	1.49	1.72	3.08	1.89	2.12
8-9	1.09	0.52	0.18	0.01	1.09	0.75	0.61	0.61	5.42	2.29	0.35	0.58	0.41	0.98	0.52	0.58
8-11	0.34	0.52	0.52	0.28	0.46	0.58	0.70	0.46	—	2.26	0.58	0.64	0.88	1.00	0.52	0.76
8-13	0.52	1.00	0.28	0.34	0.52	1.36	0.76	0.46	0.40	1.72	0.22	0.52	0.46	1.78	0.46	0.52
8-15	0.40	0.34	0.34	0.16	0.46	0.58	0.46	0.46	0.46	1.90	0.28	0.46	1.12	1.48	0.58	0.52
8-17	—	0.38	0.11	0.52	—	1.20	0.59	0.45	—	0.52	0.52	0.38	—	1.54	0.00	0.32
8-20	—	0.62	0.45	0.45	—	0.85	0.73	0.56	—	1.30	0.45	0.85	—	1.07	0.73	0.79
8-24	—	0.93	0.27	0.22	—	1.26	1.20	0.87	—	1.48	0.27	0.82	—	3.02	0.76	1.70
8-27	48.20	0.79	0.31	0.42	0.21	1.22	0.95	0.58	26.64	1.38	0.42	0.74	0.42	1.11	0.63	0.84
8-31	0.87	1.46	0.98	0.82	0.82	1.84	2.11	1.25	2.22	0.71	1.41	0.93	2.54	0.98	1.84	1.03
9-2	—	1.25	0.39	0.34	—	2.00	1.46	0.24	—	3.40	0.39	1.14	—	2.97	1.46	0.77
9-17	—	0.98	0.15	0.24	—	0.87	1.70	0.50	—	—	0.15	—	0.64	0.24	0.18
9-24	0.24	0.52	0.21	0.09	0.15	0.41	0.15	0.35	0.47	0.41	0.55	0.58	0.35	0.67	0.18	0.55
9-26	0.01	0.17	0.09	0.12	0.23	0.26	0.78	0.28	0.12	0.45	0.52	0.51	0.00	0.48	0.12	0.14
9-29	—	0.26	0.06	0.00	0.01	0.39	0.12	0.39	0.14	0.64	0.01	0.31	0.31	0.06	0.06	0.17
10-2	—	0.93	0.27	0.16	—	1.26	0.32	0.60	—	2.30	0.38	0.76	—	1.42	0.98	1.04
10-5	—	0.93	0.27	0.11	—	1.58	0.98	0.71	—	2.46	0.51	0.65	—	0.93	0.60	0.60
10-11	0.00	1.21	0.00	0.03	—	0.52	2.88	1.73	0.00	1.95	0.03	2.14	—	1.04	0.63	3.16

续表

时间(月-日)	W0N2F2				W0N0				W1N2F2				W1N0			
	田面	20cm	40cm	60cm	田面	20cm	40cm	60cm	田面	20cm	40cm	60cm	田面	20cm	40cm	60cm
10-21	—	0.83	0.00	0.00	—	0.72	1.43	2.03	—	1.95	0.09	1.73	—	2.42	0.83	2.69
均值	8.61	0.93	0.46	0.43	0.58	1.09	1.12	0.79	5.96	2.15	0.41	0.86	0.79	1.42	0.70	1.02
方差	215.14	0.55	0.59	0.57	0.28	0.38	0.66	0.25	122.38	4.02	0.14	0.26	0.48	0.70	0.26	0.65
变异系数	1.70	0.80	1.68	1.75	0.91	0.56	0.73	0.64	1.86	0.93	0.90	0.59	0.88	0.59	0.73	0.79

注:7 月 25 日施基肥,8 月 6 日施分蘖肥,8 月 26 日施拔节孕穗肥。

表 2-48　2013 年晚稻不同处理不同深度土壤水硝态氮浓度变化过程　（单位:mg/L)

时间(月-日)	W0N2F2				W0N0				W1N2F2				W1N0			
	田面	20cm	40cm	60cm	田面	20cm	40cm	60cm	田面	20cm	40cm	60cm	田面	20cm	40cm	60cm
8-1	0.51	0.13	0.15	0.12	0.20	0.29	0.30	0.15	0.20	0.00	0.11	0.19	0.13	0.50	0.18	0.20
8-3	0.56	0.20	0.13	0.12	0.36	0.28	0.35	0.28	0.44	0.36	0.10	0.19	0.18	0.50	0.17	0.20
8-5	—	0.13	0.18	0.11	0.47	—	0.31	0.09	—	0.12	0.06	0.19	0.19	0.49	0.18	0.23
8-7	0.45	0.00	0.10	0.16	0.16	0.02	0.24	0.05	0.33	0.00	0.06	0.20	0.14	0.47	0.29	0.17
8-9	0.51	0.05	0.16	0.04	0.18	0.33	0.25	0.18	0.26	0.00	0.12	0.15	0.17	0.18	0.15	0.21
8-11	0.04	0.05	0.05	0.05	0.06	0.09	0.08	0.05		0.05	0.03	0.06	0.06	0.13	0.06	0.06
8-13	0.02	0.00	0.04	0.04	0.02	0.05	0.07	0.00	0.02	0.00	0.02	0.04	0.02	0.14	0.05	0.06
8-15	0.12	0.13	0.14	0.12	0.11	0.27	0.29	0.16	0.21	0.20	0.08	0.12	0.15	0.48	0.17	0.18
8-17	—	1.18	0.42	0.14		0.36	0.28	0.17		0.56	0.19	0.21		0.45	0.16	0.21
8-20	—	0.16	0.13	0.10		0.29	0.27	0.15		0.35	0.12	0.27		0.51	0.21	0.19
8-24		0.18	0.15	0.15						0.32	0.11	0.21		0.54	0.16	0.21
8-27	0.17	0.20	0.19	0.19	0.06	0.33	0.30	0.21	0.15	0.38	0.15	0.24	0.13	0.55	0.21	0.23
8-29	0.09	0.12	0.09	0.10	—	—	—	—	0.07	0.39	0.09	0.18	—	—	—	—
8-31	0.02	0.12	0.08	0.08	0.10	0.26	0.22	0.14	0.41	0.09	0.15	0.10	0.53	0.09	0.18	0.40
9-2	—	0.09	0.03	0.01		0.34	0.08	0.08		0.51	0.02	0.08		0.38	0.09	0.08
9-17	—	0.58	0.30	0.29		0.45	0.38	0.38		0.26				0.66	0.27	0.16
9-24	0.13	0.20	0.16	0.21	0.17	0.31	0.16	0.23	0.09	0.24	0.32	0.28	0.17	0.36	0.13	0.22
9-26	0.03	0.14	0.08	0.09	0.05	0.15	0.24	0.24	0.12	0.36	0.09	0.16	0.10	—	—	—
9-29						0.28	0.20	0.16		0.39	0.09	0.18	0.21	0.11	0.17	0.03
10-2	—	0.17	0.16	0.14		0.22	0.33	0.16		0.43	0.09	0.16		0.25	0.09	0.18
10-5	—	0.15	0.22	0.18		0.28	0.34	0.19		0.48	0.12	0.20		0.21	0.11	0.20
10-11	0.12	0.05	0.02	−0.07		0.10	0.11	0.05	0.04	0.03	0.01	0.05		0.07	0.03	0.05
10-21	—	0.24	0.18	0.16		0.27	0.38	0.27		0.38	0.18	0.20		0.27	0.16	0.23

续表

时间(月-日)	W0N2F2				W0N0				W1N2F2				W1N0			
	田面	20cm	40cm	60cm	田面	20cm	40cm	60cm	田面	20cm	40cm	60cm	田面	20cm	40cm	60cm
均值	0.21	0.20	0.14	0.12	0.16	0.25	0.25	0.16	0.19	0.26	0.10	0.17	0.17	0.35	0.15	0.18
方差	0.04	0.06	0.01	0.01	0.02	0.01	0.01	0.01	0.02	0.04	0.00	0.00	0.01	0.03	0.00	0.01
变异系数	0.98	1.24	0.64	0.65	0.83	0.45	0.38	0.54	0.72	0.73	0.66	0.39	0.73	0.52	0.43	0.48

注：7 月 25 日施基肥，8 月 6 日施分蘖肥，8 月 26 日施拔节孕穗肥。

对于土壤水 TN 浓度，从表 2-45 可以看出，两个施肥处理 20cm 深度处土壤水 TN 浓度的均值、极大值、方差、变异系数均大幅度小于田面水 TN 浓度的均值、极大值、方差、变异系数，施肥后 20cm 深度处 TN 浓度有波动，但这种波动仅出现在施用拔节孕穗肥后且持续时间短暂时。两个不施氮肥的对照处理中，20cm 深度处的土壤水 TN 浓度均值、极大值、方差、变异系数并没有明显小于田面水 TN 浓度的，W1N0 处理下 20cm 深度处的相关指标还大于田面水的。因此，施氮肥对田面水 TN 浓度影响很显著，相比之下对 20cm 深度处土壤水 TN 浓度有影响但不大。

在 40cm 深度处，即本次试验认定产生氮、磷渗漏流失的临界深度处，土壤水 TN 浓度均值均小于 20cm 深度处 TN 浓度均值，比施氮处理的田面水 TN 浓度均值小一个数量级，且 40cm 深度处 TN 浓度均值与施氮量、灌溉模式之间不存在必然联系。例如，同种灌溉模式下，施氮的 TN 浓度均值小于不施氮的；同样施氮水平下，不同深度两种灌溉模式下的 TN 浓度均值相对大小关系不一致。另外，40cm 深度处土壤水 TN 浓度大小变化过程在时间上并没有体现出与田面水 TN 浓度大小变化过程相对应的关系，更多的是体现出一种随机波动性。因此，灌水施肥对当季耕层以下（40cm 深度处）土壤水 TN 浓度影响不明显，40cm 深度处的土壤水 TN 浓度取决于试验之初土壤本身的理化性质，且土壤水 TN 浓度随时间变化随机性较大。

在 60cm 深度处，土壤水 TN 浓度均值基本小于 40cm 深度处土壤水 TN 浓度均值，变化过程与 40cm 深度处类似，具有随机性。

目前，关于不同水肥制度对稻田氮素在土壤中运移的影响的报道还不多见。此次试验在对稻田不同深度土壤水 TN 浓度动态变化过程进行观测时还发现，2013 年晚稻施用穗肥后第 2 天，W1N2F2 处理下 20cm 深度处的土壤水 TN 浓度达到 12.66mg/L，而 W0N2F2 处理下 20cm 深度处的土壤水 TN 浓度只有 4.75mg/L，即间歇灌溉下的土壤水 TN 浓度显著高于淹水灌溉的。崔远来等（2004）运用同位素[15]N 示踪的方法同样观测到间歇灌溉下表层土壤及其溶液的原子百分超均高于淹水灌溉的。这就可以证明间歇灌溉模式下施用穗肥后有更多的氮素进入了表层土壤，从而使田面水 TN 浓度下降。

对于土壤水 TP 浓度,从表 2-46 可以看出,其变化规律与土壤水 TN 浓度类似。不同深度土壤水 TP 浓度的均值、极大值、方差、变异系数均大幅度小于田面水 TP 浓度的相应指标。且土壤水 TP 浓度均值比田面水 TP 浓度均值小一个数量级,变化过程随机性较大,但均值没有随深度增加而变小的趋势。

对于土壤水铵态氮浓度,从表 2-47 可以看出,其变化规律与土壤水 TN 浓度类似。不同深度土壤水铵态氮浓度的均值、极大值、方差、变异系数均大幅度小于施氮处理田面水铵态氮浓度的相应指标,均值有随深度增加而变小的趋势,且土壤水铵态氮浓度均值比施氮处理田面水铵态氮浓度均值小一个数量级,变化过程随机性较大。

对于土壤水硝态氮浓度,从表 2-48 可以看出,其变化规律与前面 3 个指标有所不同。虽然不同深度土壤水硝态氮浓度变化过程也具有较大随机性,但均值大小都与田面水硝态氮浓度均值在一个数量级,且 20cm 深度处硝态氮浓度均值大于田面水硝态氮浓度。

对于不同深度土壤水氮、磷浓度,通过上述的分析可知,灌水、施肥仅对耕层土壤水氮、磷浓度有影响,对耕层以下土壤水氮、磷浓度影响不明显,土壤水氮、磷浓度远小于田面水氮、磷浓度,且浓度变化具有较大随机性。因此,在对不同水肥处理下的田块氮、磷渗漏流失量进行评估时,渗漏水氮、磷浓度取长时间样本观测均值能较好地反映氮、磷渗漏流失情况。不同深度土壤水氮、磷浓度均值见表 2-49,从表中可以看出,虽然土壤水硝态氮浓度均值甚至大于田面水硝态氮浓度均值,但在土壤水 TN 成分中所占比例仅为 10% 左右,而铵态氮在土壤水 TN 成分中所占比例则达 50% 以上。

表 2-49　不同深度土壤水氮、磷浓度均值　　　　　（单位:mg/L）

深度	TN	TP	铵态氮	硝态氮
20cm	2.485	0.028	1.400	0.264
40cm	1.174	0.035	0.671	0.163
60cm	1.294	0.027	0.775	0.157

2.5.2　不同水肥处理下稻田氮、磷地表流失量

根据每次实测的田面水及渗漏水(土壤水)氮、磷浓度,以及地表排水、渗漏水量,计算通过地表排水流失的氮、磷负荷量及通过渗漏流失的氮、磷负荷量。2012年及 2013 年早稻、晚稻不同水肥处理下稻田 TN 随地表排水的流失量如图 2-27～图 2-30 所示,TP 地表流失量如图 2-31～图 2-34 所示。从图 2-27～图 2-34 中可见,各季试验中氮、磷地表流失总量差异较大,且早稻一般大于晚稻。稻季 TN、TP 地表流失量除了受施肥量影响外,很大程度上取决于当季的降水量及其分布

状况。例如,施肥后一周内遇到大的降水并产生排水,当季的肥料流失量就多;反之,施肥后的一段时间没有大的降水或大的降水前田块没有施肥,那么当季的肥料流失量就少。由于降水不受人为控制,具有随机性,因此具体某个处理的氮、磷地表流失具有一定的偶然性。例如,在 2013 年的早稻试验中,乳熟期 3 天降水达到 243.6mm,其中约有 200mm 成为地表排水,然而当时田面水氮、磷浓度已经很低,几乎不受施肥影响,所以 2013 年早稻期间虽排水量大,但氮、磷排放量却较小。

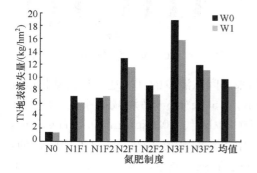

图 2-27　2012 年早稻 TN 地表流失量

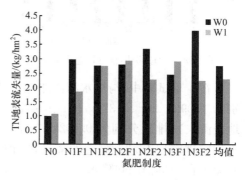

图 2-28　2012 年晚稻 TN 地表流失量

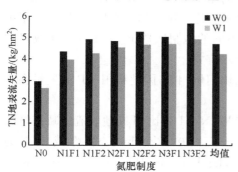

图 2-29　2013 年早稻 TN 地表流失量

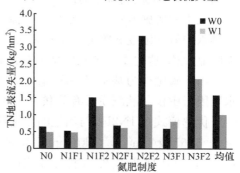

图 2-30　2013 年晚稻 TN 地表流失量

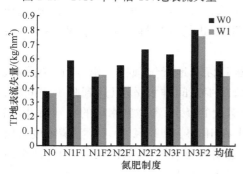

图 2-31　2012 年早稻 TP 地表流失量

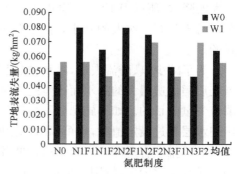

图 2-32　2012 年晚稻 TP 地表流失量

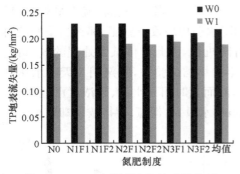

图 2-33 2013 年早稻 TP 地表流失量

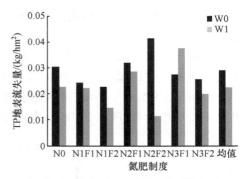

图 2-34 2013 年晚稻 TP 地表流失量

在 4 季试验中,与淹水灌溉相比,稻田采用间歇灌溉的 TN 地表流失减排量分别为 1.09kg/hm²、0.37kg/hm²、0.47kg/hm²、0.57kg/hm²,平均减排率为 13%;TP 地表流失减排量分别为 0.102kg/hm²、0.008kg/hm²、0.029kg/hm²、0.007kg/hm²,平均减排率为 16.3%。总的来看,早稻采用间歇灌溉模式的减排率不如晚稻的,其原因在于早稻期间降水太多,为了保证间歇灌溉与淹水灌溉两种模式下田间水层的差异,人工控制排水时间歇灌溉模式下的排水量有时并不少于淹水灌溉的。

在不同的施氮水平下,稻田 TN 流失量随着施氮量的增加而增加,原因在于稻田排水中氮素浓度和施氮量呈正相关。在不同的施肥次数下,稻田 TN 排放量则无明显规律,这主要与施肥后是否有大的降水有关。

由于磷肥作为基肥只一次施入,且各田块用量相等,因此稻田 TP 流失量在众水肥因子中仅与灌溉模式有关联。

优选模式 W1N2F2 与当地的传统模式 W0N2F1 相比,TN 地表流失减排量分别为 5.65kg/hm²、0.53kg/hm²、0.04kg/hm²、－0.62kg/hm²,平均减排率为 26.7%。TP 地表流失减排量分别为 0.07kg/hm²、0.01kg/hm²、0.04kg/hm²、0.02kg/hm²,平均减排率为 15.3%。2012 年早稻试验中施用分蘖肥后不久有一次大的降水,所以 W1N2F2 模式 TN 减排率大。而 2013 年的晚稻试验中,施用拔节肥后不久有一次大的降水,导致 W1N2F2 模式的 TN 排放量大于 W0N2F1 模式的。

为了减少氮、磷流失量,灌水、施肥应尽量以当地天气预报为指导,避免灌水、施肥后稻田遭遇大的降水而产生地表排水,减少田间排水量,以达到减少田间氮、磷流失量的目的。如果施肥后不能避免遭遇大的降水,考虑到水稻的喜水特性,当田间水层超过设定值时,也可以考虑让肥水在田间停留 1～2 天,待氮、磷浓度有所降低后再排至合适深度。由于返青期及分蘖期田面水氮、磷浓度很高,而这两个时期的排水又比较多,特别是早稻,因此在水稻生育前期,在满足水稻生理需要的基础上采用间歇灌溉模式尽量降低田面水层对减少氮、磷地表流失意义重大。

2.5.3　不同水肥处理下稻田氮、磷渗漏流失量

2012 年及 2013 年早、晚稻不同水肥处理下的稻田 TN 渗漏流失量如图 2-35～图 2-38 所示,TP 渗漏流失量如图 2-39～图 2-42 所示。从图 2-35～图 2-42 中可见,间歇灌溉模式的 TN、TP 渗漏流失量普遍小于淹水灌溉模式的。在 4 季试验中稻田采用间歇灌溉的 TN 渗漏减排量分别为 0.07kg/hm²、0.09kg/hm²、0.05kg/hm²、0.09kg/hm²,减排率为 4.9%～9.1%;TP 渗漏减排量分别为 0.003kg/hm²、0.003kg/hm²、0.001kg/hm²、0.003kg/hm²,减排率为 3.3%～10.3%。在不同施氮水平及施肥次数下,稻田 TN 渗漏量无明显差异。因为稻田磷肥作基肥一次施入,且各田块用量相等,所以田间 TP 渗漏量仅与灌溉模式关系密切。因为土壤的吸附作用,当季施肥对 40cm 深度处的氮、磷浓度影响不大,且渗漏水中的氮、磷浓度都远小于田面水中的,田间 TN、TP 渗漏流失量很大程度上取决于田间水分渗漏量,所以灌溉模式是水肥因子中影响田间氮、磷渗漏损失的主要因子。由于试验小区内土质黏重,且分蘖后期及黄熟期田间处于落干状态,田间水分渗漏量小,每季水分渗漏量只有 100mm 左右,所以田间每季 TN、TP 渗漏流失量很小,分别约为 1kg、0.03kg,仅占平均施氮量及施磷量的 0.6%、0.1%。

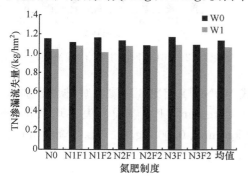

图 2-35　2012 年早稻 TN 渗漏流失量

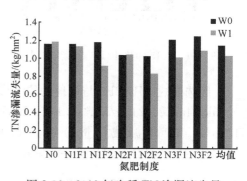

图 2-36　2012 年晚稻 TN 渗漏流失量

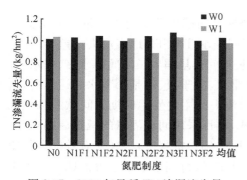

图 2-37　2013 年早稻 TN 渗漏流失量

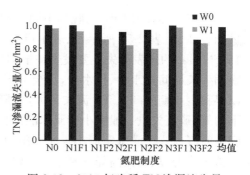

图 2-38　2013 年晚稻 TN 渗漏流失量

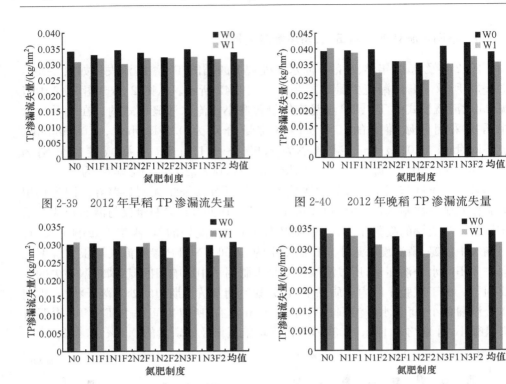

图 2-39　2012 年早稻 TP 渗漏流失量　　　　图 2-40　　2012 年晚稻 TP 渗漏流失量

图 2-41　2013 年早稻 TP 渗漏流失量　　　　图 2-42　2013 年晚稻 TP 渗漏流失量

　　优选模式 W1N2F2 与当地的传统模式 W0N2F1 相比 TN 渗漏减排量分别为 0.06kg/hm²、0.21kg/hm²、0.11kg/hm²、0.15kg/hm²，TN 渗漏流失平均减排率 12.8%。TP 渗漏减排量分别为 0.002kg/hm²、0.006kg/hm²、0.003kg/hm²、0.004kg/hm²，TP 渗漏流失平均减排率 12.5%。

2.5.4　不同水肥处理下稻田氮、磷流失总量

　　2012 年及 2013 年早、晚稻不同水肥处理下的稻田 TN 流失总量、TP 流失总量如表 2-50、表 2-51 所示，从表中可见，不同稻季 TN、TP 地表流失量差异较大，且 TN、TP 的地表流失主要发生在早稻生长期间。早稻生长期间降水多、排水多，晚稻生长期间降水少、排水少，甚至不产生排水，由于氮、磷是随着水分运移的，所以早稻生长期间 TN、TP 流失量大，是肥料流失的主要发生时期。间歇灌溉模式下的氮、磷流失量一般要小于淹水灌溉模式，稻田采用间歇灌溉的减排原因在于，间歇灌溉模式下灌水定额小且允许田间土壤干到一定程度，这样就有效提高了田间蓄水能力，从而提高降水利用率，减少了排水量，特别是水稻生育前期田面水中氮、磷浓度高，减少排水对减少氮、磷排放意义重大。表 2-50、表 2-51 中数据还表

明,TN 流失总量要远大于 TP 流失总量,其原因主要在于田面水和土壤水中的 TN 浓度远大于 TP 浓度。渗漏流失量在不同年份及稻季之间差异不大,而地表流失量则差异显著,在降水量较大、地表排水较多的年份(2012 年早稻),地表流失量显著大于渗漏流失量,从而显著增加了氮、磷的流失总量,因此,在降水较多时更应关注田间水肥管理,减少氮、磷流失。

表 2-50　不同稻季不同水肥处理的 TN 流失总量　(单位:kg/hm²)

处理	2012 年早稻			2012 年晚稻			2013 年早稻			2013 年晚稻		
	地表	渗漏	总量	地表	渗漏	总量	地表	渗漏	总量	地表	渗漏	总量
W0N0	1.42	1.15	2.57	0.69	1.16	1.86	2.95	1.01	3.96	0.66	1.04	1.69
W0N1F1	7.11	1.12	8.23	2.98	1.16	4.15	4.33	1.03	5.36	0.52	1.02	1.54
W0N1F2	6.93	1.17	8.10	2.77	1.18	3.95	4.90	1.04	5.94	1.51	1.04	2.55
W0N2F1	13.09	1.14	14.23	2.82	1.05	3.86	4.83	0.99	5.82	0.69	0.95	1.63
W0N2F2	8.86	1.08	9.94	3.35	1.03	4.38	5.26	1.04	6.30	3.34	0.96	4.30
W0N3F1	18.95	1.17	20.12	2.45	1.21	3.66	5.00	1.08	6.08	0.59	1.03	1.62
W0N3F2	11.97	1.09	13.06	4.01	1.25	5.26	5.64	1.00	6.64	3.70	0.88	4.58
均值	9.76	1.13	10.89	2.72	1.15	3.87	4.70	1.03	5.73	1.57	0.99	2.56
W1N0	1.32	1.04	2.36	1.46	1.19	2.65	2.64	1.03	3.67	0.49	0.97	1.47
W1N1F1	6.07	1.08	7.15	1.85	1.14	2.99	3.97	0.98	4.95	0.48	0.95	1.43
W1N1F2	7.16	1.01	8.18	2.76	0.92	3.68	4.25	1.00	5.25	1.26	0.88	2.14
W1N2F1	11.64	1.08	12.71	2.95	1.05	4.00	4.52	1.02	5.54	0.62	0.83	1.45
W1N2F2	7.44	1.08	8.52	2.29	0.84	3.13	4.66	0.88	5.54	1.31	0.80	2.11
W1N3F1	15.86	1.09	16.95	2.92	1.02	3.94	4.70	1.03	5.73	0.81	0.99	1.80
W1N3F2	11.24	1.06	12.30	2.26	1.10	3.35	4.89	0.91	5.80	2.09	0.85	2.94
均值	8.67	1.06	9.74	2.35	1.04	3.39	4.23	0.98	5.21	1.01	0.90	1.90

表 2-51　不同稻季不同水肥处理的 TP 流失总量　(单位:kg/hm²)

处理	2012 年早稻			2012 年晚稻			2013 年早稻			2013 年晚稻		
	地表	渗漏	总量	地表	渗漏	总量	地表	渗漏	总量	地表	渗漏	总量
W0N0	0.380	0.034	0.414	0.050	0.034	0.084	0.203	0.030	0.233	0.031	0.031	0.061
W0N1F1	0.590	0.033	0.623	0.080	0.035	0.115	0.230	0.030	0.260	0.024	0.030	0.055
W0N1F2	0.480	0.035	0.515	0.065	0.035	0.100	0.230	0.031	0.261	0.023	0.031	0.054
W0N2F1	0.560	0.034	0.594	0.080	0.031	0.111	0.230	0.029	0.259	0.032	0.028	0.060

处理	2012 年早稻			2012 年晚稻			2013 年早稻			2013 年晚稻		
	地表	渗漏	总量	地表	渗漏	总量	地表	渗漏	总量	地表	渗漏	总量
W0N2F2	0.668	0.032	0.700	0.075	0.031	0.106	0.220	0.031	0.251	0.042	0.029	0.070
W0N3F1	0.632	0.035	0.667	0.053	0.036	0.089	0.208	0.032	0.240	0.028	0.031	0.058
W0N3F2	0.802	0.032	0.834	0.047	0.037	0.084	0.212	0.030	0.241	0.026	0.026	0.052
均值	0.587	0.034	0.621	0.064	0.034	0.098	0.219	0.030	0.249	0.029	0.029	0.059
W1N0	0.362	0.031	0.393	0.057	0.035	0.092	0.172	0.031	0.202	0.023	0.029	0.052
W1N1F1	0.350	0.032	0.382	0.057	0.034	0.090	0.177	0.029	0.206	0.022	0.028	0.051
W1N1F2	0.493	0.030	0.523	0.047	0.027	0.074	0.209	0.030	0.239	0.015	0.026	0.041
W1N2F1	0.411	0.032	0.443	0.047	0.031	0.078	0.191	0.030	0.221	0.029	0.025	0.053
W1N2F2	0.492	0.032	0.524	0.070	0.025	0.095	0.190	0.026	0.216	0.011	0.024	0.035
W1N3F1	0.530	0.032	0.562	0.047	0.030	0.077	0.195	0.031	0.226	0.038	0.029	0.067
W1N3F2	0.760	0.032	0.792	0.047	0.030	0.077	0.195	0.027	0.221	0.020	0.025	0.045
均值	0.485	0.032	0.517	0.056	0.031	0.087	0.190	0.029	0.219	0.023	0.027	0.049

在 4 季试验中,与淹水灌溉相比,稻田采用间歇灌溉的 TN 流失总量减排量分别为 1.16kg/hm²、0.48kg/hm²、0.52kg/hm²、0.66kg/hm²,早晚稻合计每年平均减排 1.41kg/hm²,平均减排率为 12.2%;TP 流失总量减排量分别为 0.104kg/hm²、0.011kg/hm²、0.031kg/hm²、0.009kg/hm²,早、晚稻合计每年平均减排0.078kg/hm²,平均减排率为 15.1%。

2012 年及 2013 年早、晚稻田间最优模式(W1N2F2)与传统模式(W0N2F1)下的 TN、TP 流失情况见表 2-52、表 2-53,从表中可见,田间最优模式的 TN 地表流失量在大部分试验中都小于传统模式的:一方面稻田采用最优模式减小了田间排水量;另一方面最优模式有效降低了分蘖期田面水 TN 浓度,而分蘖期在试验站及其周边地区是降水和产生排水的高发期。由于拔节孕穗期最优模式下稻田仍有一定比例的氮肥投入,而传统模式下这个时期没有氮肥投入,因此如果拔节孕穗期有大的降水并产生较大排水则有可能使最优模式的 TN 地表流失量大于传统模式的。最优模式的 TP 地表流失量小于传统模式的,这主要是由于最优模式下水稻生育前期排水量减小的缘故。最优模式的氮、磷渗漏流失量均小于传统模式的,其原因在于最优模式减少了渗漏量。

表 2-52　2012 年站内稻田优选模式与传统水肥模式氮、磷流失量对比　（单位：kg/hm²）

项目	2012 年早稻				2012 年晚稻			
	最优模式		传统模式		最优模式		传统模式	
	TN	TP	TN	TP	TN	TP	TN	TP
地表流失量	7.436	0.492	13.090	0.561	2.290	0.072	2.817	0.083
渗漏流失量	1.081	0.032	1.136	0.034	0.837	0.025	1.046	0.031
流失总量	8.516	0.524	14.226	0.595	3.127	0.097	3.863	0.114
减排率/%	40.1	11.9	—	—	19.0	15.1	—	—

表 2-53　2013 年站内稻田优选模式与传统水肥模式氮、磷流失量对比　（单位：kg/hm²）

项目	2013 年早稻				2013 年晚稻			
	最优模式		传统模式		最优模式		传统模式	
	TN	TP	TN	TP	TN	TP	TN	TP
地表流失量	4.660	0.194	4.827	0.232	1.312	0.011	0.688	0.032
渗漏流失量	0.883	0.026	0.992	0.029	0.802	0.024	0.946	0.028
流失总量	5.543	0.220	5.819	0.261	2.114	0.035	1.634	0.060
减排率/%	4.7	15.8	—	—	−29.3	41.4	—	—

最优模式与传统模式相比，在 2012 年及 2013 年共 4 季的试验中，TN 流失总量减排量分别为 5.71kg/hm²、0.28kg/hm²、0.74kg/hm²、−0.48kg/hm²，早、晚稻合计每年平均减排 3.12kg/hm²，平均减排率为 24.4%；TP 流失总量减排量分别为 0.071kg/hm²、0.041kg/hm²、0.017kg/hm²、0.025kg/hm²，早、晚稻合计每年平均减排 0.077kg/hm²，平均减排率为 14.9%。

2.6　不同水肥处理下稻田氨挥发规律

稻田氮素损失路径多样，其中氨挥发损失占施氮量的 10%～60%，是稻田氮素损失最主要的途径之一。稻田氮素以 NH_3 形式进入大气，然后又通过干湿沉降返回地面，这不仅是一种肥料资源的浪费，对环境也会产生严重影响，如破坏臭氧层、导致水体富营养化等。前人对稻田氨挥发的变化规律、影响因素及减少稻田氨挥发的措施进行了大量研究（周伟等，2011；吴萍萍等，2009；宋勇生和范晓晖，2003），取得了很大进展，但关于不同灌溉模式配合不同施肥制度下的稻田氨挥发变化规律的报道还很少。本节通过在 2013 年晚稻、2014 年早稻生长期间选择若干处理，观测分析不同水肥处理下稻田氨挥发的变化规律，以期为水稻合理灌水、施肥及减少稻田氮素损失提供理论依据。

2.6.1　不同水肥处理下稻田氨挥发变化过程

　　不同水肥处理下稻田氨挥发速率变化如图 2-43、图 2-44 所示,从图中可以看出,施肥后1~3天氨挥发速率出现峰值,基肥和早稻分蘖肥引发的氨挥发在施肥后持续 7~10 天,施用穗肥和晚稻分蘖肥后引发的氨挥发则在施肥后持续 3~5 天。晚稻施肥后氨挥发速率的变化是一个先升后降的过程,而早稻则显示出波动性。对于早稻,氨挥发主要发生在施用分蘖肥后,而晚稻则主要发生在施用基肥和分蘖肥后,施用穗肥后的早、晚稻田间氨挥发速率均明显低于施用基肥和分蘖肥后的。

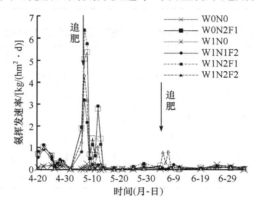

图2-43　2014 年早稻不同水肥处理氨挥发速率变化

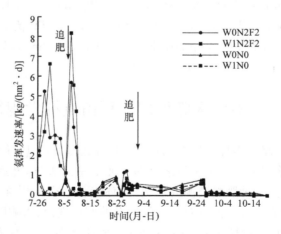

图 2-44　2013 年晚稻不同水肥处理氨挥发速率变化

　　研究表明,影响稻田氨挥发速率及总量的因素包括施肥量、肥料种类、施肥方式、气象条件(气温、光照、风速、降水等)、土壤环境、管理措施等。早、晚稻生长期间气象条件(表 2-54)差异很大,这是导致早、晚稻氨挥发变化规律差异的主要原因。施肥后气温高、光照充足有利于尿素水解和氮素在田间扩散,因此氨挥发速率晴天高、阴雨天低。早稻生长前期气温低、日照时数短、风速小,导致氨挥发持续时间较长,同时由于晴雨变化频繁、逐日气象条件变化大,导致早稻氨挥发变化曲线出现波动。而晚稻生长期间持续晴热高温,施入稻田的氮素生化反应快,氨挥发剧烈,相应的氨挥发变化曲线峰值大。由于基肥为复合肥,撒施后在田面用耙子再次整平的过程中埋入泥土表层,延缓了氮素向田面水及大气运移转化的进程,使基肥引发的氨挥发持续时间较长。

表 2-54 水稻不同生育期气象条件

稻季	生育期	日均气温/℃	日均日照时数/h	日均 2m 风速/(m/s)	降水次数
早稻	返青期	18.7	3.4	1.2	3
	分蘖期	24.7	5.0	1.2	9
	拔节孕穗期	26.9	8.4	1.2	2
晚稻	返青期	31.2	11.1	1.6	0
	分蘖期	30.7	9.0	1.5	3
	拔节孕穗期	26.2	5.6	1.3	3

不同水肥处理下水稻不同生育期氨挥发量及其占施氮量的比例见表 2-55、表 2-56,从表中可见,早稻期间的氨挥发量明显小于晚稻期间的,分别为 22.56kg/hm², 68.54kg/hm²,占水稻当季总施氮量的比例分别为 12.5%、38.1%。早稻氨挥发主要发生在分蘖期,其挥发量占挥发总量的 45%～70%,挥发比例也远大于返青期和拔节孕穗期。而晚稻的氨挥发则主要发生在返青期和分蘖期。早、晚稻间歇灌溉模式下的氨挥发量均大于淹水灌溉模式下的,且差异均不显著。在追肥总量不变的条件下,通过将仅追施分蘖肥(F1)变为追施分蘖肥和穗肥 (F2),显著减少了稻田氨挥发总量,稻田氨挥发总量由 33.41kg/hm² 变为 22.56kg/hm²,减少了 32.5%。其原因在于,早稻氨挥发主要发生在分蘖期,同一生育阶段一定施氮范围内氨挥发损失比例随施氮量的增加而增加,由于 F2 处理下的分蘖肥只有 F1 处理下的 60%,而拔节孕穗期氨挥发的损失比例又远小于分蘖期的,从而使 F2 处理下氨的总挥发量显著小于 F1 处理的。在 2014 年的早稻试验中,与当地传统模式 W0N2F1 相比,优选模式 W1N2F2 减少了田间氮素氨挥发损失 7.4kg/hm²,差异达 5% 显著水平,减排率为 24.7%。

表 2-55　2014 年早稻不同生育期氨挥发氮素损失量及占施氮量的比例

处理	返青期挥发量 /(kg/hm²)	占基肥比例 /%	分蘖期挥发量 /(kg/hm²)	占分蘖肥比例 /%	拔节孕穗期损失量 /(kg/hm²)	占穗肥比例 /%	剩余时期损失量 /(kg/hm²)	总挥发量 /(kg/hm²)	占总施氮量比例 /%
W0N0	2.26	—	2.02	—	1.04	—	2.53	7.85a	—
W0N2F1	6.49	7.2	20.47	22.7	1.39	—	1.61	29.96c	16.6
W1N0	2.05	—	1.58	—	0.71	—	1.74	6.07a	—
W1N1F2	4.91	7.3	8.49	21.0	1.49	5.5	2.86	17.74b	13.1
W1N2F1	6.40	7.1	23.36	26.0	1.15	—	2.50	33.41c	18.6
W1N2F2	6.35	7.1	11.75	21.8	2.71	7.5	1.75	22.56b	12.5

注："总挥发量"列中不同字母表示差异达 5% 显著水平。

表 2-56　2013 年晚稻不同生育期氨挥发氮素损失量及占施氮量的比例

处理	返青期挥发量 /(kg/hm²)	占基肥比例 /%	分蘖期挥发量 /(kg/hm²)	占分蘖肥比例 /%	拔节孕穗期挥发量 /(kg/hm²)	占穗肥比例 /%	剩余时期损失量 /(kg/hm²)	总挥发量 /(kg/hm²)	占总施氮量比例 /%
W0N2F2	33.28	37.0	17.16	31.8	8.21	22.81	3.39	62.95	35.0
W1N2F2	33.20	36.9	25.12	46.5	5.79	16.08	3.44	68.54	38.1
W0N0	3.36	—	6.66	—	5.49	—	4.42	19.92	—
W1N0	3.35	—	4.90	—	5.95	—	2.83	17.03	—

2.6.2　不同水肥处理下稻田氨挥发特性

通过总结前人部分研究成果(卢成等,2014;彭世彰等 2009b;崔远来等,2004)并结合本次试验可以发现,不论早稻、中稻还是晚稻,施用穗肥后引发的氮素氨挥发损失占穗肥的比例都明显小于施用分蘖肥后的(表 2-57)。其原因在于,拔节孕穗期植株生长茂盛,水稻对氮素的吸收同化能力强,水稻叶面积指数也达到全生育期最大。一方面挡住了直射田面水的阳光,抑制了田面水温的升高,阻碍了藻类的生长从而抑制田面水 pH 的升高;另一方面使田间通透性差,田面水上方的空气流动性差,不利于田间氨挥发。崔远来等(2004)进行中稻试验时观测到,在抽穗开花期施用保花肥引发的氨挥发现象明显强于施用穗肥的,水稻抽穗开花期叶面积指数与拔节孕穗期相比已大幅度下滑,这说明植株生长状况对氨挥发的影响显著。但温度、pH、风速等在减小拔节孕穗期氨挥发的过程中哪个因素占主导或者说贡献率分别有多少则有待进一步研究。从表 2-57 还可以看出,我国长江流域稻田氮素氨挥发损失占总施氮量的比例达到 16%～43%,且不论早稻、中稻还是晚稻,分蘖期都是稻田氨挥发损失的重要时期。

表 2-57　不同试验条件下的稻田氨挥发氮素损失量及占施氮量的比例

观测方法	地点	稻季	试区类别	分蘖期挥发量 /(kg/hm²)	占分蘖肥比例 /%	拔节孕穗期挥发量 /(kg/hm²)	占穗肥比例 /%	挥发总量 /(kg/hm²)	占总施氮量比例 /%	参考文献
改进半密闭法	湖北荆门	中稻	大测筒	49.30	—	14.16	—	124.80	—	崔远来等(2004)
通气法	江苏昆山	一季晚稻	小区	63.24	51.8	3.17	4.5	135.46	33.6	彭世章等(2009b)
抽气法	湖南桃源	晚稻	小区	24.10	21.3	2.30	8.5	32.80	18.1	吴萍萍等(2009)
抽气法	江苏常熟	一季晚稻	微区	15.00	16.7	5.70	6.3	—	—	周伟等(2011)
抽气法	江西南昌	早稻	小区	27.38	76.1	7.66	14.2	50.47	28.0	王淳等(2012)
		晚稻	小区	21.67	60.2	19.90	36.9	77.53	43.1	
抽气法	江苏常熟	一季晚稻	微区	12.90	28.7	5.75	6.4	37.45	16.6	张静等(2007)
微气象法	江苏常熟	一季晚稻	小区	30.35	37.5	12.70	20.9	59.75	29.5	宋勇生和范晓晖(2003)
通气法	浙江杭州	一季晚稻	大测筒	16.10	22.0	3.80	7.8	39.05	16.0	卢成等(2014)

　　研究结果显示,间歇灌溉在一定程度上增加了稻田的氮素氨挥发损失,但彭世彰等(2009b)进行的控制灌溉试验则减少了氨挥发损失(不显著)。间歇灌溉等节水灌溉模式相比于淹水灌溉模式田面有水层时间短且水层较浅,田间裂隙发育程度强,裂隙多且深,能提高土壤通透性(陈祯等,2013)。随着晒田的不断进行,这种差异不断强化,在水稻生长后期进行灌水、施肥,氮素在随着水分向下运动的过程中能更加有效地深入土壤,增大氮素与土壤的接触面积,然后通过置换作用使更多的氮素被土壤胶体吸附,从而减小氮素氨挥发损失的概率。彭世彰的试验中分蘖期以前氮肥投入比例小,为 57%,而本次试验达到了 80%,这种施肥制度的差异导致两种节水灌溉模式下的氨挥发与淹水灌溉相比有不同的结果。彭世彰的试验结果显示,施用壮苗肥和穗肥、控制灌溉模式下的氨挥发量显著小于淹水灌溉模式下的,且这两次施肥引发的氨挥发现象都不是很强烈。所以节水灌溉模式与淹水灌溉模式相比对稻田氨挥发的影响规律受田间施肥制度的影响。

　　综上所述,田间试验结果表明,早、晚稻生长期间气象条件差异大,田间氨挥发现象差异明显,在中等施氮水平两次追肥的条件下,早、晚稻氨挥发总量分别为 22.56kg/hm² 和 68.54kg/hm²,分别占当季施氮量的 12.5%、38.1%;施肥制度对稻田氨挥发的影响很大,通过将氮肥分施于水稻生长茂盛时期能显著减小田间氮素氨挥发损失;本书研究结果显示,间歇灌溉相比于淹水灌溉在一定程度上增加了稻田氮素氨挥发损失量,但如果调整施肥制度,将更大比例的氮肥施于水稻生长后期,利用节水灌溉模式下田间更好的"以水带氮"效果,可以使节水灌溉模式下的氨挥发损失显著减少,甚至小于淹水灌溉模式下的;已有研究成果及本书研究试验都表明,不论早稻、中稻还是晚稻,施用穗肥后产生的氮素氨挥发损失占穗肥的比例均明显小于施用分蘖肥后产生的。

2.7　不同水肥处理下稻田氮肥利用率

国内外通用的氮肥利用率的定量指标有氮肥吸收利用率(recovery efficiency或 uptake efficiency,RE)、氮肥生理利用率(physiological efficiency,PE)、氮肥农学利用率(agronomic efficiency,AE)等。RE 的定义为当季作物施用氮肥后地上部分氮素积累的增加值(以 N0 处理的空白区作对照)占总施氮量的百分数。

RE 的测定方法有直接法和间接法两种。直接法又称为同位素法,常用 ^{15}N 标记的肥料定量估计施入稻田中的氮肥在作物、土壤、水系统中的分配,同时定量测定前季作物施用的肥料残留于土壤中能被后季作物吸收利用的百分数。但成本较高,且 ^{15}N 示踪法在试验过程中容易受到污染,用此法测定氮素平衡时误差较大。间接法又称为差值法,该方法假定未施氮处理和施氮处理在氮素固定、矿化和其他转化方面不存在差异。虽然此法测得的结果一般比实际值高,但操作简单、经济,应用较广泛。测得的氮肥利用率又称为表观回收率(Harmsen and Moraghan,1988),计算公式如式(2-4)所示,即

$$FUN=\frac{NP-NP_0}{NF} \tag{2-4}$$

式中,FUN 为氮肥利用率;NP 为施氮处理下植株吸氮总量,kg/hm^2;NP_0 为未施氮处理植株吸氮总量,kg/hm^2;NF 为施氮总量,kg/hm^2。

2012 年及 2013 年早稻、晚稻不同水肥处理下的稻田氮肥利用率见表 2-58～表 2-61。

表 2-58　2012 年早稻不同水肥处理吸氮量及氮肥利用率

灌溉模式	氮肥制度	施氮量/(kg/hm²)	吸氮量/(kg/hm²)	FUN/%
W0	N0	0	48.76	—
	N1F1	135	89.67	30.30
	N1F2	135	99.15	37.33
	N2F1	180	112.59	35.46
	N2F2	180	121.41	40.36
	N3F1	225	142.83	41.81
	N3F2	225	137.92	39.63

灌溉模式	氮肥制度	施氮量 /(kg/hm²)	吸氮量 /(kg/hm²)	FUN/%
	N0	0	52.17	—
	N1F1	135	93.74	30.79
	N1F2	135	95.79	32.31
W1	N2F1	180	115.45	35.16
	N2F2	180	128.32	42.31
	N3F1	225	122.91	31.44
	N3F2	225	146.15	41.77

表 2-59　2012 年晚稻不同水肥处理吸氮量及氮肥利用率

灌溉模式	氮肥制度	施氮量 /(kg/hm²)	吸氮量 /(kg/hm²)	FUN/%
	N0	0	55.87	—
	N1F1	135	112.22	41.74
	N1F2	135	119.80	47.36
W0	N2F1	180	130.46	41.44
	N2F2	180	143.84	48.87
	N3F1	225	159.81	46.20
	N3F2	225	161.52	46.96
	N0	0	63.69	—
	N1F1	135	119.27	41.17
	N1F2	135	131.56	50.27
W1	N2F1	180	145.68	45.55
	N2F2	180	158.72	52.79
	N3F1	225	169.67	47.10
	N3F2	225	159.66	42.65

表 2-60　2013 年早稻不同水肥处理吸氮量及氮肥利用率

灌溉模式	氮肥制度	施氮量 /(kg/hm²)	吸氮量 /(kg/hm²)	FUN/%
W0	N0	0	51.62	—
	N1F1	135	79.13	20.38
	N1F2	135	118.75	49.73
	N2F1	180	125.72	41.17
	N2F2	180	137.42	47.67
	N3F1	225	142.74	40.50
	N3F2	225	139.70	39.15
W1	N0	0	36.44	—
	N1F1	135	90.49	40.03
	N1F2	135	127.72	67.61
	N2F1	180	130.48	52.25
	N2F2	180	144.45	60.00
	N3F1	225	126.48	40.02
	N3F2	225	147.18	49.22

表 2-61　2013 年晚稻不同水肥处理吸氮量及氮肥利用率

灌溉模式	氮肥制度	施氮量 /(kg/hm²)	吸氮量 /(kg/hm²)	FUN/%
W0	N0	0	62.24	—
	N1F1	135	95.85	24.90
	N1F2	135	119.18	42.18
	N2F1	180	136.63	41.33
	N2F2	180	169.41	59.54
	N3F1	225	176.21	50.65
	N3F2	225	180.43	52.53
W1	N0	0	56.56	—
	N1F1	135	92.35	26.51
	N1F2	135	123.82	49.82
	N2F1	180	134.35	43.22
	N2F2	180	142.45	47.72
	N3F1	225	161.93	46.83
	N3F2	225	173.84	52.12

　　从表 2-58～表 2-61 中可见,不同灌溉模式下植株吸氮总量变化规律不明显,4 季试验中不同灌溉模式下植株的吸氮总量均值在早稻试验中差别不到 1%,晚稻试验中则有大有小。因此,不同灌溉模式对植株吸氮总量的影响规律不明显。

　　不同施氮水平下,施氮处理植株的吸氮总量均明显大于不施氮处理的,且数量随着施氮量的增加而增大。在不同追肥次数下,当施氮水平为 N1、N2 时,2 次追肥情况下的吸氮总量在各季试验中都要大于 1 次追肥的;当施氮水平为 N3 时,不同追肥次数下吸氮总量的大小关系不一致。因此,在中、低氮水平下,通过分次施肥能有效增加植株吸氮总量,在高氮水平下则不一定。

　　从表 2-58～表 2-61 中还可以看出,一季水稻试验中不同水肥处理下的氮肥利用率变化范围较大,极值差达 18%～40%,这可能与植株含氮量化验误差的放大效应有关。不同灌溉模式下的氮肥利用率均值在 2013 年的早稻试验中间歇灌溉比淹水灌溉大 12%,其他 3 季差值均不超过 2%。因此,稻田采用间歇灌溉至少不会降低氮肥利用率。不同的施氮水平,田间氮肥利用率变化规律不明显,各季试验中最大氮肥利用率出现在 N1、N2 施氮水平的多,N3 施氮水平的少,最小的氮肥利用率也出现在 N1、N2 施氮水平,N3 施氮水平则没有。不同的施肥次数,在各季试验中 2 次追肥条件下的稻田氮肥利用率均不同程度大于 1 次追肥条件下的。因此,同一施氮水平通过增加施肥次数能有效提高氮肥利用率。

　　优选模式 W1N2F2 与当地传统模式 W0N2F1 相比,在 4 季试验中氮肥利用率分别提高了 6.8%、11.4%、18.8%、6.4%,氮肥利用率平均提高了 27.2%。

2.8　不同灌溉模式下稻田土壤肥力的变化

　　目前对土壤肥力变化的分析一般是基于田间长期的原位观测数据,其原因在于土壤肥力指标的变化很多是缓慢的,而当前在对土壤进行取样及对相关指标进行测定时存在很多影响因素,测定结果的不确定性较大,导致短期内土壤肥力相关指标的变化规律观测结果不明显,从而分析时需要以长时间的原位观测对比结果为依据。根据偶然误差的统计规律性,即偶然误差的算术平均值会随着观测次数的无限增大而趋于零,在对土壤肥力相关指标进行分析时,为了增大样本数量,减小取样及化验过程中偶然误差的影响,本节将所有试验田块仅归为淹水灌溉处理和间歇灌溉处理,然后就两种灌溉模式下相关土壤肥力指标的均值进行比较分析。

2.8.1　不同灌溉模式对稻田土壤物理性质的影响

　　2011～2012 年双季稻种植前后对耕层土壤进行取样,采集用环刀取的原状土、盒装保持土壤结构的块状土和袋装的散状土。环刀中的原状土用于土壤含水量-体积质量关系试验,块状土和散状土用作土壤基本理化性质测定。

不同灌溉模式下土壤容重与胀缩性变化见表 2-62,从表中可见,淹水灌溉处理的饱和土壤容重与间歇灌溉处理的无明显差异,但间歇灌溉处理的干土容重、土壤干缩容重变化量与干缩比容积变化率均显著小于淹水灌溉处理的,说明间歇灌溉有利于改善土壤结构、土壤容重和土体收缩性能。

表 2-62　不同灌溉模式下的土壤容重变化

灌溉模式	饱和容重 /(g/cm³)	干土容重 /(g/cm³)	干缩容重变化量 /(g/cm³)	干缩比 容积变化率
W0	1.23	1.50	0.27	0.45
W1	1.23	1.46	0.23	0.39

注:干缩容重变化量=干土容重-饱和容重;干缩比容积变化率是指从饱和到烘干单位含水量变化所引起的土壤比容积变化的自然对数单位。

土壤团聚体的数量与组成是决定土壤物理结构的重要因素,不同灌溉模式下土壤团聚体的变化见表 2-63,从表中可见,与淹水灌溉处理比较,干筛与湿筛>0.25mm 总团聚体都是间歇灌溉处理的大,这表明间歇灌溉处理土壤总体结构较淹水灌溉处理的好,间歇灌溉处理>0.25mm 水稳性团聚体含量有所增加,也表明间歇灌溉可以明显促进水稳性团聚体的形成。干筛与湿筛平均重量直径、水稳系数都是间歇灌溉处理大于淹水灌溉处理,干筛总团聚体分形维数则是间歇灌溉处理小于淹水灌溉处理,表明间歇灌溉处理的土壤结构及稳定性较淹水灌溉处理的好。

表 2-63　不同灌溉模式下土壤团聚体的变化

灌溉模式	水稳性团聚体/%					干筛>0.25 mm总团聚体/%	平均重量直径/mm		干筛总团聚体分形维数	水稳系数
	>2mm	2~1mm	1~0.5mm	0.5~0.25mm	>0.25mm		干筛总团聚体	水稳性团聚体		
W0	3.70	0.59	0.64	0.72	5.64	94.38	4.82	0.31	2.32	0.060
W1	4.54	0.60	0.64	0.69	6.43	94.58	4.85	0.35	2.30	0.068

注:土壤水稳性团聚体用湿筛法测定。

不同灌溉模式下的土壤孔隙变化见表 2-64,从表中可见,淹水灌溉处理与间歇灌溉处理土壤湿度饱和时土壤的总孔隙度差异不大,但是从饱和到烘干土壤的总孔隙度减小的幅度,即干湿变化总量比较,淹水灌溉处理较间歇灌溉处理减小的量大,到烘干时土壤总孔隙度均为间歇灌溉处理的明显大于淹水灌溉处理的。表明间歇灌溉处理的土壤总孔隙度随含水量变化的幅度较淹水灌溉处理的小,孔隙度较为稳定。

表 2-64　不同灌溉模式下土壤孔隙的变化

灌溉模式	总孔隙度/%				毛管孔隙度/%	非毛管孔隙度/%			大小孔隙比
	湿土饱和时	毛管持水量时	烘干土时	干湿变化总量	毛管持水量时	湿土饱和时	毛管持水量时	孔隙变化量	
W0	53.46	52.18	43.44	10.01	45.63	7.83	6.55	1.28	0.17
W1	53.57	52.36	44.89	8.68	43.96	9.60	8.40	1.21	0.22

注:大小孔隙比＝最大非毛管孔隙度/毛管孔隙度。

　　非毛管孔隙度和大小孔隙比均是间歇灌溉处理明显大于淹水灌溉处理,而毛管孔隙度间歇灌溉处理较淹水灌溉处理虽略有减小,但能达到正常持水的要求,说明间歇灌溉在保持土壤田间总蓄水量和毛管持水量的同时,可以提高和改善土壤的通透性。

　　不同灌溉模式下的土壤持水与导水性能变化见表 2-65,从表中可见,间歇灌溉处理的土壤饱和含水量均比淹水灌溉处理的略高,饱和导水率也均比淹水灌溉的高,间歇灌溉可以增强土壤的通气透水性能。

表 2-65　不同灌溉模式下土壤持水与导水性能的变化

灌溉模式	饱和含水量/%	毛管持水量/%	最大非毛管水含量/%	饱和导水率/(10^{-4}cm/s)
W0	43.08	36.81	6.28	0.86
W1	43.45	35.57	7.88	1.48

注:土壤饱和导水率用定水位土柱渗滤法测定。

2.8.2　不同灌溉模式下稻田土壤 TN、TP、有机质的变化

　　不同灌溉模式下稻田插秧前、收割后土壤 TN、TP、有机质含量的变化情况见表 2-66。表 2-66 中的数值为同种灌溉模式下所有试验田块化验的均值,相当于大范围多点取样,这样可以减小取样及化验过程中的偶然误差。表 2-66 所示不同水稻生长季土样数据由不同的人在不同的地点化验而得,由于影响土样化验结果的因素多并且难以有效控制(陈新萍,2005),为了消除不同批次土样由不同批次人员化验所造成的系统误差对分析的影响,下面重点比较两种灌溉模式下稻田肥力变化的差值 ▽0 和 ▽1,并以此进行土壤肥力相关指标变化分析。作者等 2011 年在江西省灌溉试验中心站另一个项目的完成过程中也进行了类似工作,为了增强说服力,特将 2011 年的部分试验数据也引用到本节中进行分析。

表 2-66　不同灌溉模式下土壤 TN、TP、有机质的变化

项目	土层	差值	2011年		2012年				2013年			
			早种	早收	早种	早收	晚种	晚收	早种	早收	晚种	晚收
TN /(g/kg)	上层	W0	1.024	1.017	1.290	0.940	1.250	1.520	1.655	1.498	—	1.583
		∇0	—	-0.007	—	-0.350	—	0.27	—	-0.157	—	-0.072
		W1	1.036	1.039	1.036	1.058	1.320	1.659	1.544	1.400	—	1.497
		∇1	—	0.003	—	0.022	—	0.339	—	-0.144	—	-0.047
	下层	W0	0.694	0.570	0.930	0.750	0.870	0.933	1.222	1.113	—	1.120
		∇0	—	-0.124	—	-0.180	—	0.063	—	-0.109	—	-0.102
		W1	0.656	0.543	0.780	0.840	0.890	0.940	1.112	1.037	—	1.039
		∇1	—	-0.113	—	0.060	—	0.050	—	-0.075	—	-0.073
TP /(g/kg)	上层	W0	—	—	0.290	0.300	0.290	0.250	0.333	0.304	—	0.296
		∇0	—	—	—	0.010	—	-0.040	—	-0.029	—	-0.037
		W1	—	—	0.270	0.290	0.310	0.310	0.326	0.324	—	0.304
		∇1	—	—	—	0.020	—	0	—	-0.002	—	-0.022
	下层	W0	—	—	0.270	0.290	0.250	0.310	0.301	0.296	—	0.303
		∇0	—	—	—	0.020	—	0.060	—	-0.005	—	0.002
		W1	—	—	0.280	0.240	0.260	0.306	0.297	0.298	—	0.297
		∇1	—	—	—	-0.040	—	0.046	—	0.001	—	0
有机质 /(g/kg)	上层	W0	17.23	17.67	18.90	17.62	—	24.53	22.04	22.01	—	23.16
		∇0	—	0.44	—	-1.28	—	5.63	—	-0.03	—	1.12
		W1	17.43	19.69	16.96	19.54	—	23.43	21.33	22.35	—	24.87
		∇1	—	2.26	—	2.58	—	6.47	—	1.02	—	3.54
	下层	W0	13.03	14.6	18.14	12.04	—	14.88	16.24	11.53	—	13.33
		∇0	—	1.57	—	-6.10	—	-3.26	—	-4.71	—	-2.91
		W1	12.39	14.29	16.51	13.99	—	17.01	16.51	14.06	—	17.40
		∇1	—	1.90	—	-2.52	—	0.50	—	-2.45	—	0.89

注：2011 年早稻土壤 TP 在化验过程中试验条件控制不到位，化验失败。2012 年晚稻插秧前土壤有机质没有进行化验。2013 年晚稻种植前没有对土壤进行取样化验。表中 ∇1、∇0 分别为间歇灌溉及淹水灌溉条件下一季水稻种植前后相关指标的差值或一年两季水稻种植前后相关指标的差值。早种表示早稻播种前，早收表示早稻收割后，其他类推。下同。

　　对于上层土壤 TN，2011～2013 年每一整年或每一季的差值均为间歇灌溉的大于淹水灌溉的，并且试验的重复性良好，这说明间歇灌溉有利于田间上层土壤对 TN 的保持。例如，2011 年早稻间歇灌溉的 TN 差值比淹水灌溉的差值大 0.01g/kg，这表示在本底浓度及施肥制度相同的情况下，一季早稻过后采用间歇灌溉的田块

其上层 TN 含量比淹水灌溉的多 26.8kg/hm²,占平均施肥量的 17.37%。但是从 3 年总的变化情况来看并没有表现出同样的变化规律,这应该和 2013 年的试验小区布置变动有关。对于下层土壤 TN,3 年的试验结果除了 2012 年晚稻期间的 TN 差值间歇灌溉的比淹水灌溉的小外,其他各季及一整年的变化都是间歇灌溉的 TN 差值比淹水灌溉的大。这说明间歇灌溉同样有利于稻田下层土壤对 TN 的保持。其原因在于,间歇灌溉下氮素渗漏量及地表流失量少;间歇灌溉提高了根系生长的长度、深度、总量,根系中的氮素可以完全保留在土壤中;间歇灌溉增强了"以水带氮"的效果,肥料更容易深入土壤然后被吸附(见 2.5.1 节)。

对于上层土壤 TP,2012 年、2013 年每一整年或每一季的差值均为间歇灌溉的大于淹水灌溉的,并且试验的重复性良好,这说明间歇灌溉同样有利于田间上层土壤对 TP 的保持。对于下层土壤 TP,2012 年及 2013 年的试验结果中除 2013 年早稻期间的 TP 差值间歇灌溉的比淹水灌溉的大外,其他各季及一整年的变化都是间歇灌溉的 TP 差值比淹水灌溉的小。这说明淹水灌溉模式下磷素更容易下移,增加了磷素进入地下水的风险,这与何军等(2011)的结论一致。原因在于,磷在土壤中的有效性有随含水量增加而增加的趋势,因此淹水灌溉模式下土壤上层磷素的淋失大并补充到下层土壤。

对于土壤有机质,不论是上层土壤还是下层土壤,2011～2013 年每一整年或每一季的差值均为间歇灌溉的大于淹水灌溉的,这说明间歇灌溉有利于土壤上、下层对有机质的保持。对于土壤有机质,研究表明,施肥、土壤类型、耕作制度和其他农田管理均会在很大程度上影响和调控水稻土固碳强度,但土壤固碳过程的本质还存在很多需要研究的问题。团聚体的形成作用被认为是土壤固碳的最重要机理(Six et al.,2000),间歇灌溉相比于淹水灌溉能明显促进水稳性团聚体的形成。潘根兴等(2008)观察到农田土壤有机碳积累往往伴随着氮素积累的现象,本次研究结果体现了这一现象。杨士红等(2008)进行的控制灌溉试验观测到,在水稻生长过程中,控制灌溉在一定程度上表现出了更快的有机质分解速率,但到了黄熟期 0～30cm 土层有机质含量均为控制灌溉大于淹水灌溉,最终结果与本书表达的结果一致。原因可能是间歇灌溉等节水灌溉模式一方面促进了土壤有机质的矿化分解;另一方面有效促进了根系生长的深度、总量,根系在生长、消亡的过程中为土壤提供了更多的有机质来源。

2.8.3　不同灌溉模式下稻田 pH、速效钾、有效磷的变化

不同灌溉模式下稻田插秧前、收割后土壤 pH、速效钾、有效磷的变化情况见表 2-67。

表 2-67　不同灌溉模式下土壤 pH、速效钾、有效磷的变化

项目	土层	差值	2012年				2013年			
			早种	早收	晚种	晚收	早种	早收	晚种	晚收
pH	上层	W0	5.30	—	5.60	5.57	5.74	5.79	—	5.69
		∇0				0.27		0.05		−0.05
		W1	5.60	—	4.94	5.32	6.13	5.92	—	5.58
		∇1				−0.28		−0.20		−0.55
	下层	W0	5.60	—	6.07	6.12	6.37	6.23	—	6.27
		∇0				0.52		−0.13		−0.09
		W1	5.56	—	5.87	6.11	6.23	6.51	—	6.17
		∇1				0.55		0.28		−0.05
速效钾 /(mg/kg)	上层	W0	83.14	—	123.99	109.35	54.55	51.53	—	55.32
		∇0				26.20		−3.02		0.77
		W1	90.15	—	138.72	79.49	64.30	49.95	—	48.83
		∇1				−10.66		−14.35		−15.47
	下层	W0	72.12	—	31.71	55.47	41.87	30.67	—	31.09
		∇0				−16.64		−11.20		−10.78
		W1	73.81	—	31.81	53.89	37.80	37.69	—	32.26
		∇1				−19.92		−0.11		−5.54
有效磷 /(mg/kg)	上层	W0	9.37	—	12.35	3.61	7.87	6.94	—	5.98
		∇0				−5.76		−0.93		−1.89
		W1	8.76	—	13.27	3.95	7.32	6.73	—	5.97
		∇1				−4.81		−0.59		−1.35
	下层	W0	7.45	—	6.78	2.94	6.74	6.40	—	3.92
		∇0				−4.51		−0.34		−2.82
		W1	6.99	—	3.86	2.18	5.03	6.24	—	3.28
		∇1				−4.81		1.21		−1.75

注：2012年早稻收割后及2013年晚稻种植前没有对表中相关指标进行取样化验。

　　对于上层土壤 pH，淹水灌溉表现出上升的趋势，而间歇灌溉则表现出下降的趋势。每一年的 pH 差值淹水灌溉的均大于间歇灌溉的，这说明稻田采用间歇灌溉不利于土壤耕层 pH 的稳定与提高，存在加速稻田耕层土壤酸化的风险。对于下层土壤 pH，两种灌溉处理的 pH 都有所提高。土壤的酸化过程实质上就是土壤中盐基离子的淋失过程，耕作土壤是否酸化及酸化的程度如何，取决于盐基物质的淋溶及人工补充的相对强度。稻田在水稻种植期间，在每一次灌水—排干的过程

中,稻田土壤均会发生还原-氧化反应。还原过程中产生亚铁离子、亚锰离子,因为铁离子、锰离子与土壤胶体的结合能力较钾、铵、钙、镁等盐基性离子强得多,使原来被土壤吸附的这些离子的淋溶损失加强。排干氧化过程中亚铁离子、亚锰离子消失,其在土壤胶体上占据的位置被氢离子替代(于天仁,1988)。因此,每一次灌水—排干的循环过程都能使土壤发生酸化。而间歇灌溉就是一个灌水—排干不断循环的过程,导致间歇灌溉模式下耕层土壤酸化的严重性强于淹水灌溉的。从耕层淋溶下来的盐基离子补充到下层,从而使下层土壤的 pH 有所升高。

　　土壤速效钾含量是土壤钾库与速效钾的可逆转化及植株吸收共同作用的结果。对于上层土壤速效钾,间歇灌溉模式的下降幅度明显大于淹水灌溉模式下的,由于钾素没有挥发损失,渗漏损失也很小(类比氮、磷渗漏损失),因此与淹水灌溉相比间歇灌溉有利于植株对耕层钾素的吸收。对于下层土壤速效钾含量,在两年试验期间两种灌溉模式下土壤速效钾的含量高度接近,因此不同灌溉模式对土壤下层速效钾含量的影响不明显。

　　土壤有效磷含量是土壤磷库与有效磷的可逆转化及植株吸收共同作用的结果。对于上层土壤有效磷,在两年试验期间两种灌溉模式下的含量也是高度接近,因此不同灌溉模式对土壤上层有效磷含量影响不明显。对于下层土壤有效磷,在两年试验期间,间歇灌溉模式下的含量普遍小于淹水灌溉模式下的,但两种灌溉模式下的前后差值有大有小,因此不同灌溉模式对稻田下层土壤有效磷含量的影响还不明确。

2.9　本章小结

　　(1) 水稻分蘖数从返青期开始快速增长,至分蘖后期达到最大,从分蘖后期到黄熟期分蘖数逐渐衰减;水稻叶面积指数从返青期开始快速增长,至拔节孕穗期达到最大,然后缓慢变小;水稻株高从返青期开始快速增长,至抽穗开花期达到最大,然后略有下降并逐渐稳定;水稻干物质累积量随着生育期的进行不断增加,在黄熟期达到最大,在拔节孕穗期干物质增长速率达到全生育期最大。

　　(2) 与传统淹水灌溉相比,间歇灌溉对株高的影响不明显,对无效分蘖的抑制作用在此次试验中体现得也不明显,对干物质累积量的影响在不同时段的试验中体现的规律不一致,不会阻碍水稻生育前期叶面积指数的增长但有利于水稻生育后期对叶面积指数的保持与稳定。与淹水灌溉相比,间歇灌溉模式下水稻每穗总粒数少,但提高了千粒重、结实率,能在一定程度增加水稻产量,增产率达 2% 左右。

　　(3) 不同施氮水平下,施氮处理的株高都明显大于不施氮处理的,但施氮处理之间株高无明显差异。水稻分蘖数随着施氮量的增加而增加,水稻叶面积指数在前期不同处理之间没有差异,但生育后期随着施氮量的增加而变大。在一定施氮量范围内,如不超过 N2 水平,水稻干物质累积量随施氮量的增加而增加,但超过一定范围后,增施氮肥不会增加水稻干物质累积量,甚至出现负增长。施氮量对水稻产量的影响显著,一定范围增施氮肥能显著提高水稻产量,但超过一定范围后则不会进一步提高产量,甚至造成减产。一定范围增施氮肥对产量构成要素的影响在于能显著增加有效穗和穗长,提高总粒数和千粒重,但会降低结实率。

(4) 同一施氮水平下通过分次施肥增加追肥次数,对水稻株高无明显影响,但有利于生育后期水稻分蘖数的保持,从而起到控制无效分蘖的作用;有利于水稻生育后期对叶面积指数的保持与稳定,对水稻干物质累积量的影响规律不明显。方差分析表明,通过增加追肥次数能显著提高水稻产量。增加追肥次数对产量构成要素的影响在于增加有效穗(不显著)、提高穗长(显著)、增加每穗总粒数(不显著)和千粒重(不显著),但结实率有所降低。

(5) 从水稻高产的角度出发,以 4 季水稻试验结果为依据,稻田采用间歇灌溉优于淹水灌溉,施氮量不宜过高,应定为 180kg/hm² (N2 水平)左右,过高则可能导致产量负增长;2 次追氮肥显著优于 1 次追氮肥。因为不存在显著的水肥交互效应,从水稻高产的角度出发,稻田最优水肥管理模式为 W1N2F2。2012 年及 2013 年,与传统水肥模式 W0N2F1 相比,优选模式 W1N2F2 在试验站内的试验中每年(早晚稻合计)平均增产 1074.8kg/hm²,平均增产率为 7.35%。

(6) 灌溉模式是影响稻田各水量平衡要素的主要因子,施氮水平及施肥次数对各水量平衡要素的影响不显著;与淹水灌溉相比,间歇灌溉能显著减少田间灌水量,不同施肥制度平均下,2012 年及 2013 年,每年平均节水 720m³/hm²,平均节水率为 12.7%。间歇灌溉的节水原因主要是提高了田间蓄水能力,从而提高了降水利用率,并降低了稻田腾发量,年平均减少 46.2mm;减少了渗漏量,年平均减少 13.7mm。2012 年及 2013 年平均,优选模式 W1N2F2 与当地传统模式 W0N2F1 相比,每年平均节水 903m³/hm²,平均节水率为 16.0%。

(7) 田面水 TN 浓度有随施氮量增加而变大的趋势,施肥后 1~3 天,田面水 TN 浓度达到最大值,然后快速下降,且施用基肥后的田面水 TN 浓度下降速率慢于施用蘖肥和穗肥后的;施肥后 7~10 天,田面水 TN 浓度趋于稳定。田面水 TP 浓度远远小于田面水 TN 浓度,试验过程中最大不超过 2mg/L;从插秧到稻田分蘖后期落干晒田之前,田面水 TP 浓度是震荡下行的;分蘖后期晒田结束后,田面水 TP 浓度一直维持在低位,与试验站灌溉水 TP 浓度出入不大。施氮肥对田面水铵态氮浓度影响很大,田面水铵态氮浓度变化趋势与田面水 TN 浓度变化趋势一致。不同水肥制度对田面水硝态氮浓度的影响十分有限,整个试验过程中田面水硝态氮浓度的最大值远小于田面水 TN 及铵态氮的最大值(140mg/L、90mg/L),仅为 1.35mg/L,但其变化趋势与田面水 TN、铵态氮变化趋势保持一致。

　　灌水施肥仅对耕层土壤水氮、磷浓度有影响,对耕层以下土壤水氮、磷浓度影响不明显,土壤水中 TN、TP、铵态氮浓度比田面水小一个数量级,且浓度大小变化具有较大随机性。虽然土壤水硝态氮浓度均值甚至大于田面水硝态氮浓度均值,但在土壤水 TN 成分中所占比例仅为 10% 左右,而铵态氮在土壤水 TN 成分中所占比例则达 50% 以上。

　　(8) 2012 年及 2013 年,与淹水灌溉相比,稻田采用间歇灌溉的 TN 流失总量早稻、晚稻合计每年平均减排 1.41kg/hm^2,平均减排率为 12.2%;TP 流失总量早稻、晚稻合计每年平均减排 0.078kg/hm^2,平均减排率为 15.1%。早稻生长期间降水多、排水多,是肥料地表流失的主要发生时期。间歇灌溉模式下灌水定额小且允许田间土壤干到一定程度,这样就有效提高了田间蓄水能力,减少了排水量,特别是水稻生育前期田面水中氮、磷浓度高,减少排水对减少氮、磷地表流失意义重大。灌水施肥对耕层以下土壤水氮、磷浓度影响很小,间歇灌溉有效减少了田间渗漏水量,从而有效减少了田间氮、磷渗漏流失。

　　最优模式与传统模式相比,TN 流失总量早稻、晚稻合计每年平均减排 3.12kg/hm^2,平均减排率为 24.4%;TP 流失总量早稻、晚稻合计每年平均减排 0.077kg/hm^2,平均减排率为 14.9%。最优模式减少 TN 流失的另外一个重要原因在于大幅度降低了分蘖期田面水 TN 浓度,而分蘖期在试验区及其周边地区是稻田排水高发期。

　　稻田肥料流失情况取决于施肥后的一段时间是否遭遇大的降水并产生排水,因此灌水、施肥应尽量以当地天气预报为指导。由于返青期及分蘖期田面水氮、磷浓度高,而这两个时期的降水较多,特别是早稻,因此在水稻生育前期,在满足水稻生理需要的基础上采用间歇灌溉模式并尽量降低田间灌水深度对减少氮、磷地表流失意义重大。

　　(9) 早稻、晚稻生长期间气象条件差异大,田间氨挥发现象差异明显,在中等施氮水平两次追肥的情况下,早稻、晚稻氨挥发总量分别为 22.56kg/hm^2 和 68.54kg/hm^2,分别占当季施氮量的 12.5%、38.1%;施肥制度对稻田氨挥发的影响显著,通过将氮肥分施于水稻生长茂盛时期能显著减少田间氮素氨挥发损失。本书研究结果显示,间歇灌溉相比于淹水灌溉在一定程度上增加了稻田氮素氨挥发损失量,但如果调整施肥制度,将更大比例的氮肥施于水稻生长后期,利用节水灌溉模式下田间更好的"以水带氮"效果,可以使间歇灌溉模式下氨挥发损失显著减少,甚至小于淹水灌溉模式。已有研究成果及本书试验结果均表明,不论早稻、中稻还是晚稻,施用穗肥后产生的氮素氨挥发损失占穗肥的比例都明显小于施用分蘖肥后的。在 2014 年早稻试验中,与当地传统模式 W0N2F1 相比,优选模式 W1N2F2 减少田间氮素氨挥发损失 7.4kg/hm^2,差异达 5% 显著水平,减排率为 24.7%。

　　以 2014 年早稻为例,一季早稻氮素氨挥发损失量约为氮素年平均流失总量的 2 倍,优选模式与传统模式相比,一季早稻减少的氨挥发损失量是地表及渗漏流失总量减少量的 2.5 倍。因此,稻田氮素损失中氨挥发损失比氮素流失更严重。

　　(10) 不同水肥处理下稻田灌溉水分生产率变化规律与不同水肥处理下稻田产量变化规律基本一致,即间歇灌溉模式下的灌溉水分生产率高于淹水灌溉的;不同施氮水平下为 N2>N3>N1>N0;在 N1、N2 施氮水平下稻田灌溉水分生产率 2 次追肥大于 1 次追肥,在 N3 施氮水平下 1 次追肥大于 2 次追肥。优选模式 W1N2F2 与当地传统模式 W0N2F1 相比,稻田灌溉水分生产率平均提高了 0.59kg/m³,平均提高率 16.6%。

　　(11) 不同灌溉模式对植株总吸氮量的影响规律不明显,植株总吸氮量随着施氮量的增加而增加,在中低氮水平下分次施肥能增加植株吸氮总量,但高氮水平下则不一定。稻田采用间歇灌溉对氮肥利用率的提高作用不显著,不同施氮水平下氮肥利用率无明显变化规律,但分次施肥则普遍提高了氮肥利用率。优选模式 W1N2F2 与当地传统模式 W0N2F1 相比,氮肥利用率平均提高了 10.9%,平均提高率 27.2%。

　　(12) 与淹水灌溉相比,稻田采用间歇灌溉能降低土壤干土容重、胀缩性,促进稻田土壤团聚体的形成,改善土壤通透性,增强土壤通气透水性能。

　　(13) 与淹水灌溉相比,间歇灌溉有利于土壤对 TN、有机质的保持,减缓耕层 TP 下移,有益于稻田土壤肥力的可持续发展。施肥主要影响耕层土壤水氮素浓度,对耕层以下土壤氮素浓度影响不显著。拔节孕穗期以前,施肥后间歇灌溉模式下的田面水 TN 浓度高于淹水灌溉的,氨挥发速率也高。分蘖后期晒田结束后,与淹水灌溉相比,间歇灌溉模式下的田间裂隙发育程度高,穗肥施用后的田间氮素在向下运移的过程中更容易被土壤胶体所吸附,提高了耕层土壤水 TN 浓度,有效降低了田面水 TN 浓度,使氨挥发速率变小,减少了稻田后期氮素的氨挥发损失。

　　(14) 与淹水灌溉相比,间歇灌溉存在加速稻田耕层土壤酸化的风险,有利于植株对耕作层速效钾的吸收,降低了下层土壤的有效磷含量。

第3章 生态沟对农业面源污染去除规律试验研究

生态型排水沟(简称为生态沟)作为农田与水体之间的过渡带,具有排水和生态湿地的双重功效,能够通过土壤吸附、植物吸收、生物降解等一系列作用,降低进入下游水体中的氮、磷含量(李强坤等,2010)。作为生态沟的重要组成部分,植物不仅具有稳坡固土作用,还对水体中的氮、磷有一定净化作用,研究表明,种植植物的湿地系统比没有植物的湿地系统净化效率高(吴军等,2012)。陈海生(2012)通过对以耐寒水生植物水芹为主要植物的生态沟进行试验表明,经过 20 天处理后水芹对农业面源污染物 TN、TP、COD 的降解率分别达 72.3%、75.79%和 72.80%。彭世彰等(2010)在灌区内修整承泄沟塘、重建水生植物系统,结果表明,沟塘出流水中 TN、TP 的平均浓度分别比入口流水减少了 22.0%、9.6%。何军等(2011b)在湖北省漳河灌区的研究表明,农沟-斗沟尺度典型排水沟及塘堰对 TN、铵态氮、硝态氮、TP 的整体去除率分别为 44.6%、37.3%、9.9%、35.1%和 15.2%、30.2%、15.6%、−6.5%。

鄱阳湖流域作为我国最大的淡水湖泊和重要的湿地生态功能保护区,是目前少数未受到严重污染的淡水湖之一。研究表明,鄱阳湖水体氮、磷浓度已达到富营养水平,其中氮、磷是引起富营养化的主要因素(王毛兰等,2008)。为了改善鄱阳湖流域的水环境,必须合理控制农业面源污染(郭鸿鹏等,2008),而建立控制条件下种植有湿地植物的生态沟是一种非常有效的方法。第 3 章和第 4 章选取江西省鄱阳湖流域赣抚平原灌区开展试验,分析了不同湿地植物、不同排水浓度、有无控制建筑物及原位条件下生态沟对农田排水中氮、磷污染物的去除效应,以及生态沟的主要水力性能参数变化,以期为正确评价生态沟湿地系统对面源污染的去除效果、合理构建鄱阳湖流域生态沟系统提供理论依据。

3.1 试验方法与处理设计

3.1.1 试验场地基本情况

试验在江西省灌溉试验中心站(简称为试验站)站内和站外进行。试验站位于江西省鄱阳湖流域赣抚平原灌区。赣抚平原灌区及江西省灌溉试验中心站的基本情况见 2.1 节。除在试验站内开展试验外,还在试验站外的勒家村选择不同的排水沟开展原位观测。勒家村片主要灌溉水源为抚河二干渠,辅于灌区内排水沟及塘堰湿地形成的"长藤结瓜"式灌溉系统,区域内排水沟多为土泥沟。灌区内种植模式主要为双季稻-中稻混合,所施化肥主要为碳酸氢钙、尿素、过磷酸钙、氯化钾及部分复合肥。

　　试验站各试验区的布置如图 3-1 所示。其中水稻试验区 1、水稻试验区 2 用于开展第 2 章所述水稻水肥综合调控试验,塘堰湿地用于开展第 5 章所述的试验,东边的生态沟用于本章的试验。试验区中,水稻试验区 1、水稻试验区 2 的农田排水通过生态沟净化后,由生态沟末端的简易蓄水池调蓄,然后通过管道分别排入湿地植物筛选试验区(人工湿地 1～人工湿地 9)和 3 个大的塘堰湿地。

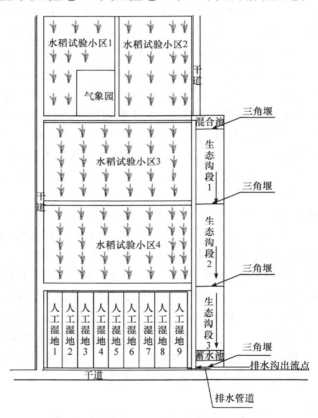

图 3-1　试验站各试验区布置图

　　试验站内试验所涉及的站内生态沟长为 110m,横断面呈规则梯形,上口宽120cm,底宽 60cm,深为 60cm,边坡为 1∶0.5。根据生态沟的实际情况,将其划分为 3 个不同的处理单元,分别种植不同的植物,其中生态沟段 1 种植高秆灯心草,生态沟段 2 种植茭白,生态沟段 3 种植菖蒲。2012 年 3 个不同处理单元之间通过自制的闸板隔开,生态沟日常控制水深为 10cm,关闭闸板时,相互之间不连通。2013 年各单元之间通过三角堰隔开,无过堰水流时相互之间也不连通。生态沟布置在试验区的东边,如图 3-1 所示,生态沟横断面如图 3-2 所示,生态沟纵断面如图 3-3 所示,实景照片如图 3-4 所示。

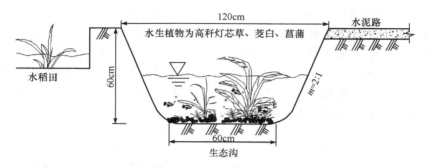

图 3-2　站内生态沟横断面

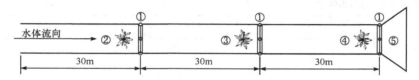

图 3-3　站内生态沟纵断面

① 自制闸板;② 高秆灯芯草;③ 茭白;④ 菖蒲;⑤ 蓄水池

(a) 沟段1高秆灯心草　　　　　　(b) 沟段2茭白

(c) 沟段3菖蒲　　　　　　(d) 控制建筑物三角堰

图 3-4　站内生态沟实景

　　外围生态沟段的选取按生态沟断面形状较为一致、中间没有排水进入也没有水排出、离其他污染源和排污口较远、没有水工建筑物、植物优势种类相似等原则选取。对生态沟长度的选择，就效果而言，越长效果越明显，但实际情况很难取得理想的长度。考虑到当地河叉口众多，有些河段淤积比较严重，选取较为理想的勒家村片（包括毛沟、农沟和斗沟）和蜀溪付家至衷家片（支沟和干沟）的沟段进行取样分析，各级沟道由小至大逐级嵌套且封闭性相对较好，在各级沟道内无客水流入，试验生态沟分布如图 3-5 所示，毛沟、农沟、斗沟、支沟、干沟的实景照片如图 3-6 所示，各级沟道横断面如图 3-7～图 3-11 所示。

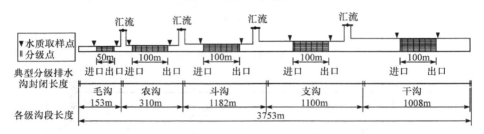

图 3-5　站外生态沟示意图

(a) 湿地　　　　　　　　　　　　(b) 毛沟

(c) 农沟　　　　　　　　　　　　(d) 斗沟

(e) 支沟

(f) 干沟

图 3-6　站外生态沟及塘堰湿地现状实景

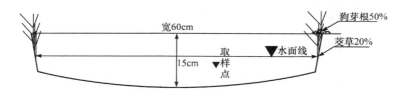

图 3-7　毛沟横断面、取样点及植物详图

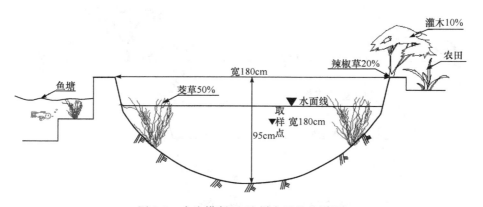

图 3-8　农沟横断面、取样点及植物详图

3.1.2　试验处理设计

　　站内生态沟的三个不同处理单元分别种植高秆灯心草、茭白和菖蒲。在稻田排水进入生态沟时,连续每日取样进行生态沟中氮、磷浓度的测定,分析对应水力停留时间的水样浓度变化,直到氮、磷浓度变小至低值且曲线平稳时为准,如有降水加测。

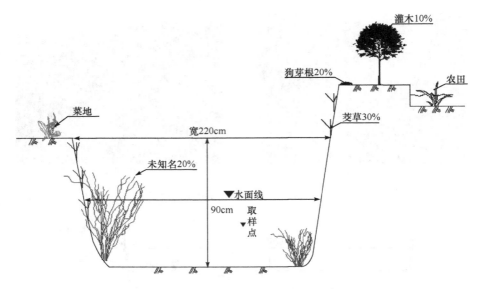

图 3-9　斗沟横断面、取样点及植物详图

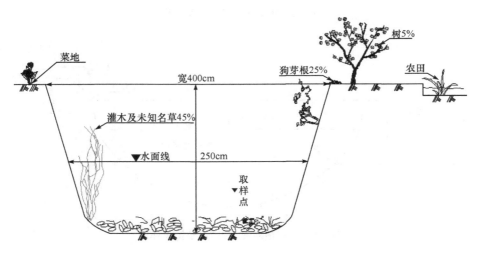

图 3-10　支沟横断面、取样点及植物详图

勒家村片排水沟不做任何人工处理,为完全自然状态的生态沟,没有降水或农田排水时,沟内水量较少。采样时,每段生态沟设 4 个断面,在 1/2 水深处或水面以下 10cm 处取样,采样后,与站内水样同样处理。

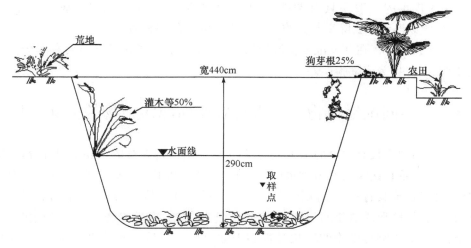

图 3-11　干沟横断面、取样点及植物详图

3.1.3　观测项目与方法

1. 观测项目

（1）水量平衡：每次进出排水沟的流量及水量，排水沟水位，降水量。
（2）水样指标：水样所含 TN、TP、硝态氮和铵态氮浓度。

2. 观测方法

排水沟进出流量通过量水堰计量，通过流速仪辅助测流进行校验，排水沟水位通过出口断面水尺读数确定。进出排水沟的水量由流量及时间计算得到。
水质化验分析方法见 2.1.3 节。

3. 数据处理方法

获得每日进出某段排水沟的水量及浓度后，按式（3-1）计算相应排水沟对氮、磷的去除率，即

$$R = \frac{C_0 V_0 - C_i V_i}{C_0 V_0} \times 100\% \qquad (3-1)$$

式中，R 为各指标的去除率，%；C_0 为排水沟进口水体氮、磷浓度，mg/L；C_i 为排水沟出口氮、磷污染物浓度，mg/L；V_0 为排水沟进水量，m^3；V_i 为排水沟出水量，m^3。

由于排水沟一般不具有调蓄能力,即进水量 V_0 与出水量 V_i 基本相等,按式(3-1)计算得到的去除率与按浓度计算得到的去除率相似。

水样数据中存在 TN 浓度偏低的情况,主要是水样消解过程中会有部分氮以气体形式逸出,造成试验误差。

3.2　不同湿地植物生态沟对农业面源污染物的去除效果

生态沟中生长有大量的水生植物,作为生态沟湿地系统的重要组成部分,它既可以通过根系直接吸收农田排水中的 NH_4^+、NO_3^- 和 PO_4^{3-}(磷酸根)等离子,对排水沟中的氮、磷具有一定去除作用,又可以通过茎叶的传送,将空气中的氧气输入到根区,在根区形成氧化的微环境,为硝化细菌的生存和营养物质的降解提供必要的条件,从而影响污染物的转化过程和去除速率。但是不同植物对氮、磷的净化(也称为去除)能力有所不同,为了探究不同湿地植物对农田排水沟农业面源污染的净化效果,2012~2013 年在水稻种植期间分别对三段沟内排水取样,计算其去除率,进行比较。

3.2.1　不同湿地植物生态沟对排水中氮素的去除效果

湿地系统中氮的变化主要依靠植物吸收、挥发、硝化和反硝化的作用,其中硝态氮不易被土壤吸收,很容易迁移,可随降水-径流流失或通过反硝化作用减少,因而氮的迁移转化是 TN 浓度下降的主要原因。湿地中水生植物对 TP 的去除机理主要有基质吸附、微生物同化和植物吸收等作用,其中以基质吸附作用占主导地位。

2012 年水稻种植期间共取样 17 次,其中早稻分蘖后期到乳熟期共取样 12 次,晚稻返青期取样 5 次;2013 年水稻种植期间共取样 22 次,其中早稻分蘖后期到乳熟期共取样 9 次,晚稻返青期取样 13 次。

1.　生态沟对排水中 TN 的去除效果

1) 2012 年生态沟对排水中 TN 的去除效果

2012 年水稻种植期间 3 个不同处理沟段各次采样时进出沟段水样的 TN 浓度及对 TN 的去除效果如图 3-12~图 3-14 所示,不同沟段的平均去除率见表 3-1。

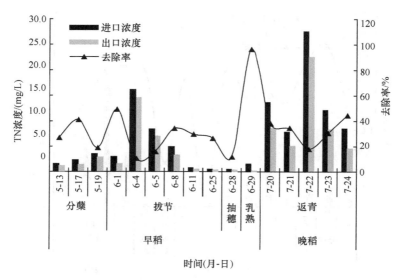

图 3-12　沟段 1(高秆灯心草)TN 浓度及去除率(2012 年)

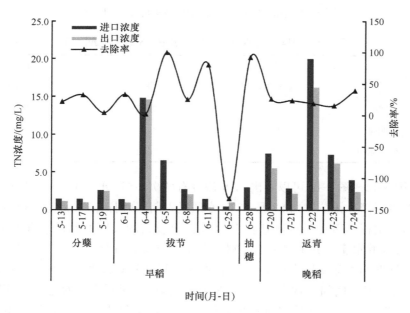

图 3-13　沟段 2(茭白)TN 浓度及去除率(2012 年)

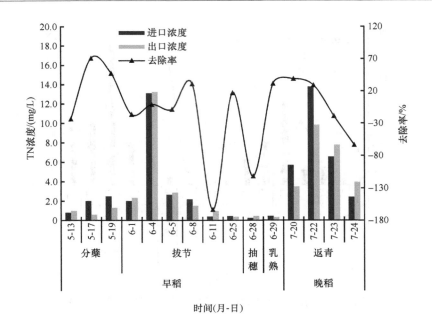

图 3-14　沟段 3(菖蒲)TN 浓度及去除率(2012 年)

表 3-1　2012 年排水沟对农田排水中 TN 的平均去除率　　（单位：%）

取样期间	沟段 1 （高秆灯心草）	沟段 2 （茭白）	沟段 3 （菖蒲）
早稻期间	32.76	25.49	−11.57
晚稻期间	33.11	25.20	−3.82
全部取样期间	32.87	25.20	−9.50

　　从图 3-12～图 3-14 可以看出，TN 浓度有两次高峰，分别在 6 月 4 日早稻拔节孕穗期(以下简称拔节期)和 7 月 22 日晚稻返青期，分别正值早稻穗肥和晚稻基肥施用后，而根据稻田水深实测记录，这期间没有较大的农田表面排水进入生态沟，说明生态沟的水流部分来源于农田侧向渗漏。沟段 1 和沟段 2 对 TN 的去除效果较好，取样期间去除率均为正值，其中沟段 1 早稻期间对排水中 TN 的平均去除率为 32.76%，晚稻期间平均去除率为 33.11%；沟段 2 早稻期间对排水中 TN 的平均去除率为 25.49%，晚稻期间平均去除率为 25.20%(表 3-1)。由图 3-14 可知，沟段 3 早稻期间对排水中 TN 的平均去除率为−11.57%，晚稻期间平均去除率为−3.82%。早晚稻全部取样期间三段排水沟对农田排水中 TN 的平均去除率分别为 32.87%、25.20% 和−9.50%，净化效果表现为高秆灯心草＞茭白＞菖蒲。

2) 2013 年生态沟对排水中 TN 的去除效果

2013 年水稻种植期间排水沟各次采样进出排水沟水样的 TN 浓度及对 TN 的去除效果如图 3-15～图 3-17 所示,不同沟段对 TN 的平均去除率见表 3-2。

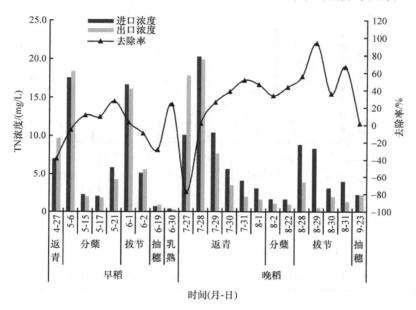

图 3-15　沟段 1(高秆灯心草)TN 浓度及去除率(2013 年)

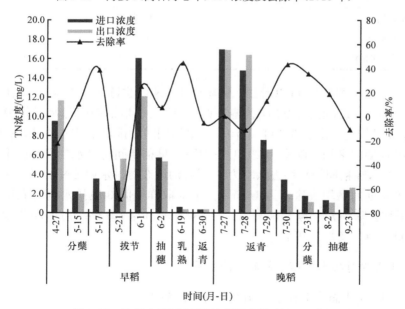

图 3-16　沟段 2(茭白)TN 浓度及去除率(2013 年)

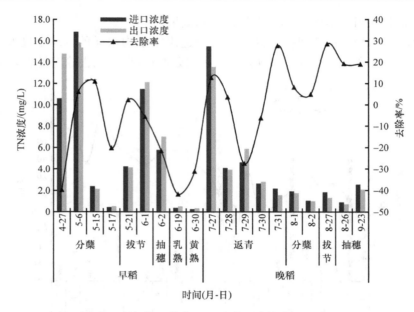

图 3-17　沟段 3(菖蒲)TN 浓度及去除率(2013 年)

表 3-2　2013 年排水沟对农田排水中 TN 的平均去除率　　（单位:%）

取样期间	沟段 1 (高秆灯心草)	沟段 2 (茭白)	沟段 3 (菖蒲)
早稻期间	4.4	17.2	2.3
晚稻期间	29.3	1.6	14.5
全部取样期间	14.4	11.3	7.9

从图 3-15～图 3-17 可以看出,各沟段对 TN 的去除率负值多出现在早稻期间,晚稻期间对 TN 的去除效应普遍较好,原因在于早稻期间降水量较晚稻期间多,去除效果较差。由表 3-2 可知,沟段 1 早稻期间对排水中 TN 的平均去除率为4.4%,晚稻期间平均去除率为 29.3%;沟段 2 早稻期间对排水中 TN 的平均去除率为 17.2%,晚稻期间平均去除率为 1.6%;沟段 3 对排水中 TN 的平均去除率为2.3%,晚稻期间平均去除率为 14.5%。全部取样期间 3 段排水沟对农田排水中TN 的平均去除率分别为 14.4%、11.3%和 7.9%,与 2012 年相同,净化效果表现为高秆灯心草＞茭白＞菖蒲。

2. 生态沟对排水中硝态氮的去除效果

1) 2012 年生态沟对排水中硝态氮的去除效果

2012 年水稻种植期间排水沟各次采样时进出沟段水样的硝态氮($NO_3^- -N$)浓

度及对硝态氮的去除效果如图 3-18～图 3-20 所示,不同排水沟对硝态氮的平均去除率见表 3-3。

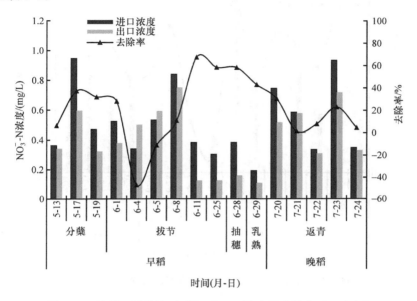

图 3-18   沟段 1(高秆灯心草)NO$_3^-$-N 浓度及去除率（2012 年）

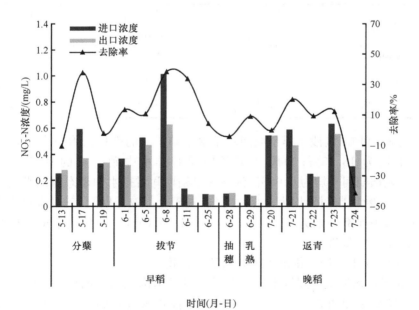

图 3-19   沟段 2(茭白)NO$_3^-$-N 浓度及去除率(2012 年)

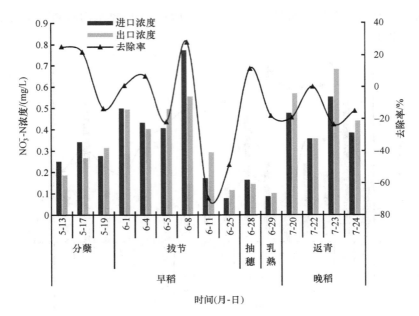

图 3-20　沟段 3(菖蒲)$NO_3^- $-N 浓度及去除率(2012 年)

表 3-3　2012 年排水沟对农田排水中硝态氮的平均去除率　（单位：%）

取样期间	沟段 1 (高秆灯心草)	沟段 2 (茭白)	沟段 3 (菖蒲)
早稻期间	25.51	13.04	−7.05
晚稻期间	13.45	0.09	−14.49
全部取样期间	21.74	8.72	−9.04

　　由表 3-3 可知,沟段 1 早稻期间对排水中硝态氮的平均去除率为 25.51%,晚稻期间平均为 13.45%;沟段 2 早稻期间对排水中硝态氮的平均去除率为 13.04%,晚稻期间平均为 0.09%;沟段 3 早稻期间对排水中硝态氮的平均去除率为 −7.05%,晚稻期间平均为 −14.49%。对于全部取样期间,三段沟对排水中硝态氮的平均去除率分别为 21.74%、8.72% 和 −9.04%。净化效果也表现为高秆灯心草＞茭白＞菖蒲。

　　2) 2013 年生态沟对排水中硝态氮的去除效果

　　2013 年水稻种植期间排水沟各次采样时进出沟段水样的硝态氮浓度及对硝态氮的去除效果如图 3-21～图 3-23 所示,不同排水沟对硝态氮的平均去除率见表 3-4。

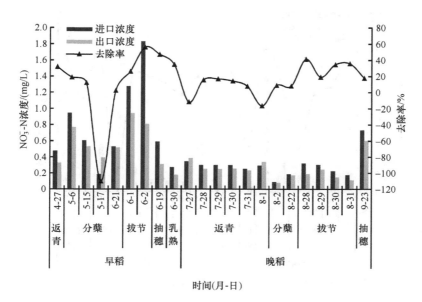

图 3-21　沟段 1（高秆灯心草）NO$_3^-$-N 浓度及去除率（2013 年）

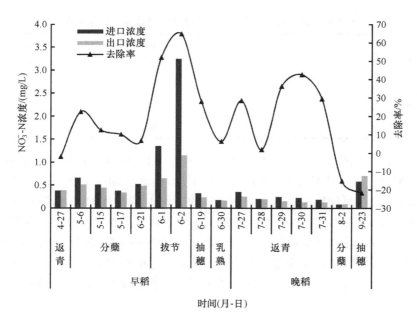

图 3-22　沟段 2（茭白）NO$_3^-$-N 浓度及平均去除率（2013 年）

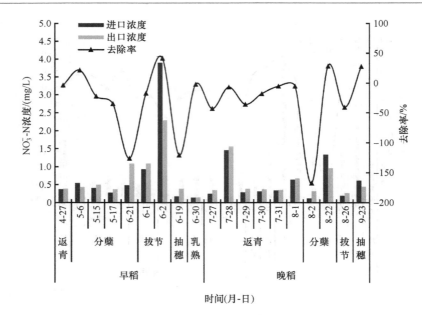

图 3-23　沟段 3(菖蒲)NO$_3^-$-N 浓度及去除率(2013 年)

表 3-4　2013 年排水沟对农田排水中硝态氮的平均去除率　（单位：%）

取样期间	沟段 1 (高秆灯心草)	沟段 2 (茭白)	沟段 3 (菖蒲)
早稻期间	34.5	18.7	−24.7
晚稻期间	13.8	−9.1	−43.5
全部取样期间	26.2	9.4	−33.3

由图 3-21～图 3-23 知,硝态氮浓度在 6 月 2 日早稻拔节孕穗期达到一个峰值,该期间处在穗肥刚施不久,遇到较大降雨后,硝态氮随径流流失而产生。由表 3-4 可知,沟段 1 早稻期间对排水中硝态氮的平均去除率为 34.5%,晚稻期间平均为 13.8%;沟段 2 早稻期间对排水中硝态氮的平均去除率为 18.7%,晚稻期间平均为 −9.1%;沟段 3 早稻期间对排水中硝态氮的平均去除率为 −24.7%,晚稻期间平均为 −43.5%。对于全部取样期间,三段沟对排水中硝态氮的平均去除率分别为 26.2%、9.4% 和 −33.3%。与 2012 年相同,净化效果为高秆灯心草＞茭白＞菖蒲。

3. 生态沟对排水中铵态氮的去除效果

1) 2012 年生态沟对排水中铵态氮的去除效果

2012 年水稻种植期间排水沟各次采样时进出沟段水样的铵态氮(NH$_4^+$-N)浓

度及对铵态氮的去除效果如图 3-24～图 3-26 所示，不同沟段对铵态氮的平均去除率见表 3-5。

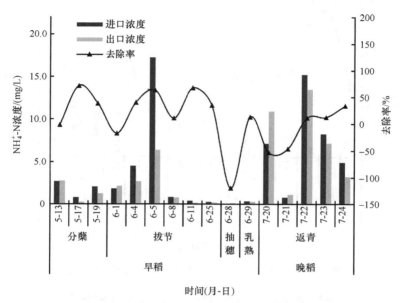

图 3-24　沟段 1（高秆灯心草）NH$_4^+$-N 浓度及去除率（2012 年）

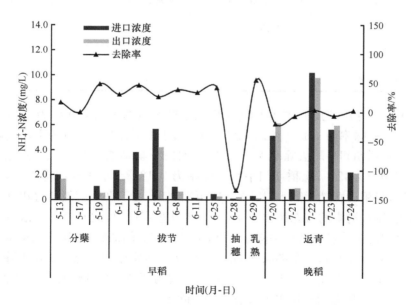

图 3-25　沟段 2（茭白）NH$_4^+$-N 浓度及去除率（2012 年）

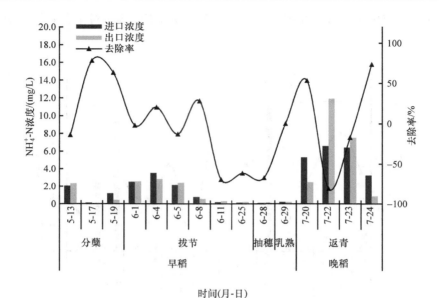

时间(月-日)

图 3-26　沟段 3(菖蒲)NH$_4^+$-N 浓度及去除率(2012 年)

表 3-5　2012 年排水沟对农田排水中铵态氮的平均去除率　（单位:％）

取样期间	沟段 1(高秆灯心草)	沟段 2(茭白)	沟段 3(菖蒲)
早稻期间	18.08	18.48	−3.42
晚稻期间	−8.14	−5.13	7.12
全部取样期间	9.89	11.10	−0.61

由表 3-5 可知,沟段 1 早稻期间对排水中铵态氮的平均去除率为 18.08％,晚稻期间平均去除率为−8.14％;沟段 2 早稻期间对排水中铵态氮的平均去除率为18.48％,晚稻期间平均去除率为−5.13％;沟段 3 早稻期间对排水中铵态氮的平均去除率为−3.42％,晚稻期间平均去除率为 7.12％。早稻期间降水较多,氮随径流流失,晚稻返青期无降水,从图 3-24 可以看出,由于高浓度氮通过田间渗水进入排水沟,排水沟中的铵态氮浓度在 7 月 22 日达到峰值,此时铵态氮浓度可能超过了排水沟的承受极限造成去除率较低,但是随着时间的延长,铵态氮浓度逐渐降低,去除效果逐渐升高。全部取样期间,三段沟对排水中铵态氮的平均去除率分别为 9.89％、11.10％和−0.61％。净化效果表现为茭白＞高秆灯心草＞菖蒲。

2) 2013 年生态沟对排水中铵态氮的去除效果

2013 年水稻种植期间排水沟各次采样时进出沟段水样的铵态氮浓度及对铵态氮的去除效果如图 3-27～图 3-29 所示,不同排水沟对铵态氮的平均去除率见表 3-6。

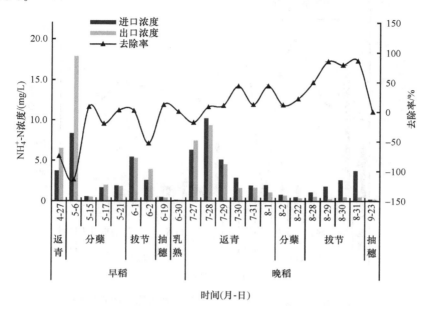

图 3-27　沟段 1(高秆灯心草)NH$_4^+$-N 浓度及去除率(2013 年)

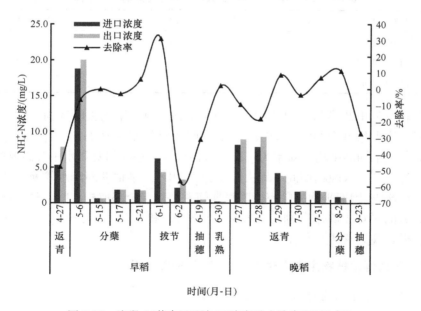

图 3-28　沟段 2(茭白)NH$_4^+$-N 浓度及去除率(2013 年)

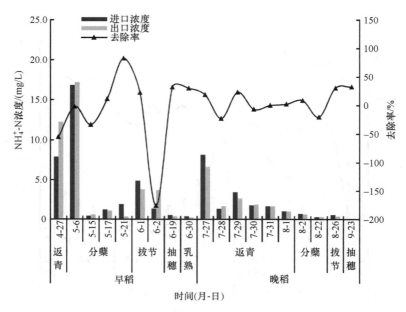

图 3-29　沟段 3(菖蒲)NH$_4^+$-N 浓度及去除率(2013 年)

表 3-6　2013 年排水沟对农田排水中铵态氮的平均去除率　　（单位:%）

取样期间	沟段 1(高秆灯心草)	沟段 2(茭白)	沟段 3(菖蒲)
早稻期间	−23.6	−8.8	−7.8
晚稻期间	28.9	−7.1	17.8
全部取样期间	−2.6	−8.2	3.8

由表 3-6 可知,沟段 1 早稻期间对排水中铵态氮的平均去除率为−23.6%,晚稻期间平均去除率为 28.9%;沟段 2 早稻期间对排水中铵态氮的平均去除率为−8.8%,晚稻期间平均去除率为−7.1%;沟段 3 早稻期间对排水中铵态氮的平均去除率为−7.8%,晚稻期间平均去除率为 17.8%。早稻期间降水较晚稻期间多,氮随径流流失,因而平均去除率较晚稻期间差。对于全部取样期间,三段沟对排水中铵态氮的平均去除率分别为−2.6%、−8.2%和 3.8%。与 2012 年有所差异,去除效果表现为菖蒲＞高秆灯心草＞茭白。

3.2.2　不同湿地植物生态沟对排水中 TP 的去除效果

1. 2012 年生态沟对排水中 TP 的去除效果

2012 年水稻种植期间排水沟各次采样进出排水沟水样的 TP 浓度及对 TP 的去除效果如图 3-30～图 3-32 所示,不同沟段对 TP 的平均去除率见表 3-7。

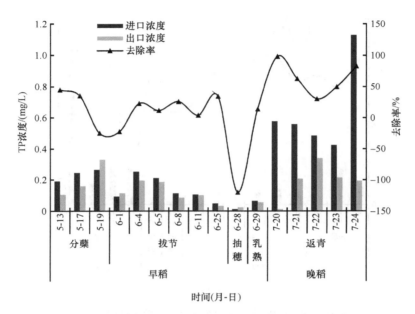

图 3-30　沟段 1(高秆灯心草)TP 浓度及去除率（2012 年）

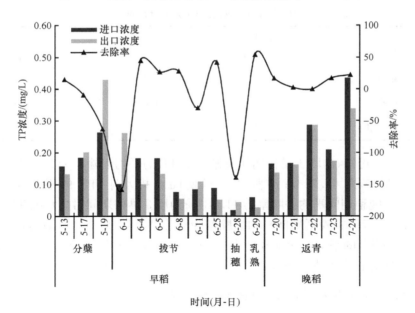

图 3-31　沟段 2(茭白)TP 浓度及去除率（2012 年）

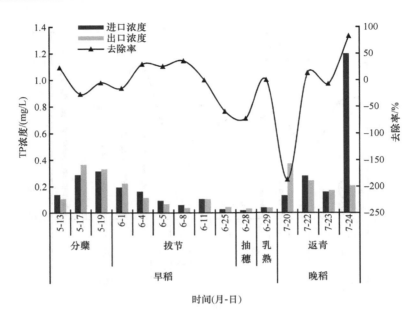

图 3-32　沟段 3(菖蒲)TP 浓度及去除率(2012 年)

表 3-7　2012 年排水沟对农田排水中 TP 的平均去除率　　（单位：%）

取样期间	沟段 1 （高秆灯心草）	沟段 2 （茭白）	沟段 3 （菖蒲）
早稻期间	2.16	−17.08	−5.79
晚稻期间	64.78	11.78	−24.85
全部取样期间	21.73	−8.06	−10.87

由表 3-7 可知,沟段 1 早稻期间对排水中 TP 的平均去除率为 2.16%,晚稻期间平均去除率为 64.78%;沟段 2 早稻期间对排水中 TP 的平均去除率为−17.08%,晚稻期间平均去除率为 11.78%;沟段 3 早稻期间对排水中 TP 的平均去除率为−5.79%,晚稻期间平均去除率为−24.85%。对于全部取样期间,三段沟对排水中 TP 的平均去除率分别为 21.73%、−8.06%和−10.87%。净化效果表现为高秆灯心草＞茭白＞菖蒲。

2. 2013 年生态沟对排水中 TP 的去除效果

2013 年水稻种植期间排水沟各次采样时进出沟段水样的 TP 浓度及对 TP 的去除效果如图 3-33～图 3-35 所示,不同排水沟对 TP 的平均去除率见表 3-8。

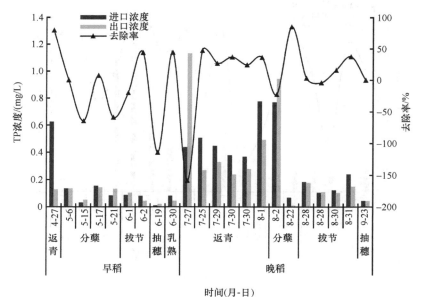

图 3-33 沟段 1(高秆灯心草)TP 浓度及去除率(2013 年)

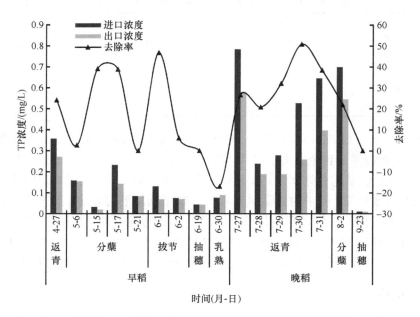

图 3-34 沟段 2(茭白)TP 浓度及去除率(2013 年)

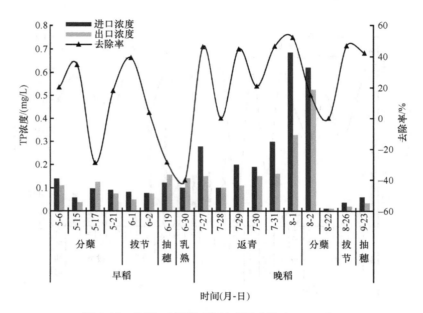

图 3-35 沟段 3(菖蒲)TP 浓度及去除率(2013 年)

表 3-8 2013 年排水沟对农田排水中 TP 的平均去除率 （单位：%）

取样期间	沟段 1 (高秆灯心草)	沟段 2 (茭白)	沟段 3 (菖蒲)
早稻期间	−1.1	8.3	12.2
晚稻期间	21.7	−2.5	28.3
全部取样期间	8.0	4.7	20.2

由图 3-33～图 3-35 可以看出，TP 浓度高峰集中在晚稻返青期，正值基肥施用后，农田水侧向渗漏到生态沟引起 TP 浓度升高。由表 3-8 可知，沟段 1 早稻期间对排水中 TP 的平均去除率为−1.1%，晚稻期间平均去除率为 21.7%；沟段 2 早稻期间对排水中 TP 的平均去除率为 8.3%，晚稻期间平均去除率为−2.5%；沟段 3 早稻期间对排水中 TP 的平均去除率为 12.2%，晚稻期间平均去除率为 28.3%。对于全部取样期间，三段沟对排水中 TP 的平均去除率分别为 8.0%、4.7% 和 20.2%。与 2012 年有所不同，净化效果表现为菖蒲＞高秆灯心草＞茭白。

3.2.3 小结

试验选取了 2012 年和 2013 年早稻、晚稻期间所取水样的氮、磷浓度数据，综合分析进出排水沟的氮、磷浓度和去除率变化得知，在整个试验阶段内 3 种湿地植物对氮、磷污染物的净化效果有差异，同时不同植物对稻田排水中氮、磷等污染物的去除均呈现出一定的抗冲击自修复性,2012 年和 2013 年不同植物对排水中氮、磷的净化效果见表 3-9 和表 3-10。

表 3-9　2012 年种植不同植物沟段对氮、磷的平均去除率　　（单位:%）

不同处理单元	TN	TP	硝态氮	铵态氮
沟段 1(高秆灯心草)	32.87	21.73	21.74	9.89
沟段 2(茭白)	25.20	−8.06	8.72	11.10
沟段 3(菖蒲)	−9.50	−10.87	−9.04	−0.61

表 3-10　2013 年种植不同植物沟段对氮、磷的平均去除率　　（单位:%）

不同处理单元	TN	TP	硝态氮	铵态氮
沟段 1(高秆灯心草)	14.4	8.0	26.2	−2.6
沟段 2(茭白)	11.3	4.7	9.4	−8.2
沟段 3(菖蒲)	7.9	20.2	−33.3	3.8

由前面分析可知,2012 年不同湿地植物对氮、磷污染的净化效果为:对 TN、TP 和硝态氮的净化效果表现为高秆灯心草＞茭白＞菖蒲,对铵态氮的净化效果表现为茭白＞高秆灯心草＞菖蒲;2013 年不同植物对氮、磷污染的净化效果为:对 TN 和硝态氮的净化效果表现为高秆灯心草＞茭白＞菖蒲,对 TP 和铵态氮的净化效果表现为菖蒲＞高秆灯心草＞茭白。总的来说,对 TN 的净化效果,高秆灯心草、茭白、菖蒲两年平均去除率分别为 23.7%、18.3%、4.7%,即高秆灯心草及茭白效果较好;对于 TP 的净化年际之间存在差异,但两年的平均去除率仍表现为高秆灯心草最高,平均为 14.9%。同时植物在不同温度、不同生育期对 TN、TP 的净化效果差异较大,不同的植物适宜温度有所差别,植物在适宜温度和生长旺盛期的净化效果优于其他情况。因此,在鄱阳湖流域,有利于排水沟对氮、磷净化的湿地植物推荐高秆灯心草或茭白。

3.3　不同排水浓度条件下生态沟对农业面源污染物的去除效果

水稻不同生育期排水中氮、磷浓度不同,对去除效果会有一定影响,为了探究其具体影响,将 3 个不同处理沟段进口处 TN、TP 浓度数据进行水质划分,并计算其所对应的氮、磷污染物去除率,其中氮、磷浓度数据选自 2012 年和 2013 年早稻、晚稻期间排水沟水样数据,根据《地表水环境质量标准》(GB 3838—2002)对水质进行划分,划分标准见表 3-11 和表 3-12。

表 3-11　TN 水质判定

下限/(mg/L)	上限/(mg/L)	水质判定
0	0.2	Ⅰ
0.2	0.5	Ⅱ
0.5	1.0	Ⅲ
1.0	1.5	Ⅳ
1.5	2.0	Ⅴ
2.0	30.0	劣Ⅴ

表 3-12　TP 水质判定

下限/(mg/L)	上限/(mg/L)	水质判定
0.01	0.02	Ⅰ
0.02	0.10	Ⅱ
0.10	0.20	Ⅲ
0.20	0.30	Ⅳ
0.30	0.40	Ⅴ
0.40	10.00	劣Ⅴ

3.3.1　不同排水浓度条件下生态沟对排水中 TN 的去除效果

1. 2012 年不同排水浓度下生态沟对排水中 TN 的去除效果

将 2012 年早稻、晚稻期间进出排水沟水样的 TN 浓度数据进行处理,结果如图 3-36~图 3-38 所示。

2012 年沟段 1 对Ⅱ类和劣Ⅴ类排水中 TN 的平均去除率分别为 11.72%、29.02%;沟段 2 对Ⅳ类和劣Ⅴ类排水中 TN 的平均去除率分别为 55.8% 和 18.6%;沟段 3 对Ⅱ类、Ⅴ类和劣Ⅴ类排水中 TN 的平均去除率分别为 −73.16%、70.72%、25.69%。由图 3-36~图 3-38 可以看出,沟段 1 和沟段 3 对排水中氮的去除率随 TN 浓度的增加呈先升高后下降的趋势。

总体来看,低浓度时由于水中氮含量不高去除率相对较差(可能与试验观测误差占比过大有关),排水中 TN 浓度上升后,去除率相应提高,但去除效果并不会随排水浓度的增加而一直提高。

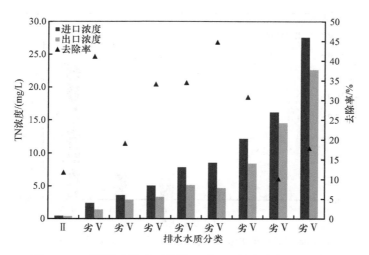

图 3-36　不同排水浓度下沟段 1 对 TN 的去除率(2012 年)

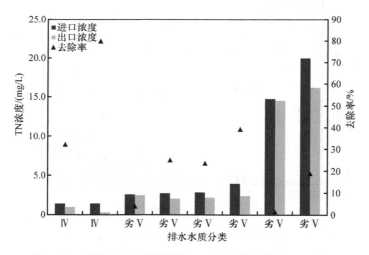

图 3-37　不同排水浓度下沟段 2 对 TN 的去除率(2012 年)

2. 2013 年不同排水浓度下生态沟对排水中 TN 的去除效果

将 2013 年早稻、晚稻期间进出排水沟水样的 TN 浓度数据进行处理,结果如图 3-39~图 3-41 所示。

2013 年沟段 1 对Ⅰ类、Ⅱ类、Ⅲ类、Ⅳ类、Ⅴ类和劣Ⅴ类排水中 TN 的平均去除率分别为 71.6%、4.2%、9.1%、61.4%、35.5%和 11.0%;沟段 2 对Ⅰ类、Ⅱ类、Ⅲ类、Ⅳ类、Ⅴ类和劣Ⅴ类排水中 TN 的平均去除率分别为-134.0%、-20.1%、33.0%、18.3%、8.2%和 4.4%;沟段 3 对Ⅰ类、Ⅱ类、Ⅲ类、Ⅳ类、Ⅴ类和劣Ⅴ类排

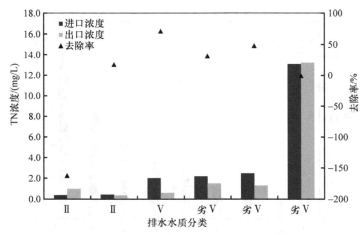

图 3-38　不同排水浓度下沟段 3 对 TN 的去除率(2012 年)

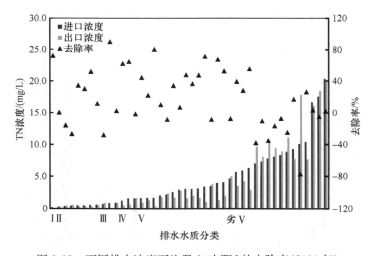

图 3-39　不同排水浓度下沟段 1 对 TN 的去除率(2013 年)

水中 TN 的平均去除率分别为 54.2%、－25.1%、9.0%、42.0%、9.0% 和 －5.7%。由于三段沟Ⅰ类排水发生频次均只有一次,其平均去除率不具有代表性,综合分析其他类排水可以看出,三段沟对排水中 TN 的平均去除率随 TN 浓度的增加呈先升高后下降的趋势。

　　本次研究两年得到的结论均表现为生态沟对排水中 TN 的去除率随 TN 浓度的增加呈先升高后下降的趋势。在低氮浓度下的平均去除率较低,可能原因:一是低氮浓度下由于总负荷量不大,使试验观测误差占比过大;二是低氮浓度下,排水沟中水的本底氮浓度与进入排水沟中水的氮浓度差值较小,使平均去除率降低。在高氮浓度下平均去除率降低与 TN 污染负荷量超过生态沟去除能力有关。

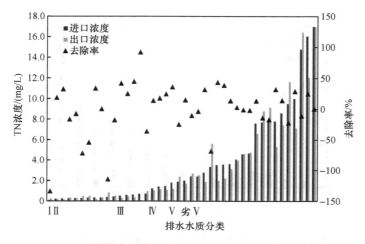

图 3-40　不同排水浓度下沟段 2 对 TN 的去除率(2013 年)

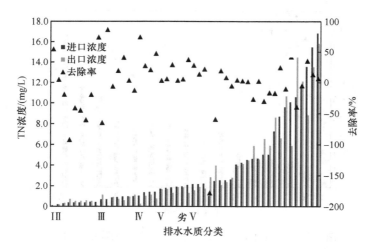

图 3-41　不同排水浓度下沟段 3 对 TN 的去除率(2013 年)

3.3.2　不同排水浓度条件下生态沟对排水中 TP 的去除效果

1. 2012 年不同排水浓度下生态沟对排水中 TP 的去除效果

将 2012 年早稻、晚稻期间进出排水沟水样的 TP 浓度数据进行处理,结果如图 3-42～图 3-44 所示。

2012 年沟段 1 对Ⅰ类、Ⅱ类、Ⅲ类、Ⅳ类及劣Ⅴ类排水中 TP 的平均去除率分别为−120.0%、24.1%、12.9%、11.0%、64.8%,其中Ⅰ类、Ⅱ类排水频次低,去除率不具有代表性,由图 3-42 可以看出,随排水中 TP 浓度的增加,沟段 1 对 TP 的

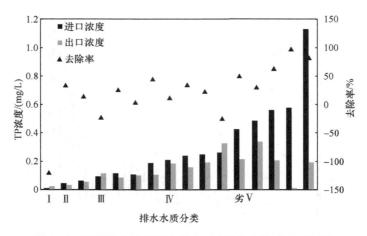

图 3-42　不同排水浓度下沟段 1 对 TP 的去除率(2012 年)

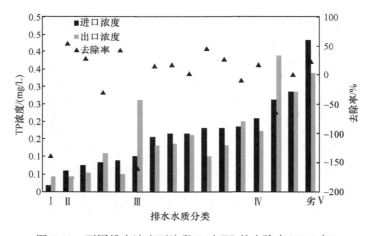

图 3-43　不同排水浓度下沟段 2 对 TP 的去除率(2012 年)

去除率有上升的趋势;沟段 2 对Ⅰ类、Ⅱ类、Ⅲ类、Ⅳ类及劣Ⅴ类排水中 TP 的平均去除率分别为−138.89%、23.63%、−8.72%、−15.30%、22.30%;沟段 3 对Ⅰ类、Ⅱ类、Ⅲ类、Ⅳ类、Ⅴ类及劣Ⅴ类排水中 TP 的平均去除效率分别为−72.22%、0.76%、−26.28%、−6.99%、−5.11%、82.87%。

总体来看,各沟段对Ⅱ类和劣Ⅴ类排水中 TP 的去除效果较好。

2. 2013 年不同排水浓度下生态沟对排水中 TP 的去除效果

将 2013 年早稻、晚稻期间进出排水沟水样的 TP 浓度数据进行处理,结果如图 3-45～图 3-47 所示。

2013 年沟段 1 对Ⅰ类、Ⅱ类、Ⅲ类、Ⅳ类、Ⅴ类及劣Ⅴ类排水中 TP 的平均去除

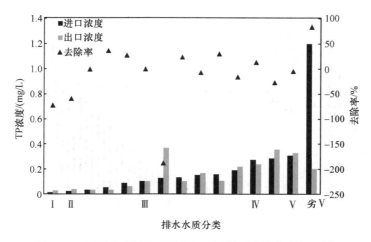

图 3-44　不同排水浓度下沟段 3 对 TP 的去除率(2012 年)

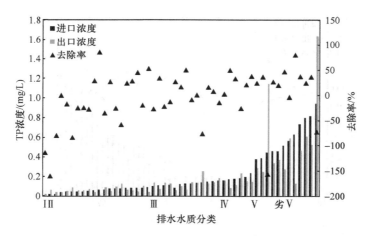

图 3-45　不同排水浓度下沟段 1 对 TP 的去除率(2013 年)

率分别为 −114.5%、−14.1%、3.7%、37.6%、29.8%、3.5%;沟段 2 对Ⅰ类、Ⅱ类、Ⅲ类、Ⅳ类、Ⅴ类及劣Ⅴ类排水中 TP 的平均去除率分别为 −61.4%、−7.9%、4.2%、30.0%、24.0%、23.2%;沟段 3 对Ⅰ类、Ⅱ类、Ⅲ类、Ⅳ类、Ⅴ类及劣Ⅴ类排水中 TP 的平均去除率分别为 0.0%、1.2%、13.3%、43.1%、41.9%、25.0%;其中三段沟Ⅰ类排水频次低,去除率不具有代表性。

　　总体来看,各沟段对劣于Ⅲ类排水中 TP 的去除效果较好,且去除率随着 TP 浓度的升高呈现先升高后降低的趋势,其原因见前面对 TN 的分析。

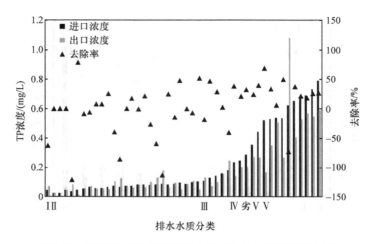

图 3-46 不同排水浓度下沟段 2 对 TP 的去除率(2013 年)

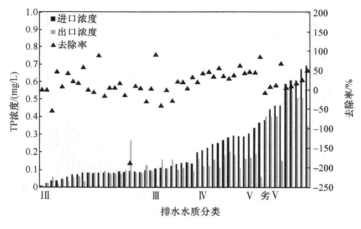

图 3-47 不同排水浓度下沟段 3 对 TP 的去除率(2013 年)

3.3.3 小结

不同排水浓度下排水沟对氮、磷的去除具有波动性,总体上排水沟对劣于Ⅲ类排水中氮、磷的净化效果较好。其中对于氮的净化,排水沟对Ⅳ类排水中 TN 的去除率为 18.3%～61.4%,对Ⅴ类排水中 TN 的去除率为 8.2%～70.72%,对劣Ⅴ类排水中 TN 的去除率为－5.7%～29.02%;对于磷的净化,排水沟对Ⅲ类排水中 TP 的去除率为－37.7%～24.1%,对劣Ⅴ类排水中 TP 的去除率为 3.5%～82.87%。在一定排水浓度范围内,随着排水浓度的增加,排水沟的净化效果增加,但是当排水浓度过大时,由于其超过了排水沟的净化能力,净化效果会有所降低。

同时,不同取样时间对净化效果也会产生影响。在水稻生育期前期,排水沟水生植物处于旺盛生长时期,对氮、磷等营养物质需求量较大,有较好的去除效应;晚稻后期水生植物大量枯萎,对氮、磷的净化效果较差。TP 的净化效果在年际之间存在差异,原因在于两年的气象条件不同,2012 年降水量比较大,降水一方面使排水流速加大,水力停留时间缩短,使 TP 在排水沟中无法充分反应,排水流速过大时还会对底泥产生扰动使其释放部分磷;另一方面降水较多时,水稻田产生的地表径流也会变多,有可能会超过排水沟的净化能力,因而造成 TP 净化效果不理想。

3.4　不同排水强度条件下生态沟对农业面源污染物的去除效果

不同排水强度对应着不同水力停留时间,水力停留时间较短时,排水迅速流过沟段,污染物质不能与湿地系统充分接触,导致净化效果较差;水力停留时间较长时,面源污染可以充分反应,但是存在一个阈值,即高于这个值后,延长水力停留时间不能使去除效果有更为明显的提升甚至会下降。为了探究不同排水强度时排水沟对氮、磷污染物的净化效果,对 2013 年取样期间 3 段生态沟内排水流量不同时对氮、磷的净化效果加以比较。排水强度不同时,3 个沟段对 TN、TP 的去除效果如图 3-48～图 3-50 所示。

理论上排水强度不同时,排水沟对氮、磷污染物的净化效果不同,且去除率应随排水强度增大而降低。图 3-48～图 3-50 表明,排水强度不同时,三段沟对 TN、TP 的去除率处于波动状态,原因可能有以下几个方面:①排水强度不同时排水中 TN、TP 浓度也有所不同,由 3.3 节的分析可知,不同排水浓度会影响沟段对氮、磷污染物的去除率;②不同排水强度的取样期间不同,气象因素不同,沟段内植物生长状况有所差异,对氮、磷污染物的净化有所不同;③排水沟长度较短,当排水强度逐渐增大时,排水的水力停留时间缩短,三段沟净化效果均不太理想。

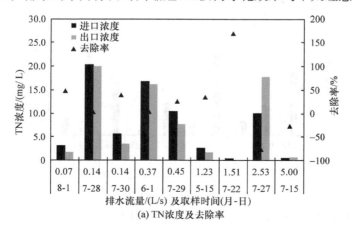

(a) TN浓度及去除率

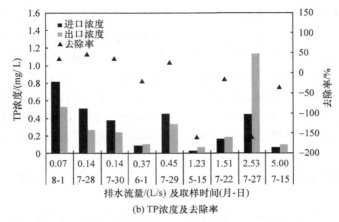

(b) TP浓度及去除率

图 3-48　不同排水强度下沟段 1 的 TN、TP 浓度及去除率(2013 年)

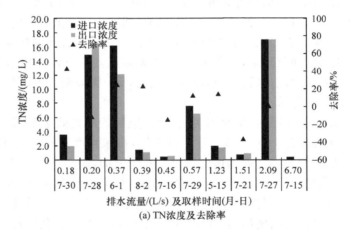

(a) TN浓度及去除率

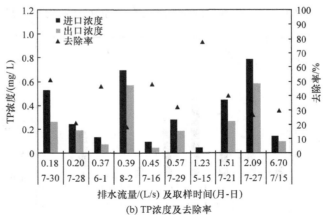

(b) TP浓度及去除率

图 3-49　不同排水强度下沟段 2 的 TN、TP 浓度及去除率(2013 年)

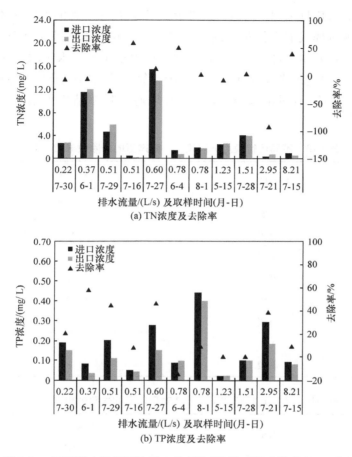

图 3-50　不同排水强度下沟段 3 的 TN、TP 浓度及去除率(2013 年)

总体来说,不同排水强度下,由于排水浓度和湿地植物状况均会影响其净化效果,同时排水沟较短,水力停留时间不长,导致对 TN、TP 的去除率处于波动状态,这与理论上对 TN、TP 的去除率有些偏差。

3.5　生态沟不同运行管理模式对农业面源污染物的去除效果

不同运行管理模式包括控制建筑物和无控制建筑物两种情况,自然生态沟一般无控制建筑物,本试验中控制建筑物采用三角堰。将排水沟三个不同处理单元(三段沟)用三角堰隔开,三角堰堰口至沟底的距离为 20cm,当排水较大时可以通过三角堰流出。相同排水流量下,有三角堰时排水水力停留时间要长于无堰时,在有控制建筑物条件下可以通过控制流量大小和水力停留时间来影响净化效果。

为了探究农田排水沟不同运行管理模式对氮、磷污染物的去除率,针对性地在有堰和无堰两种模式下进行对比试验,该试验于 2013 年 9 月底至 10 月初展开。由于该时期农田基本无排水,沟内水位较低,所以引水到排水沟内,以硝态氮为指标(由于试验需要连续进行,水样较多,以硝态氮为分析指标最为方便快捷),两种运行模式下均控制不同排水流量,硝态氮平均去除率结果如表 3-13～表 3-15 所示。

表 3-13　不同运行模式下沟段 1 对硝态氮的去除效果(2013 年)

流量 /(L/s)	运行模式	进口浓度 /(mg/L)	出口浓度 /(mg/L)	平均去除率 /%
0.5	无堰	0.13	0.08	36.1
	有堰	0.40	0.29	27.7
1.0	无堰	0.08	0.11	−38.6
	有堰	0.14	0.11	17.1
2.0	无堰	0.08	0.08	0
	有堰	0.19	0.13	29.8
3.0	无堰	0.21	0.13	40.6
	有堰	0.39	0.13	67.0

表 3-14　不同运行模式下沟段 2 对硝态氮的去除效果(2013 年)

流量 /(L/s)	运行模式	进口浓度 /(mg/L)	出口浓度 /(mg/L)	平均去除率 /%
0.5	无堰	0.12	0.12	3.3
	有堰	0.30	0.17	42.1
1.0	无堰	0.09	0.08	12.3
	有堰	0.12	0.20	−61.2
2.0	无堰	0.10	0.09	7.9
	有堰	0.17	0.16	9.1
3.0	无堰	0.61	0.14	77.2
	有堰	0.11	0.12	−11.1

表 3-15　不同运行模式下沟段 3 对硝态氮的去除效果(2013 年)

流量 /(L/s)	运行模式	进口浓度 /(mg/L)	出口浓度 /(mg/L)	平均去除率 /%
0.5	无堰	0.12	0.12	−6.8
	有堰	0.24	0.78	−222.8
1.0	无堰	0.08	0.09	−14.0
	有堰	0.25	0.50	−98.4
2.0	无堰	0.12	0.11	6.6
	有堰	0.15	0.21	−39.4
3.0	无堰	0.11	0.15	−36.7
	有堰	0.08	0.09	−4.8

　　从表 3-13～表 3-15 可以看出,对于沟段 1,在不同排水强度下,有堰时的硝态氮去除率一般要高于无堰时的,因为有堰时水力停留时间增加,污染物可以充分反应而减少。硝态氮在流量为 0.5L/s 时,无堰时的去除率反而高于有堰时的,原因可能是在流量很小时,两种模式下污染物均可以充分反应;有堰情况下的试验是在排水沟已经连续干旱几天后进行的,在水流的冲击下,底泥中会有部分硝态氮释放,造成有堰时的去除率会低于无堰时的。沟段 2 坡度较缓,两种模式下对硝态氮的去除呈现一定波动性。沟段 3 中在不同流量下,无堰时的硝态氮去除率普遍高于有堰时的,且基本为负值,主要原因是无堰时排水中的硝态氮浓度本身就很低,任何干扰或底泥释放都会导致硝态氮去除率的负值,加之试验是在 9 月底至 10 月初进行的,此时植物处于衰落时期,残体会在微生物的作用下慢慢分解,也会导致硝态氮去除率不理想。同时,三段沟均太短,排水的水力停留时间较短,排水沟对氮、磷的去除率不明显。

　　总的来说,运行管理模式不同,当排水强度处于某一较小范围内时,采用三角堰作为控制建筑物可以适当延长水力停留时间,对排水中氮、磷的净化效果比较好;在排水强度非常小时,有无控制建筑物排水中的污染物均能得到充分净化;排水强度过大时,由于排水沟长度较短,排水的水力停留时间太短,采用控制建筑物时的净化效果不显著。

3.6　灌区原位状态下生态沟对农业面源污染物的去除效果

　　原位条件下排水沟污水主要来源于农田排水、塘堰退水及赣抚平原灌区二干渠部分灌溉尾水等。在试验阶段内，主要有以下特点：污水分布比较广泛且分散，污水来源种类多；污水中氮、磷污染物的质量浓度高，水质在整个试验期内波动大，水体重金属含量低，可生化性强；水体 pH 为 6.3～7.1，水体温度在 6～8 月相对较高，其他月份较低，一般为 9～34℃。数据选自 2012 年和 2013 年，其中 2012 年水稻种植期间共取样 15 次，2013 年水稻种植期间共取样 15 次。

3.6.1　原位状态下生态沟对排水中 TN 的去除效果

1. 2012 年原位状态下生态沟对排水中 TN 的去除效果

2012 年毛沟、农沟、斗沟、支沟和干沟在整个试验阶段 TN 平均浓度和去除率如图 3-51 所示。

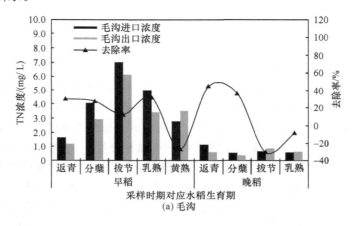

(a) 毛沟

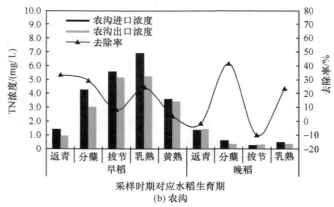

(b) 农沟

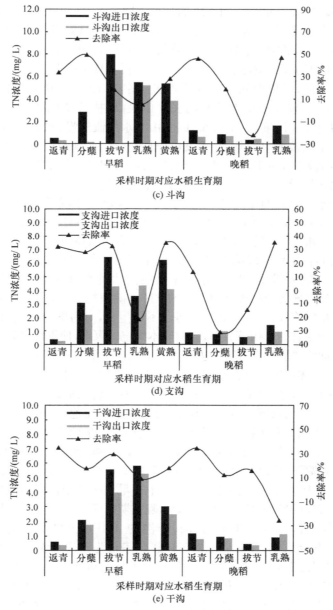

图 3-51　各沟段进、出口 TN 浓度及去除率(2012 年)

拔节．拔节孕穗期;抽穗．抽稻开花期

　　由图 3-51(a)可知,毛沟的 TN 浓度和去除率在水稻不同生育期差异较大,早稻、晚稻之间也表现不同的特点。从早稻和晚稻总体情况来看,早稻期间水体的 TN 浓度普遍高于晚稻期间的,早稻 TN 浓度最高为 6.97mg/L,晚稻最高为

1.10mg/L,差距较大。早稻期间 TN 的平均去除率为 14.8%,除黄熟期有富集效应外,其余各生育期均呈现一定的去除效果,而晚稻对 TN 的平均去除率为10.5%,相对而言早稻期间总体 TN 去除效果更佳,且更为稳定。由图 3-51(b)可知,农沟早稻期间的 TN 浓度总体高于晚稻期间的,且早稻期间的 TN 浓度波动幅度大于晚稻期间的,早稻期间 TN 的平均去除率为 19.7%,晚稻期间 TN 的平均去除率为 13.3%。晚稻分蘖期 TN 的去除率最高,拔节孕穗期去除率最低,原因是晚稻分蘖期时 TN 浓度低、负荷小,同时由于水体流速慢,水力停留时间长,氮元素与微生物及基质接触时间长,使得反应更加充分。而到晚稻拔节孕穗期后,水生植物进入衰落枯萎期,对水体中氮的吸收能力已很弱,同时低温条件不利于微生物硝化和反硝化作用的进行,导致 TN 的出口浓度较进口略有上升。由图 3-51(c)可知,斗沟早稻期间 TN 的平均去除率为 26.6%,晚稻期间 TN 的平均去除率为22.3%,整个试验阶段去除率为-22.5%~49.3%,波动范围较大。由图 3-51(d)可知,支沟早稻期间 TN 的平均去除率为 21.1%,晚稻期间 TN 的平均去除率为0.8%,早稻期间各生育阶段除乳熟期外,均呈现较好的 TN 去除效果,在黄熟期去除率达 34.6%,效果较为理想,而到晚稻期间去除效果不稳定,在-30.9%~34.8%,其中,晚稻分蘖期和拔节孕穗期的 TN 去除率均为负,主要原因是该时段支沟的主要水生植物狗牙根、未知名草类等已不再生长,对污染净化能力下降,部分植物残体甚至在微生物的作用下分解,释放原本固定的氮素,使得出口处氮素浓度大于进口处浓度。而晚稻乳熟期 TN 的去除率达 34.8%,可能是由污染物空间分布变异性引起的,由于水体污染物存在空间变异性,对支沟出口取样时,污染物较大值分布在该点,以致进出口污染物浓度存在较大差异。水力停留时间长也是导致 TN 去除率高的原因之一,该时段降水量相对较小,支沟中水体流速慢,污染物净化时间相对较长,从而 TN 去除率有所提高。同样,由于晚稻拔节孕穗期 TN 浓度低,基质吸附的 NH_4^+ 释放,以致到乳熟期有较高浓度排水进入后,基质吸附能力有明显提高,从而在很大程度上提高了 TN 的去除效果。由图 3-51(e)可知,早稻期间 TN 浓度较高,且波动性明显强于晚稻期间,高浓度 TN 集中在早稻拔节孕穗期、乳熟期和黄熟期,干沟早稻期间 TN 的平均去除率为 21.8%,晚稻期间 TN 的平均去除率为 9.3%。

总体来说,毛沟、农沟、斗沟、支沟、干沟的 TN 平均浓度分别为 2.59mg/L、2.71mg/L、2.89mg/L、2.58mg/L、2.27mg/L,表现为斗沟>农沟>毛沟>支沟>干沟。毛沟、农沟、斗沟、支沟、干沟对 TN 的平均去除率依次为 12.9%、16.8%、24.7%、12.1%、16.3%,表现为斗沟>农沟>干沟>毛沟>支沟,且各沟段对 TN的去除效果总体上表现为早稻期间优于晚稻期间。对比 TN 浓度可以发现,在不考虑干沟的情况下,其余四级排水沟的 TN 去除率与浓度呈正相关。

2. 2013 年原位状态下生态沟对排水中 TN 的去除效果

2013 年毛沟、农沟、斗沟、支沟和干沟在整个试验阶段 TN 的平均浓度和去除率如图 3-52 所示。

由图 3-52(a)可知,毛沟早稻拔节孕穗期 TN 浓度最高,为 2.45mg/L,晚稻抽穗开花期浓度最低,为 0.18mg/L。早稻期间 TN 去除率多为负值,为－63.0％～8.26％,呈现一定的抗冲击自修复性,平均去除率为－16.1％;晚稻期间 TN 去除

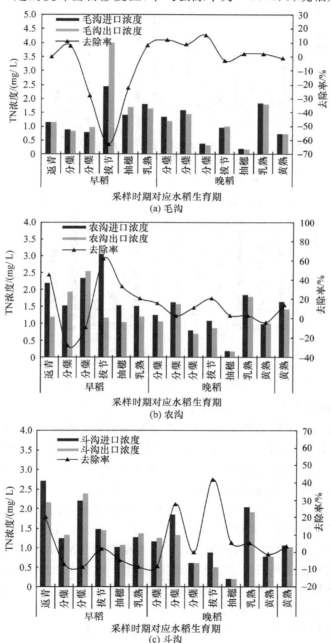

(a) 毛沟

(b) 农沟

(c) 斗沟

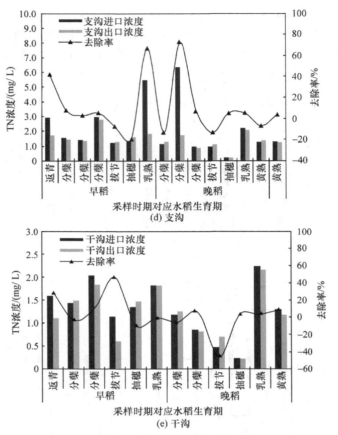

图 3-52　各沟段进、出口 TN 的浓度及去除率(2013 年)

率普遍不高,但多为正值,平均去除率为 5.2%。由图 3-52(b)可知,农沟早稻期间的 TN 浓度普遍高于晚稻期间的,平均去除率也较晚稻期间的高;早稻期间 TN 平均浓度为 2.01mg/L,晚稻期间 TN 平均浓度为 1.16mg/L;早稻 TN 的去除率为 −9.0%～62.1%,平均去除率为 20.8%;除分蘖期 TN 有富集外,其他生育阶段 TN 的去除率均较高,晚稻期间 TN 的平均去除率为 8.2%。由图 3-52(c)可知,斗沟 TN 浓度早稻期间总体高于晚稻期间,但是去除率却表现为晚稻期间高于早稻期间,主要是因为晚稻期间植物生长旺盛,温度较高有利于污染物质的净化。其中,早稻期间 TN 的平均去除率为 −1.1%,晚稻期间 TN 的平均去除率为 9.3%。由图 3-52(d)可知,支沟 TN 浓度各生育期波动较大,为 0.22～6.32mg/L,浓度最高值出现在晚稻分蘖后期,早稻乳熟期 TN 浓度也比较高,为 5.44mg/L。支沟对 TN 的去除率在各生育期也有较大差异,整个阶段去除率为 −13.6%～72.5%,其中早稻期间平均去除率为 14.0%,晚稻期间平均去除率为 7.6%。由图 3-52(e)可知,干沟早稻期间的 TN 浓度总体高于晚稻期间的,晚稻 TN 的去除率普遍较低,其中拔节孕穗期最低达－46.1%,主要是该期间 TN 浓度较低,水量大,流速快,污染物质不能充分接触反应,反而会造成二次污染。早稻期间干沟对 TN 的平均去除率为12.4%,晚稻期间对 TN 的平均去除率为－5.0%。

总体来说,毛沟、农沟、斗沟、支沟、干沟的 TN 平均浓度分别为 1.19mg/L、1.53mg/L、1.31mg/L、2.06mg/L、1.30mg/L,表现为支沟＞农沟＞斗沟＞干沟＞毛沟。毛沟、农沟、斗沟、支沟、干沟对 TN 的平均去除率依次为－4.64%、13.6%、4.8%、10.5%、3.7%,表现为农沟＞支沟＞斗沟＞干沟＞毛沟。

两年平均,毛沟、农沟、斗沟、支沟、干沟对 TN 的平均去除率为 4.1%、15.2%、14.8%、11.3%、10.0%,表现为农沟＞斗沟＞支沟＞干沟＞毛沟。

3.6.2　原位状态下生态沟对排水中硝态氮的去除效果

1. 2012 年原位状态下生态沟对排水中硝态氮的去除效果

2012 年毛沟、农沟、斗沟、支沟和干沟在整个试验阶段硝态氮($NO_3^- $-N)的平均质量浓度和去除率如图 3-53 所示。

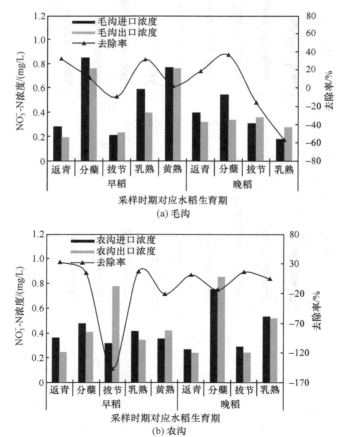

(a) 毛沟

(b) 农沟

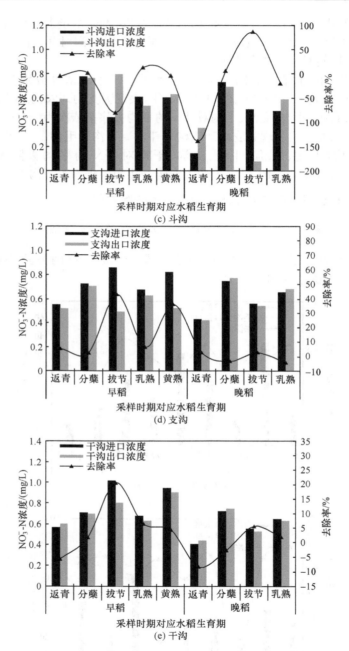

图 3-53　各沟段进、出口 NO_3^--N 的浓度及去除率(2012 年)

由图 3-53 可知,毛沟、农沟、斗沟三级沟段,在早稻全生育期,NO_3^--N 浓度在分蘖期达到最大,而支沟和斗沟在早稻拔节孕穗期时浓度最高,之后略有下降,在晚稻期间;各沟段在分蘖期 $NO_3^- $ -N 浓度达到最大。从沟段浓度变化特征可以发现,在整个试验阶段,毛沟、农沟和斗沟的 NO_3^- -N 浓度变化比较相似,而支沟与干沟相同,原因是支沟与干沟距离较近,外来水系少。在整个试验阶段, NO_3^- -N 的去除率波动非常大,各沟段去除率呈现不同的变化趋势,去除率为 $-147.5\%\sim$ 85.2%,极端值分别出现在早稻拔节孕穗期和晚稻拔节孕穗期,在晚稻返青期,斗沟也出现了去除率为 -139.0% 的极端值。总体而言,早稻期间 NO_3^- -N 的去除效果好于晚稻期间,在早稻期间,各沟段普遍显示了对 NO_3^- -N 的去除效果,但去除效果在各沟段间差异性较大,毛沟和农沟在返青期、分蘖期和乳熟期对 NO_3^- -N 的去除率明显高于其他沟段的,而斗沟、支沟和干沟总体上对 NO_3^- -N 有一定的净化效果。在晚稻期间,各级沟段对 NO_3^- -N 的去除率表现比较紊乱,毛沟在返青期和分蘖期有较好的净化效果,之后去除率处于负值;农沟在整个晚稻时期均对 NO_3^- -N 呈现一定的净化能力;斗沟去除率变化较大,为 $-139.0\%\sim85.2\%$;支沟和干沟去除率波动相对较小。导致上述现象的主要原因:①农田排水作用。农田施入氮肥后,在微生物的硝化作用下形成 NO_3^- -N,土壤胶体本身带负电荷,导致带负电荷的 NO_3^- -N 不容易被土壤所吸附,在降水冲刷或灌溉淋洗作用下, NO_3^- 容易随着农田排水进入沟道。早稻分蘖期至黄熟期,农田排水量相对较大,而到晚稻时期总体降水频率和降水量都有所降低,排入排水沟的水量相对较少,但此时,排水沟水位相对较低,因此 NO_3^- -N 浓度也比较高。②反硝化作用。反硝化作用是指反硝化细菌利用水体中丰富的碳源及 NH_4^+ 等氮源,将 NO_3^- -N 还原为 N_2 或 N_2O ,从而从系统中逸出。而温度、pH 和溶解氧等是影响反硝化的主要因素(高延耀等,1999)。不同级别沟段理化性质的不同是导致 NO_3^- -N 去除效果呈现差异的重要原因,而某些异常值的出现与污染物空间分布变异性及水体抗冲击自修复性关系密切。

总的来说,毛沟、农沟、斗沟、支沟和干沟的 NO_3^- -N 浓度在水稻不同生育期波动较大,平均浓度分别为 0.46mg/L、0.42mg/L、0.54mg/L、0.67mg/L、0.69mg/L,表现为干沟>支沟>斗沟>毛沟>农沟,总体上早稻期间的平均浓度略高于晚稻期间的。毛沟、农沟、斗沟、支沟和干沟对 NO_3^- -N 的平均去除率分别为 5.4%、 -9.8% 、 -15.9% 、10.3%、2.7%,表现为支沟>毛沟>干沟>农沟>斗沟。

2. 2013 年原位状态下生态沟对排水中 NO_3^- -N 的去除效果

2013 年毛沟、农沟、斗沟、支沟和干沟在整个试验阶段 NO_3^- -N 的平均浓度和去除率如图 3-54 所示。

由图 3-54(a)可知,毛沟早稻期间对 NO_3^- -N 的去除呈现一定的抗冲击自修复性,去除率为 $-74.4\%\sim11.7\%$,平均去除率为 -10.9% ;晚稻期间对 NO_3^- -N 的去除率不太高,但基本为正值,平均去除率为 4.9%。由图 3-54(b)可知,农沟进口 NO_3^- -N 的浓度为 $0.348\sim0.895$ mg/L,相对平稳,但去除率波动较大,早稻期间对 NO_3^- -N 的去除率为 $-50.1\%\sim81.7\%$,平均去除率为 6.2%;晚稻期间对 NO_3^- -N

的去除率为$-92.2\%\sim11.6\%$,平均去除率为-18.7%。由图 3-54(c)可知,斗沟进口 NO_3^--N 浓度变化比较平稳,但是去除效果不太理想,除晚稻拔节孕穗期有较高的 NO_3^--N 去除率 85.9%外,其他生育期对 NO_3^--N 的去除率均较低,其中早稻期间 NO_3^--N 的平均去除率为-4.3%,晚稻期间平均去除率为 12.7%。由图 3-54(d)可知,支沟对 NO_3^--N 的净化效果也较差,只有早稻拔节孕穗期和晚稻拔节孕穗期去除率稍高,分别为 51.9%和 77.7%,其他生育期去除率多为负值,其中早稻期间平均去除率为 2.3%,晚稻期间平均去除率为 10.6%。由图 3-54(e)可知,干沟对 NO_3^--N 的去除波动范围较大,为$-8.0\%\sim75.6\%$,但总体基本为正值,显示出对 NO_3^--N 有一定的净化效果,其中早稻期间平均去除率为 15.1%,晚稻期间平均去除率为 7.8%。

总体来说,毛沟、农沟、斗沟、支沟、干沟 NO_3^--N 平均浓度分别为 0.44mg/L、0.54mg/L、0.51mg/L、0.53mg/L、0.51mg/L,表现为农沟>支沟>干沟=斗沟>毛沟,毛沟、农沟、斗沟、支沟、干沟对 NO_3^--N 的平均去除率依次为-3.0%、-3.8%、4.2%、6.4%、12.4%,表现为干沟>支沟>斗沟>毛沟>农沟。

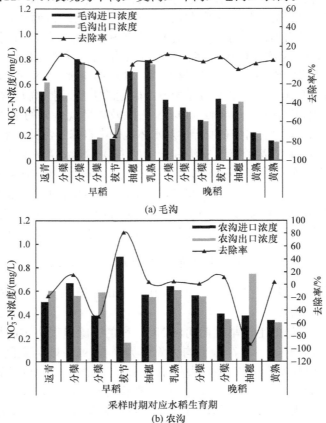

(a) 毛沟

(b) 农沟

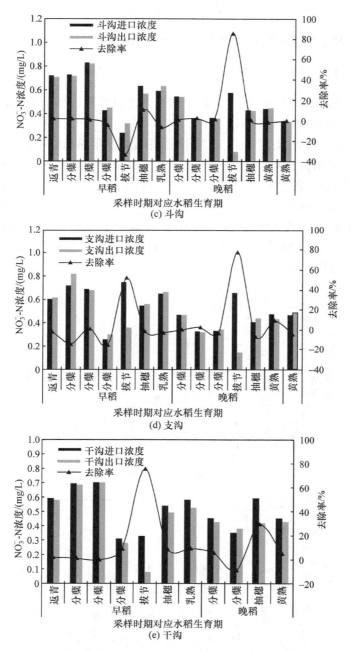

图 3-54　各级沟段 $NO_3^- $-N 的浓度及去除率(2013 年)

两年平均,毛沟、农沟、斗沟、支沟、干沟对 $NO_3^- $-N 的平均去除率为 1.2%、

－6.8％、－5.9％、8.4％、7.6％,表现为支沟＞干沟＞毛沟＞斗沟＞农沟。

3.6.3　原位状态下生态沟对排水中铵态氮的去除效果

1. 2012 年原位状态下生态沟对排水中铵态氮的去除效果

2012 年毛沟、农沟、斗沟、支沟和干沟在整个试验阶段铵态氮(NH$_4^+$-N)的平均浓度和去除率如图 3-55 所示。

由图 3-55(a)可知,毛沟进、出口 NH$_4^+$-N 浓度在早稻时期总体高于晚稻期间,最高浓度出现在早稻黄熟期,进口浓度达 1.34mg/L,在黄熟期出现高浓度 NH$_4^+$-N 与农民清理毛沟,导致吸附在底泥中的 NH$_4^+$ 重新释放至水体有关。早稻期间 NH$_4^+$-N 浓度波动较大,晚稻期间从返青期至乳熟期,进、出口 NH$_4^+$-N 浓度呈下降趋势。由图 3-55(b)可知,农沟的 NH$_4^+$-N 浓度呈双峰状态,在早稻拔节孕穗期和晚稻拔节孕穗期分别达到全生育期最高浓度值,这与当地农民施肥作业制度有关,在拔节孕穗期施肥量相对较大,从而导致农沟的 NH$_4^+$-N 浓度出现双峰的现象。图 3-55(c)为

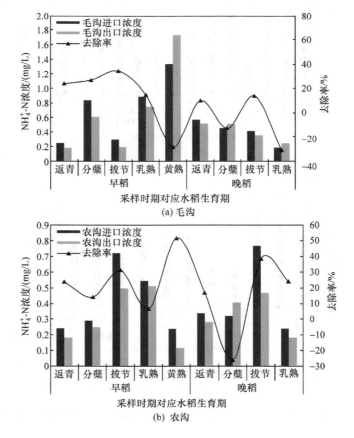

(a) 毛沟

(b) 农沟

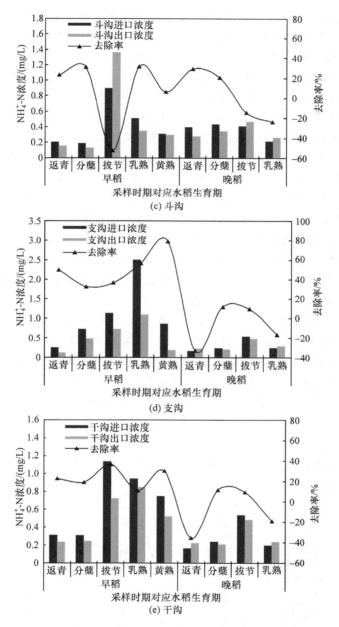

图 3-55　各沟段进、出口 NH_4^+-N 的浓度及去除率(2012 年)

斗沟 NH_4^+-N 浓度的变化情况,在早稻拔节孕穗期出现极端高值,达到 0.90mg/L,这可能是因为当地农民放养鸭子,鸭子粪便排入水体,从而导致其浓度上升至较高值。其余时间 NH_4^+-N 浓度波动相对较小。由图 3-55(d)可知,支沟早稻期间的

NH_4^+-N 浓度总体上高于晚稻期间的,最高浓度出现在早稻乳熟期,为 2.50mg/L,其次是早稻拔节孕穗期;晚稻 NH_4^+-N 浓度最高值出现在拔节孕穗期,其他时间处于波动状态,波动幅度不大。由图 3-55(e)可知,对于干沟,早稻拔节孕穗期至黄熟期 NH_4^+-N 浓度相对较高,进口平均值为 0.94mg/L;到晚稻返青期,NH_4^+-N 浓度有所降低,晚稻期间最高浓度出现在拔节孕穗期,平均值为 0.53mg/L。总体而言,早稻期间的 NH_4^+-N 去除率高于晚稻期间的,早稻全生育期排水沟对 NH_4^+-N 普遍具有良好的去除效果,到晚稻期间,去除效果下降十分明显,到乳熟期后,基本上都呈现负去除效果。整个试验阶段,早稻黄熟期支沟 NH_4^+-N 平均去除率最高,达 79.0%,最低值在早稻拔节孕穗期,斗沟去除率为 -52.6%。在早稻期间,支沟对 NH_4^+-N 的平均去除率最高,其次为农沟,原因是:①农田排水流出斗沟后,进入蜀溪付家村上鱼塘,鱼塘水体 NH_4^+-N 浓度较高,以致进入支沟中的 NH_4^+-N 浓度相对较高;②支沟断面宽度较大,水体流速慢,水层浅,水体中溶解的 NH_3 容易逸出;③支沟边坡上植物茂盛,植物在繁殖生长时能够吸收大量的 NH_4^+-N,同时植物能够通过根系将光合作用产生的部分氧气输送至水体,在水体中形成有氧环境,从而促进硝化细菌的生存,通过硝化反应将 NH_4^+ 转化为 NO_3^-,从而对其达到净化效果。

总体来说,毛沟、农沟、斗沟、支沟、干沟水体 NH_4^+-N 浓度波动较大,在 0.15～2.5mg/L,各沟段平均浓度分别为 0.58mg/L、0.41mg/L、0.40mg/L、0.74mg/L、0.51mg/L,表现为支沟>毛沟>干沟>农沟>斗沟,早稻时期浓度普遍高于晚稻时期。毛沟、农沟、斗沟、支沟、干沟平均去除率分别为 5.7%、20.2%、5.7%、25.0%、9.6%,表现为支沟>农沟>干沟>毛沟=斗沟。

2. 2013 年原位状态下生态沟对排水中 NH_4^+-N 的去除效果

2013 年毛沟、农沟、斗沟、支沟和干沟在整个试验阶段 NH_4^+-N 的平均质量浓度和去除率如图 3-56 所示。

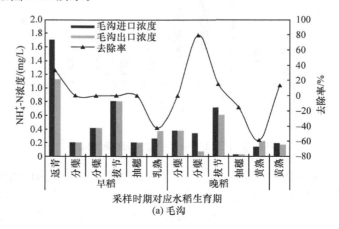

(a) 毛沟

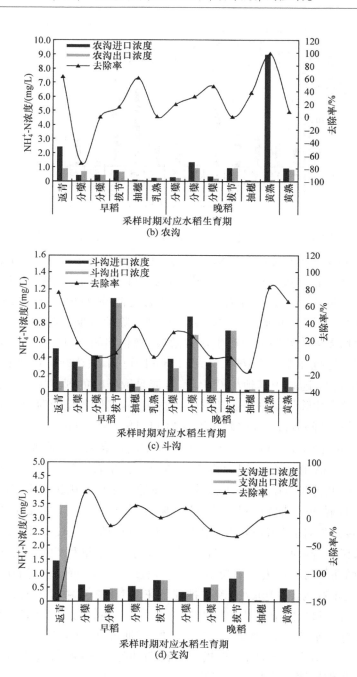

(b) 农沟

(c) 斗沟

(d) 支沟

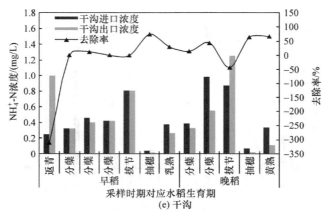

图 3-56· 各沟段进、出口 NH_4^+-N 的浓度及去除率(2013 年)

由图 3-56(a)可知,毛沟在早稻返青期 NH_4^+-N 浓度最高达 1.7mg/L,晚稻抽穗开花期浓度最低为 0.03mg/L,早稻期间的 NH_4^+-N 浓度普遍高于晚稻期间的。对于 NH_4^+-N 的去除,毛沟在各生育阶段的去除率差异很大,为 -58.7% ~ 79.6%,其中早稻期间的平均去除率为 -1.5%,除返青期去除率为 33.5%外,其余生育阶段均无去除效果甚至产生富集效应;晚稻期间 NH_4^+-N 的平均去除率为 5.7%,呈现一定抗冲击自修复性。由图 3-56(b)可知,农沟晚稻黄熟期 NH_4^+-N 浓度高达 9.0mg/L,远高于其他生育阶段,可能是取样时的偶然因素造成的。农沟对 NH_4^+-N 的净化除早稻分蘖前期有一定富集外,其他各生育阶段净化效果均较好,表现为早稻期间 NH_4^+-N 平均去除率为 11.1%,晚稻期间 NH_4^+-N 平均去除率为 35.0%。由图 3-56(c)可知,斗沟 NH_4^+-N 浓度最高值出现在早稻拔节孕穗期,为 1.1mg/L,早稻、晚稻均表现为拔节孕穗期前各生育阶段 NH_4^+-N 浓度高于拔节孕穗期后的其他生育阶段,主要因为拔节孕穗期之后农田排水中氮的浓度较低。斗沟在晚稻抽穗开花期对 NH_4^+-N 的去除率为 -15.7%,主要是因为该期间 NH_4^+-N 浓度过低,同时植物处于衰落期间对氮的吸收转化较少,因而去除效果较差。整体来说,斗沟对 NH_4^+-N 的净化效果较好,其中早稻期间的平均去除率为 22.5%,晚稻期间的平均去除率为 26.5%。由图 3-56(d)可知,支沟在早稻返青期 NH_4^+-N 浓度最高为 1.44mg/L,晚稻抽穗开花期 NH_4^+-N 浓度最低为 0.03mg/L,其他生育阶段 NH_4^+-N 浓度波动较小为 0.33~0.82mg/L。对 NH_4^+-N 的去除表现为:早稻期间平均去除率为 -17.2%,晚稻期间平均去除率为 -5.1%。由图 3-56(e)可知,对于干沟,除早稻拔节孕穗期和晚稻分蘖后期、拔节孕穗期浓度较高,早稻、晚稻抽穗开花期浓度较低外,其他生育阶段 NH_4^+-N 浓度波动较小,为 0.24~0.46mg/L。NH_4^+-N 去除率方面,早稻期间平均去除率为 -27.9%,晚稻期间平均去除率为 28.9%,其中早稻返青期去除率最低,为 -140.0%,原因可能

是该期间 NH_4^+-N 浓度较高,超过了沟段的净化能力,导致去除效果比较差。

总体来说,毛沟、农沟、斗沟、支沟、干沟 NH_4^+-N 平均浓度分别为 0.45mg/L、1.32mg/L、0.39mg/L、0.59mg/L、0.44mg/L,表现为农沟>支沟>毛沟>干沟>斗沟。各沟段均在早稻返青期、拔节孕穗期和晚稻分蘖后期、拔节孕穗期 NH_4^+-N 浓度比较高,原因是肥料的施用使得农田排水中 NH_4^+-N 的浓度较高,在早稻和晚稻抽穗开花期 NH_4^+-N 浓度较低。毛沟、农沟、斗沟、支沟、干沟对 NH_4^+-N 的平均去除率依次为 2.1%、24.0%、24.6%、−11.1%、−4.2%,表现为斗沟>农沟>毛沟>干沟>支沟。

两年平均,毛沟、农沟、斗沟、支沟、干沟对 NH_4^+-N 的平均去除率为 3.9%、22.1%、15.2%、7.0%、2.7%,表现为农沟>斗沟>支沟>毛沟>干沟。

3.6.4　原位状态下生态沟对排水中 TP 的去除效果

1. 2012 年原位状态下生态沟对排水中 TP 的去除效果

2012 年毛沟、农沟、斗沟、支沟和干沟在整个试验阶段 TP 的平均质量浓度和去除率如图 3-57 所示。

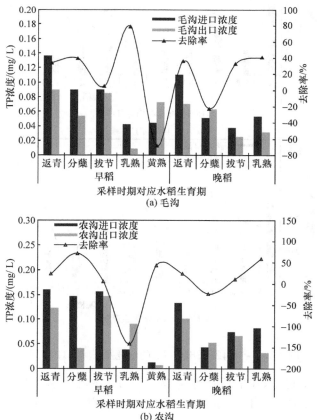

(a) 毛沟

(b) 农沟

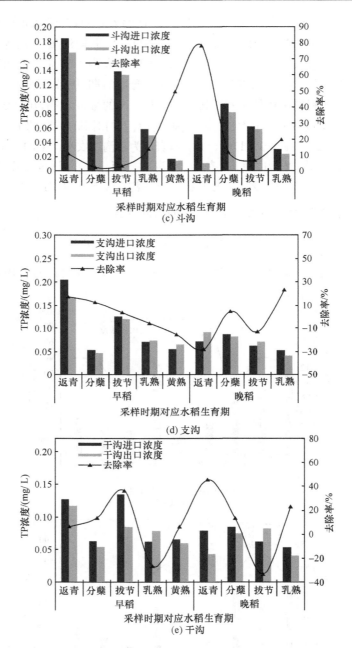

图 3-57　各沟段进、出口 TP 的浓度及去除率(2012 年)

　　由图 3-57(a)可知,在早稻期间,毛沟进口 TP 浓度由返青期的 0.136mg/L 下降至黄熟期的 0.044mg/L,除黄熟期因农民对毛沟部分进行修整,导致底泥扰动,使得底泥吸附的磷素重新释放至水体,以致去除率为负外,其余各生育期均呈现较好的去除效果。由图 3-57(b)可知,农沟进口 TP 浓度在早稻返青期、分蘖期、拔节孕穗期和晚稻返青期明显高于其他生育期;TP 去除率在早稻分蘖期出现极大值,为 71.9%,这与磷负荷高、水生植物生长快、水力停留时间长等原因有着密切关系。图 3-57(c)表明,斗沟 TP 浓度在早稻返青期和拔节孕穗期浓度相对较高,分别为 0.184mg/L 和 0.138mg/L,最低浓度出现在早稻黄熟期,为 0.017mg/L,晚稻期间浓度波动较小,进口浓度为 0.030~0.093mg/L;TP 去除率在晚稻返青期时达到最大值,为 78.2%。图 3-57(d)表明,支沟 TP 浓度最大值出现在早稻返青期,为 0.205mg/L,其余时段进口浓度最大值均在水稻拔节孕穗期出现,相对而言,早稻期间 TP 浓度的波动幅度大,到晚稻期分蘖期后,支沟 TP 浓度呈下降趋势;支沟对 TP 的去除率在整个早稻时期下降明显,这与底泥基质对磷吸附饱和有关,而最高去除率出现在晚稻乳熟期的重要原因是该时段降水量相对较小,支沟流速低,水力停留时间长。图 3-57(e)表明,干沟 TP 浓度在早稻返青期和拔节孕穗期浓度最高,分别为 0.127mg/L 和 0.134mg/L,在早稻拔节孕穗期之后,TP 浓度波动较小,为 0.053~0.085mg/L;干沟 TP 去除率总体不高,最高值为 45.5%,其余时期的去除率均在 40%以下。

综合分析,早稻返青期水生植物开始生长繁殖,对磷需求量较大,然而该时段距离施基肥时间不长,排水中磷负荷较高,同时该时段温度较低,不利于底泥中铁铝矿物的吸附,造成水体中的磷向 Fe-P 和 Al-P 转化能力不强(沈志良和朱祖祥,1990),多种原因导致早稻返青期各沟段对 TP 具有一定的去除效果,但去除率不是很高。早稻乳熟期农沟 TP 去除率为-141.1%的原因可能是该时段水体流量大,流速快,高流速对吸附磷的泥底产生冲击,扰动后的底泥对磷的吸附能力下降,导致磷重新释放至水体,对农沟的 TP 去除率产生影响,支沟和干沟 TP 去除率为负值的可能原因类似。而晚稻返青期除支沟 TP 的去除率为负值外,其余沟段均呈现较好的去除效果,主要是由于在该时段,植物生长茂盛,根系发达,对磷的吸收和吸附能力强,同时根系的滞留效果显著,能在一定程度上提高水力停留时间,有利于磷的有效去除。导致在晚稻分蘖期和拔节孕穗期 TP 去除效果不稳定的主要原因是在这两个生育期,农民对农田大量投放了尿粪等有机肥,有机肥排入排水沟,在微生物分解作用下产生有机酸和碳水化合物,从而影响了磷的吸附,导致土壤本身的磷显著活化,减少了磷的吸附(鲁如坤等,1995),而基质对磷的吸附在磷的去除机理中占有重要地位。晚稻乳熟期各沟段 TP 的去除率均在 19.9%以上,农沟去除率甚至达到 60.3%,去除效果比较好,主要是因为到乳熟期后,水体中磷的负荷量较低,同时水体流速慢,水力停留时间长,基质中铁铝化合物及黏土矿物等吸附磷的重要载体与水体中磷的接触时间延长,从而使水体中磷由液相转为固相的比例提高(翁焕新和吴自军,2001)。

　　总体来说,在整个试验阶段毛沟、农沟、斗沟、支沟、干沟的 TP 平均浓度分别为 0.073mg/L、0.094mg/L、0.076mg/L、0.087mg/L、0.081mg/L,表现为农沟＞支沟＞干沟＞斗沟＞毛沟,总体呈现出早稻 TP 浓度高于晚稻 TP 浓度,且由返青期至黄熟期呈下降趋势。各生育期 TP 去除率差异比较明显,在整个试验阶段毛沟、农沟、斗沟、支沟、干沟的 TP 平均去除率分别为 19.6%、8.4%、21.9%、2.2%、9.5%,表现为斗沟＞毛沟＞干沟＞农沟＞支沟,TP 去除率与植物生长状况关系密切,在早稻和晚稻整个试验阶段总体上均呈现出一定的去除效果,各沟段之间 TP 去除率差异比较明显。

　　2. 2013 年原位状态下生态沟对排水中 TP 的去除效果

　　2013 年毛沟、农沟、斗沟、支沟和干沟在整个试验阶段 TP 的平均浓度和去除率如图 3-58 所示。

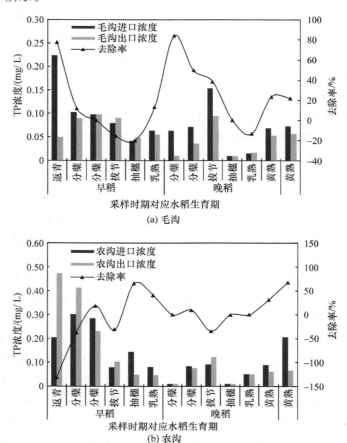

(a) 毛沟

(b) 农沟

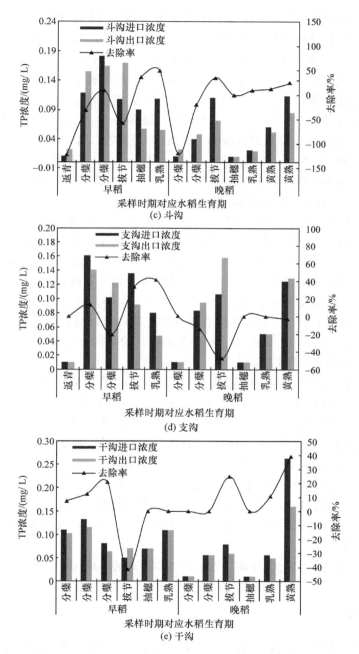

图 3-58　各沟段进、出口 TP 的浓度及去除率(2013 年)

由图 3-58(a)可知,早稻期间,毛沟进口 TP 浓度基本呈下降趋势,由返青期的
0.223mg/L 降至乳熟期的 0.064mg/L,去除效果也总体下降,说明去除效果与进

口浓度有一定正相关关系。晚稻期间除拔节孕穗期 TP 浓度较高为 0.154mg/L 外,其余生育阶段 TP 浓度波动较低,为 0.01~0.073mg/L。早稻期间 TP 平均去除率为 11.1%,晚稻期间 TP 平均去除率为 29.2%。由图 3-58(b)可知,农沟进口 TP 浓度波动范围较大,为 0.01~0.301mg/L,其中高浓度主要集中在早稻期间,去除效果波动也较大,为 -131.3%~68.4%,呈现抗冲击自修复性。其中早稻 TP 平均去除率为 -12.4%,晚稻 TP 平均去除率为 10.7%。农沟早稻返青期对 TP 去除效果较差为 -131.3%,原因是该时期气温较低,不利于底泥对磷的吸附。由图 3-58(c)可知,斗沟 TP 浓度为 0.01~0.181mg/L,早稻期间 TP 平均去除率为 -19.4%,晚稻期间 TP 平均去除率为 -8.0%。斗沟返青期对 TP 的去除率较低为 -122.6%,原因与农沟相似,同时该期间斗沟进口 TP 浓度过低也是一个原因,斗沟晚稻分蘖前期对磷的去除效果也较差,原因主要是进口 TP 浓度已非常低,水流流动中产生的任何扰动都会导致底泥中磷的重新释放,因而 TP 去除效果较差。由图 3-58(d)可知,支沟 TP 浓度为 0.01~0.160mg/L,去除率在各生育期差异较大,但总体早稻期间的 TP 去除率要高于晚稻时期的,早稻期间 TP 的平均去除率为 13.3%,晚稻期间基本没有去除效果,平均去除率为 -10.9%。由图 3-58(e)可知,干沟 TP 浓度除晚稻黄熟期较高为 0.264mg/L 外,其余生育阶段浓度稍小,为 0.01~0.132mg/L。早稻期间 TP 的平均去除率为 -0.3%,晚稻期间 TP 的平均去除率为 12.5%。

总体来说,毛沟、农沟、斗沟、支沟、干沟 TP 的平均浓度分别为 0.08mg/L、0.13mg/L、0.08mg/L、0.08mg/L、0.09mg/L,表现为农沟>干沟>支沟=毛沟=斗沟。各沟段 TP 浓度早稻时期普遍高于晚稻期间,晚稻期间除了拔节孕穗期和黄熟期浓度较高以外,其他生育阶段 TP 浓度都比较低,基本为 I 类和 II 类水质。毛沟、农沟、斗沟、支沟、干沟对 TP 的平均去除率依次为 20.8%、0%、-13.3%、0.1%、6.1%,表现为毛沟>干沟>支沟>农沟>斗沟,毛沟去除效果最好,呈现一定的抗冲击自修复性,干沟每个生育期对 TP 的去除率不太高,但基本为正值且相对稳定,除了支沟外,其他沟段晚稻期间对 TP 的去除效果均优于早稻期间,各生育期去除率波动均较大。

两年平均,毛沟、农沟、斗沟、支沟、干沟对 TP 的平均去除率为 20.2%、4.2%、4.3%、1.2%、7.8%,表现为毛沟>干沟>斗沟>农沟>支沟。

3.6.5　小结

综合分析在整个试验阶段内,氮、磷等面源污染物在各排水沟中的浓度变化规律可知,各排水沟氮、磷等污染物浓度在早稻期间总体上高于晚稻期间,并在水稻各生育期呈现一定的波动性。2012 年和 2013 年毛沟、农沟、斗沟、支沟、干沟在整个试验阶段对 TN、NH_4^+-N、NO_3^--N 和 TP 的净化效果见表 3-16、表 3-17。综合各沟段对 TN、TP 的去除效果可以发现,2012 年斗沟对 TN 和 TP 的去除效果最好,2013 年对 TN 的去除,农沟的效果最好。2013 年毛沟对 TP 的去除效果最好。2012 年 TN 和 NH_4^+-N 的去除效果呈现明显的季节波动性,早稻和晚稻早期它们的去除率明显高于晚稻中后期。2013 年 NH_4^+-N 和 TP 的去除效果表现为晚稻期间高于早稻期间,导致这种现象的主要原因是植物吸收,以及微生物的硝化和反硝化作用对 TN 和 NH_4^+-N 具有重要影响,而季节则直接影响植物的生长状况及微生物的生理生化活性,春季、夏季植物生长快,对氮需求量较大。在非汛期气温低时,TP 和 NO_3^--N 的去除率均有所下降。对于 TP 而言,主要是受微生物活性降低和土壤可交换性羟基减少的影响;对于 NO_3^--N 而言,主要是因为降温后水体和底泥中的有机质分解速率减缓,沉积物表层和水体中含氧量相对充足,有利于硝化作用的进行,从而导致 NO_3^--N 的累积。

表 3-16　2012 年原位条件下各级排水沟对排水中氮、磷的平均去除率 （单位:%）

指标	毛沟	农沟	斗沟	支沟	干沟
TN	12.9	17.0	25.0	12.0	16.0
TP	19.6	8.4	21.9	2.2	9.5
NO_3^--N	5.4	—10	—16.0	10.0	3.0
NH_4^+-N	5.7	20.0	6.0	25.0	10.0

表 3-17　2013 年原位条件下各级排水沟对排水中氮、磷的平均去除率 （单位:%）

指标	毛沟	农沟	斗沟	支沟	干沟
TN	—4.6	13.6	4.8	10.5	3.7
TP	20.8	0.0	—13.3	0.1	6.1
NO_3^--N	—3.0	—3.8	4.2	6.4	12.4
NH_4^+-N	2.1	24.0	24.6	—11.1	—4.2

3.7　本章小结

（1）不同湿地植物试验结果。2012 年不同湿地植物对氮、磷污染的净化效果为:对 TN、TP 和 NO_3^--N 的净化效果表现为高秆灯心草＞茭白＞菖蒲,对 NH_4^+-N 的净化效果表现为茭白＞高秆灯心草＞菖蒲;2013 年不同植物对氮、磷污染的净化效果为:对 TN 和 NO_3^--N 的净化效果表现为高秆灯心草＞茭白＞菖蒲,对 TP 和 NH_4^+-N 的净化效果表现为菖蒲＞高秆灯心草＞茭白。总的来说,对 TN 的净化效果,高秆灯心草、茭白、菖蒲两年平均去除率分别为 23.7%、18.3%、4.7%,即高秆灯心草及茭白对 TN 的净化效果较好;对 TP 的净化年际之间存在差异,但两年的去除率平均值仍表现为高秆灯心草最高,平均去除率为 14.9%。同时,植物在不同温度、不同生育期对 TN、TP 净化效果的差异较大,不同的植物适宜温度有所差别,植物在适宜温度和生长旺盛期时对 TN、TP 的净化效果优于其他情况。因此,在鄱阳湖流域,推荐高秆灯心草或茭白作为排水沟对氮、磷净化的湿地植物。

(2)不同排水浓度下排水沟对氮、磷的去除具有波动性,总体上排水沟对劣于Ⅲ类排水中氮、磷的净化效果较好。其中对于氮的净化,排水沟对Ⅳ类排水中 TN 的去除率为 18.3%～61.4%,对Ⅴ类排水中 TN 的去除率为 8.2%～70.72%,对劣Ⅴ类排水中 TN 的去除率为 -5.7%～29.02%;对于磷的净化,排水沟对Ⅲ类排水中 TP 的去除率为 -37.7%～24.1%,对劣Ⅴ类排水中 TP 的去除率为 3.5%～82.87%。在一定排水浓度范围内,随着排水浓度的增加,排水沟的净化效果也增加,但是当排水浓度过大时,由于其超过了排水沟的净化能力,净化效果会有所降低。同时,不同取样时间也会对净化效果产生影响,在水稻生育期前期,排水沟水生植物处于旺盛生长时期,对氮、磷等营养物质需求量较大,有较好的去除效应;晚稻后期水生植物大量枯萎,对氮、磷的净化效果较差。

(3)理论上排水沟对氮、磷污染物的净化效果应随排水强度的增大而降低。试验结果表明,排水强度不同时,三段沟对 TN、TP 的去除率处于波动状态,原因在于不同排水强度下,由于排水浓度和湿地植物状况均会影响其净化效果,同时排水沟较短,水力停留时间不长,导致对氮、磷的去除率处于波动状态,从而与理论上有些偏差。

(4)当排水强度处于某一较小范围内时,采用三角堰作为控制建筑物可以适当延长水力停留时间,对排水中氮、磷的净化效果比较好;在排水强度非常小时,有无控制建筑物排水中的污染物均能得到充分净化;排水强度过大时,由于排水沟长度较短,排水的水力停留时间太短,采用控制建筑物时的净化效果不显著。

(5)原位条件下的试验观测表明,各排水沟氮、磷等污染物的浓度在早稻期间总体上高于晚稻期间,并在水稻各生育期呈现一定的波动性。总体上各级沟段对氮、磷均具有较好的去除作用,两年平均,毛沟、农沟、斗沟、支沟、干沟对 TN 的平均去除率为 4.1%、15.2%、14.8%、11.3%、10.0%,表现为农沟>斗沟>支沟>干沟>毛沟。两年平均,毛沟、农沟、斗沟、支沟、干沟对 TP 的平均去除率为 20.2%、4.2%、4.3%、1.2%、7.8%,表现为毛沟>干沟>斗沟>农沟>支沟。

第4章　生态沟设计参数优选试验研究

为了监测并分析不同因素对生态沟水力性能的影响,优选生态沟设计参数,于2013年及2014年在江西省灌溉试验中心站开展了试验研究。以站内三段种植不同植物的生态沟为研究对象,分析不同流量下每段沟水力性能的水力指标的变化,以及不同植物生态沟之间和生态沟不同运行管理模式下的水力指标变化趋势,为生态沟的设计与运行管理提供参考。

4.1　试验方法与处理设计

4.1.1　试验材料与方法

罗丹明 WT(Lin et al.,2003)作为一种有机颜料,因具有高度荧光性且易溶于水、易于监测、背景浓度值小等优点,可直接观察和追踪它的径迹,从而达到研究污染物质运动规律的目的。将种植有不同植物的生态沟作为不同处理单元,其中处理单元 1 高秆灯心草沟段长 30.9m,处理单元 2 茭白沟段长 30.9m,处理单元 3 菖蒲沟段长 28.35m。生态沟横断面各要素如图 3-2 所示,沟中每隔 2m 立一木桩用以测量沟内水深及水面线高程。试验时在一个处理单元内布设两个监测点,分别在沟的中部和尾端,每个监测点安放一个探头,在试验的不同时段用量筒和秒表对流量进行校核,以便维持排水沟进口流量恒定,试验前先往沟中放水至沟中水位稳定,然后将 0.5～1g 罗丹明示踪剂溶于少量水中并瞬时投放到排水沟的进水口处,记下投放示踪剂的时间,探头每隔 10s 记录一次示踪剂浓度,直至示踪剂浓度降至背景值为止,取出探头,停止进水,试验期间要测量并记录沟内水位。

试验所用示踪剂为罗丹明示踪液,示踪剂浓度变化监测仪器为 YSI-600 OMS 多功能水质监测仪,该仪器由美国 YSI 维赛公司出品,可以配置多种探头,本次试验选用 YSI-6130 探头,根据预设时间步长自动观测记录示踪浓度、电导率和温度,操作简单且省时省工。

4.1.2　试验处理设计

试验中分别采用有堰和无堰两种生态沟管理模式,依据排水沟日常排水情况确定排水的流量范围,在此范围内选定 5 个不同流量,每种管理模式下各做这 5 个不同流量过程。试验结束后,利用 EcoWatch 软件将数据导入到 Excel 表中,绘制成水力停留时间分布曲线。

4.1.3　观测项目与方法

1. 观测项目

试验开始前和试验过程中确定排水流量并对流量进行校核;沟内水位稳定后测量每个木桩处的水位;记录示踪剂投放时间。

2. 方法

排水流量确定及校核利用量筒和秒表进行,同时通过量水堰校核;用水尺对水位进行测量。

4.1.4　水力指标

获得水力停留时间分布曲线后,利用公式计算如下水力指标。

1. 流速

$$u = \frac{Q}{A} \tag{4-1}$$

式中,u 为排水流速,m/s;Q 为排水流量,m^3/s;A 为沟段过水断面,m^2。

2. 水力停留时间

水力停留时间是指待处理污水在反应器内的平均停留时间,在理想水力流动条件下,示踪剂由进口流到出口所需要的时间为理论水力停留时间,然而实际中湿地由于种有植物,在一定程度上会改变水流路径,所以存在平均水力停留时间。

理论水力停留时间计算公式为

$$t_{\mathrm{n}} = \frac{V}{Q} \tag{4-2}$$

平均水力停留时间计算公式为

$$t_{\mathrm{mean}} = \int_0^\infty t f(t) \mathrm{d}t \tag{4-3}$$

其中

$$f(t) = \frac{c(t)}{\displaystyle\int_0^\infty c(t)\mathrm{d}t} \tag{4-4}$$

式中,V 为湿地容积,m^3;Q 为排水流量,m^3/s;t_{n} 为理论水力停留时间,h;t_{mean} 为平均水力停留时间,h;$f(t)$ 为浓度分布函数;t 为示踪剂投放后的时间,h;$c(t)$ 为示踪剂浓度,μg/L。

3. 有效容积率

有效容积率为平均水力停留时间与理论水力停留时间的比值,表示湿地系统的有效利用情况,公式如下:

$$e = \frac{t_{\text{mean}}}{t_{\text{n}}} = \frac{V_{\text{effective}}}{V_{\text{total}}} \tag{4-5}$$

式中,$V_{\text{effective}}$ 为示踪剂流经过的有效容积,m^3;V_{total} 为湿地总体积,m^3;e 为湿地有效容积率。

4. 水力效率

水力效率是水流在湿地内分布的均匀程度,综合反映湿地内部水流的状态,间接表明了污染物在湿地系统内部的转移输送、停留时间及被降解的能力,计算公式如下:

$$\lambda = e\left(1 - \frac{1}{N}\right) = \frac{t_{\text{p}}}{t_{\text{n}}} \tag{4-6}$$

$$N = \frac{1}{\sigma_{\theta}^2}, \quad \sigma_{\theta}^2 = \frac{\sigma^2}{t_{\text{n}}^2} \tag{4-7}$$

$$\sigma^2 = \frac{\int_0^\infty (t_{\text{mean}} - t)^2 c(t)\,\mathrm{d}t}{\int_0^\infty c(t)\,\mathrm{d}t} \tag{4-8}$$

式中,λ 为水力效率;e 为有效容积率;N 为理论串联完全混合槽数;t_{p} 为沟段出口示踪剂浓度达到最大时所用的时间,h;t_{n} 为理论平均水力停留时间,h;t_{mean} 为平均水力停留时间,h;σ^2 为方差,用于描述示踪剂浓度的响应曲线相对于分布平均值的分散范围。

4.2　结果分析

4.2.1　不同排水流量条件下生态沟水力指标

排水沟的首要作用是满足除涝要求,其次种植有植物的生态沟有净化面源污染的作用。前面已经介绍了不同湿地植物、不同排水浓度和排水流量对生态沟处理污水效果的影响,作为系统运行控制条件的水力学参数在污水处理中发挥着尤为重要的作用。为了探究不同排水流量条件下生态沟的水力指标变化规律,以沟段 1 为例,对其水力停留时间分布曲线进行分析,数据选自 2013 年和 2014 年罗丹明示踪试验数据。

1. 无堰时不同排水流量下生态沟的水力指标

无堰时不同排水流量下沟段1的水力指标如图4-1~图4-4所示。

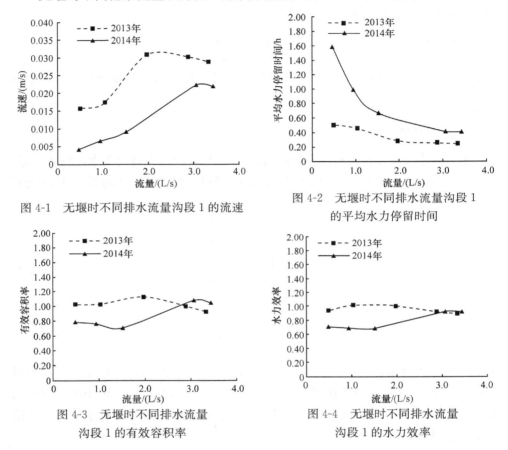

图 4-1　无堰时不同排水流量沟段1的流速

图 4-2　无堰时不同排水流量沟段1
的平均水力停留时间

图 4-3　无堰时不同排水流量
沟段1的有效容积率

图 4-4　无堰时不同排水流量
沟段1的水力效率

由图4-1可以看出,随着流量的增加,流速呈现升高的趋势,但是流速不是直线上升,在流量较大时,流速的变化趋于平缓甚至会出现一定的降低趋势。这与姜治兵等(2008)的研究结果一致。且2013年沟段不同排水流量下的流速均高于2014年的,主要是因为2014年植物密度增加,对水流有一定阻碍作用。由图4-2可知,示踪剂的平均水力停留时间随着流量的增加逐渐降低,且当流量较大或较小时,变化趋于平缓。由图4-3可知,在流量为0.5~2.8L/s时,沟段2013年的有效容积率高于2014年的,当流量为2.8~3.5L/s时,沟段2013年的有效容积率低于2014年的,主要是因为2014年植物密度较大,当流量为0.5~2.8L/s时,植物对水流的阻碍作用比较显著;流量不够大时,水流会从边界以较短路径流出去,即存在水力死区;而当流量继续增加时,死区减小,有效容积率增大。

2. 有堰时不同排水流量下生态沟的水力指标

有堰时不同排水流量下沟段 1 的水力指标如图 4-5～图 4-8 所示。

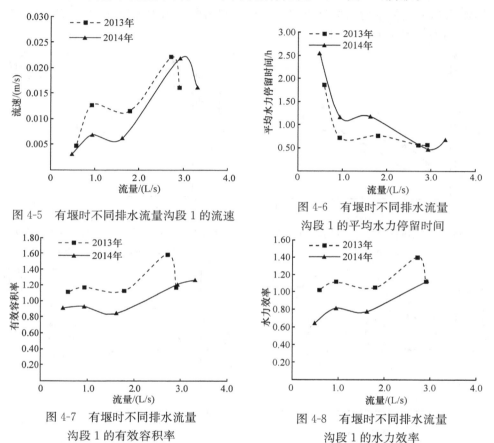

图 4-5　有堰时不同排水流量沟段 1 的流速

图 4-6　有堰时不同排水流量
沟段 1 的平均水力停留时间

图 4-7　有堰时不同排水流量
沟段 1 的有效容积率

图 4-8　有堰时不同排水流量
沟段 1 的水力效率

由图 4-5～图 4-8 知,有堰情况下,2013 年和 2014 年沟段 1 各水力指标变化趋势基本一致,流速随着流量的增加呈现非线性增加甚至会出现一定降低,在试验流量范围内,2013 年水流流速总体高于 2014 年,主要是因为 2014 年植物密度增加,使水流路径延长,降低了流速,增加了平均水力停留时间(图 4-6),提升了有效容积率(图 4-7)和水力效率(图 4-8)。由图 4-5～图 4-8 还可以看出,2013 年不同流量下沟段的有效容积率均大于 1,说明沟段内存在一定的滞留区,且在较大排水流量下,滞留区也有所增加,而当流量过大时滞留区开始降低;2014 年沟段的有效容积率随流量增加大体呈上升趋势,在流量为 0.5～2.0L/s 的区内,因植物密集使流量不够大,水会从边界流出去,导致有效容积率和水力效率较低,而当流量足够大时,流量便会流经更多区域,水流路径延长,水力效率和有效容积率升高。

4.2.2　不同植物种植条件下生态沟水力指标

　　沟中不同植物的分布情况不同、沟内植物生长部分的形状不同,导致对水流的影响不同,从而使水力指标有所差异。对不同沟段的水力停留时间分布曲线进行分析,结果如图 4-9~图 4-12 所示。

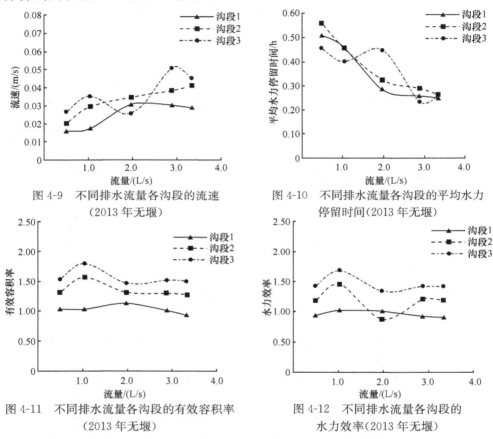

图 4-9　不同排水流量各沟段的流速
（2013 年无堰）

图 4-10　不同排水流量各沟段的平均水力
停留时间（2013 年无堰）

图 4-11　不同排水流量各沟段的有效容积率
（2013 年无堰）

图 4-12　不同排水流量各沟段的
水力效率（2013 年无堰）

　　由图 4-9 可知,相同流量下,沟段内水流流速大小总体为沟段 3>沟段 2>沟段 1,主要原因是沟段 1 和沟段 3 的坡度较沟段 2 的大,沟段 3 的比沟段 1 的大,所以相同流量下沟段 3 的流速最大,而沟段 1 由于高秆灯心草较为密集,过水断面较沟段 2 小,所以沟段 2 的流速高于沟段 1 的。不同沟段水力停留时间大小规律不一致,在排水流量较小时,沟段 2 的水力停留时间最长,沟段 3 的水力停留时间最短,当流量增加时,沟段 3 的水力停留时间又明显大于沟段 2 和沟段 1,如图 4-10 所示。由图 4-11 可知,各沟段的有效容积率大小为沟段 3>沟段 2>沟段 1,结合第 3 章不同植物对氮、磷污染物的净化效果分析,容积率大于 1 的原因主要是沟中植物密度过大导致滞留区的存在,滞留区引起污水滞留、形成厌氧条件,不利于污染物的降解。

所以沟段对污染物的净化效果分析需要同时结合有效容积率和水力停留时间。

适当的植物可以减缓排水的水流速率,增加水力停留时间,有利于氮、磷污染物的去除,但是排水沟植物密度过大,不仅影响排洪、排涝能力,也会导致滞留区的存在,不利于污染物的去除。因此,排水沟中的植物密度应适当,并不是越大越好。

4.2.3　不同管理模式下生态沟水力指标

由第 3 章可知,不同管理模式下排水沟对污染物的净化效果有所差异,主要是不同管理模式下生态沟的水力性能不同导致,为探究不同管理模式下生态沟的水力指标的变化,对 2013 年和 2014 年生态沟不同管理模式下的水力停留时间分布曲线进行分析。

1. 2013 年不同管理模式下生态沟的水力指标

将 2013 年沟段 1 不同管理模式下的水力停留时间分布曲线进行分析,得到的水力指标如图 4-13～图 4-16 所示。

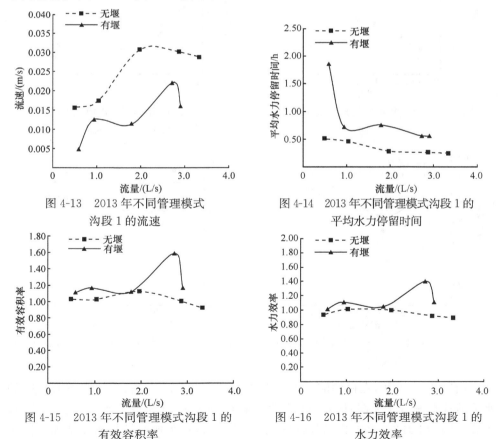

图 4-13　2013 年不同管理模式
沟段 1 的流速

图 4-14　2013 年不同管理模式沟段 1 的
平均水力停留时间

图 4-15　2013 年不同管理模式沟段 1 的
有效容积率

图 4-16　2013 年不同管理模式沟段 1 的
水力效率

由图 4-13 可知,不同排水流量下无堰时的流速高于有堰时的流速,原因在于有堰时三角堰的拦截作用使得沟内水位壅高,流速减缓,使示踪剂流出沟段的时间有所延长,所以由图 4-14 可以看出,不同排水流量下有堰时水流的平均水力停留时间均高于无堰时的,因而有堰时沟段的有效容积率和水力效率也均高于无堰时的(图 4-15 和图 4-16)。

2. 2014 年不同管理模式下生态沟的水力指标

将 2014 年沟段 1 不同管理模式的水力停留时间分布曲线进行分析,得到的水力指标如图 4-17～图 4-20 所示。

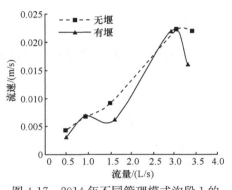

图 4-17   2014 年不同管理模式沟段 1 的
流速

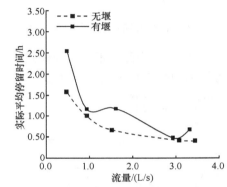

图 4-18   2014 年不同管理模式沟段 1 的
平均水力停留时间

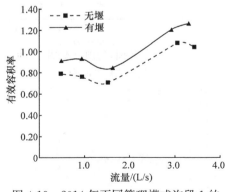

图 4-19   2014 年不同管理模式沟段 1 的
有效容积率

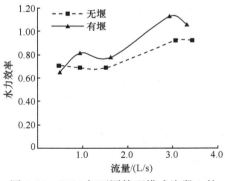

图 4-20   2014 年不同管理模式沟段 1 的
水力效率

由图 4-17 可知,在试验流量范围内,2014 年沟段 1 不同排水流量下有堰时的水流流速普遍低于无堰时的,但是降低的幅度较 2013 年不同管理模式有所减小,主要是因为 2014 年沟段内植物密度比 2013 年大,在无堰时植物密度增加已使流速有所降低,三角堰拦截对流速的降低作用不再那么显著。由于流速降低,有堰时水流的平均水力停留时间比无堰时延长,因而其有效容积率及水力效率均普遍高于无堰时(图 4-18～图 4-20)。由于 2014 年植物密度增加使沟段无堰时在排水流量为 0.5～2.8L/s 时存在短流现象,而三角堰的拦截使水流与植物充分接触,所以有堰时提高了有效容积率。当流量非常小时,由于两种模式水力停留时间都较长,污染物均可以充分接触反应;当流量较大时,无堰情况下短流现象逐渐缓解,水流路径延长,而此时有堰情况下滞留区域较大,对污染物的去除会带来一定负面影响,所以流量较大或非常小时,有堰并不一定比无堰净化效果更好,这与第 3 章不同运行管理模式对污染物的净化效果结果一致。

4.2.4　不同排水流量条件下生态沟糙率与植物密度的关系

适当的植物可以减缓排水的水流速率,增加水力停留时间,有利于氮、磷污染物的去除,但由 4.2.2 节分析可知,排水沟植物密度过大,不仅影响排洪、排涝能力,还会导致滞留区的存在,使水力性能有所下降,不利于污染物的去除,因此,生态型排水沟中植物密度应适当,并不是越大越好。生态沟的植物密度影响其糙率,植物密度过大,糙率增加进而影响过流能力和水力性能。本节以站内生态沟段 1 在无堰运行状态为例,分析植物密度与糙率的关系,并分析现状条件下沟段 1 在不影响过流能力情况下的适宜植物密度,为生态沟的设计运行提供参考。

2014 年现状条件下,排水沟段 1 的底宽为 74cm,底坡比降为 0.0048,排水沟两边边坡分别为 1：0.85 和 1：0.57,沟深为 34.3cm。

1. 设计流量计算

由于排水沟段级别较低,取安全超高 10cm,则排水沟加大水深为 34.3－10＝24.3cm。根据《灌溉与排水工程设计规范》(GB 50288—1999)无植物时土质渠道糙率为 0.025,按明渠均匀流公式可求得排水沟对应该加大水深的加大流量为 0.185m³/s。取流量加大系数为 1.30,则排水沟设计流量为 0.185/1.30＝0.142m³/s,对应的设计水深为 20.7cm。以上即为 2014 年现状情况下沟段 1 断面情况下的设计水深及流量值(图 4-21)。

2. 设计流量下不影响行洪能力时排水沟的糙率计算

在设计排水流量为 0.142m³/s,当有植物存在时,不影响排水沟行洪能力的最大排水水深可达到加大水深,即 24.3cm,此时根据明渠均匀流公式反算得排水沟对应的糙率为 0.0327。

3. 设计流量下不影响排水沟行洪能力的植物密度计算

糙率同时受植物密度和流量的影响,一定植物密度下糙率随流量的增加而减小,一定流量下糙率随植物密度的增加而增加。2014 年沟段 1 植物密度为 64.78%,在此密度条件下,针对沟段 1 无堰时开展了不同流量的示踪试验,实测不同流量对应的水深,根据流量与水深之间的关系按明渠均匀流公式反算得到不同流量排水沟对应的糙率,绘制植物密度为 64.78%时流量与糙率的关系如图 4-21 所示,可见一定植物密度下糙率随流量的增加开始显著减少,然后趋于平缓。拟合得出流量与糙率的关系见式(4-9),即

$$n = 1.5906q^{-0.6693} \tag{4-9}$$

式中,n 为糙率;q 为过水流量,L/s。

拟合式的决定系数达到 0.99,可见两者具有高度相关性。

由式(4-9)可求出排水沟在现状植物密度下排水达设计流量 0.142m³/s 时的糙率为 0.058,在无植物时(植物密度为 0)的糙率为 0.025。由于试验条件限制,未能在植物密度变化情况下多做几组试验,因而在此假设一定流量下糙率与植物密度之间呈直线变化,基于此假设由两点绘制糙率与植物密度之间的关系如图 4-22 所示。沟段 1 现状条件设计流量下,对应加大水深的糙率为 0.0327,由图 4-22 查得对应的植物密度为 15.1%,即设计流量下不影响排水沟行洪能力时的最大植物密度为 15.1%。

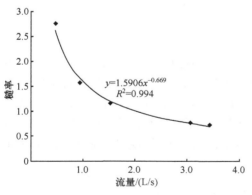

图 4-21 不同排水流量沟段的糙率

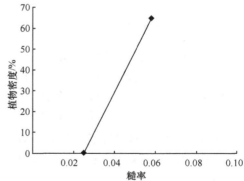

图 4-22 不同植物密度与糙率的关系

如果每年都对排水沟进行清淤,则排水沟沟深可达设计沟深为 60cm、排水沟底宽为 60cm、沟底比降为 0.001、边坡为 1∶0.5。取安全超高 10cm,依据上述计算步骤算得排水沟设计流量为 0.162m³/s、设计水深为 42.7cm。排水沟在现状植物密度下排水达设计流量为 0.162m³/s 时的糙率为 0.053,同理可计算求得清淤

后设计流量下不影响排水沟行洪能力时的最大植物密度为 17.9%。因此,针对排水沟段 1,如果考虑排洪安全(通过设计排水流量时水位低于安全超高),沟两边种植挺水植物的适宜密度为 15%～18%。

4.3　生态沟设计及运行技术

农田面源污染在流入湿地前,一般经过若干级排水沟系统,排水沟中长满各种杂草,同时农民往往在排水沟中修建一些临时挡水设施,以便对排水进行重复利用,这些都会减缓排水的速率。同时,排水沟中的植物及土壤对氮、磷进行吸收和吸附、脱氮、脱磷、渗滤和磷沉积,以及排水沟中的微生物对氮、磷污染物进行转化和吸收,从而对排水中氮、磷负荷起到较好的去除和净化。

常规排水系统的主要功能只是单纯从水量方面满足农业高产和排水的要求。为了使排水系统同时还具备减污功能,必须在原有排水系统的基础上构建新式排水沟——减污型生态沟。由于常规排水系统是无控制的,必须改无控制排水系统为合理控制排水系统。

根据以上生态沟需满足排水及减污的双重目标,以及第 3 章的试验、4.2 节及 4.3 节的水力参数示踪试验结果,结合灌区典型调查,总结出生态沟的设计及运行技术要点。

4.3.1　生态沟设计技术要点

总体原则:避免进行硬化处理,在满足设计排涝、排渍要求的前提下,尽量采用宽浅式横断面,采用较平缓的纵坡。具体技术要点如下所述:

(1) 在满足排渍和排涝要求的基础上,生态沟断面设计可采用宽浅式横断面,采用较平缓的纵坡。生态沟沟底比降应根据沿线地形、地质条件,上下级排水沟的水位衔接条件,不冲不淤要求,以及承泄区水位变化情况等确定,并宜与排水沟沿线地面坡度接近,在满足《灌溉与排水工程设计规范》(GB 50288—1999)排水要求的基础上,适当平缓,以利于植物生长。

由第 3 章及第 4 章的试验可知,生态沟采用宽浅式横断面,沟底比降较平缓时,水力要素较好,对氮、磷污染物的总体净化效果较好。

(2) 为防止沟坡坍塌及有利于植物生长,可采用以下三种方法进行边坡的设计:①在可降解的生态袋填装混有草籽的土之后,呈阶梯状垒叠在生态沟两岸作为护岸,通水后草籽发芽生长,形成沟中湿地植物;②在梯形断面生态沟的护坡上呈阶梯状打入一排排紧密的木桩,木桩预先经过防腐处理,然后在木桩间填入土壤,在填好土的阶梯土上种植植物;③在生态沟两侧铺设具有多个孔洞的蜂窝状混凝土预制板,以保持边坡稳定,在蜂窝状混凝土预制板的孔洞内栽种植物。

（3）生态沟中需要种植适当密度的植物，湿地植物以当地的主要沉水植物或挺水植物为宜。由 3.2 节可知，在鄱阳湖流域生态沟对农田排水中氮、磷污染物的净化效果较好的植物为高秆灯心草或茭白，所以鄱阳湖流域有利于生态沟对氮、磷净化的湿地植物推荐为高秆灯心草或茭白。但要注意及时收割以避免二次污染。

其他常用生态沟湿地植物还有苦草、金鱼藻、水蕴草、黑藻、狐尾藻、菹草等沉水植物，菖蒲、灯心草、莲藕、香蒲、鸢尾等挺水植物，睡莲等浮水植物。

（4）关于适宜的植物密度选择问题。适当的植物可以减缓排水的水流速率，增加水力停留时间，有利于氮、磷污染物的去除，但由第 4 章分析可知，生态沟植物密度过大，不仅影响排洪、排涝能力，也会导致滞留区的存在，使水力性能有所下降，不利于污染物的去除。因此，生态沟中植物密度应适当，并不是越大越好。根据水力性能示踪试验分析及典型观测调查结果，如果为挺水植物（以茭白为代表），建议种植密度为 15%～20%。

（5）在生态沟中每隔 300～500m 设置拦水闸，该闸门采用多级闸板，可对生态沟中水位进行调节，日常水深维持在 20～60cm 为宜。

生态沟应具备一定的水利工程属性（何军和崔远来，2012），即通过设置闸门、闸板等控制建筑物使沟中排水的水力停留时间延长，提高其有效容积率和水力效率，从而提高氮、磷的去除率。结合 3.5 节和 4.2.3 节的试验可知，在一定排水流量范围内，生态沟设有挡水建筑物时对氮、磷的净化效果较好。

（6）根据需要，在闸门一侧设置量水刻度，便于进行水量计量。

4.3.2　生态沟运行技术要点

（1）汛期。打开所有级别的闸板，让排水快速通过，满足排涝的要求。

（2）日常。在满足排渍目标的前提下，根据排水流量的大小，通过闸板控制不同的沟中水深，降低水流速率，增加水力停留时间，达到对氮、磷面源污染充分净化的效果。一般使水流在沟中停滞 3～4 天以上为宜。根据典型观测，在非汛期，生态沟对氮、磷的去除率可达到 20%～30%，汛期由于水流较大，没有足够的停留时间，去除效果降低。

（3）植物收割。在 11 月以后对生态沟中的植物进行收割，防止沟中植物地上部分死亡以后，残体发生分解造成营养物质的释放，产生二次污染。同时，若植物为经济作物，及时收割可以产生经济效益。

（4）清淤。对于多年运行后的生态沟，应对底泥进行疏浚，深度宜控制在 20～60cm，底泥疏浚可以有效地降低底层水体的耗氧量和腐殖质的含量，并有利于沉水植物的恢复，同时恢复生态沟的过流能力。疏挖出的淤泥应结合周边地形地貌及作物类型，合理进行处置。防止影响农作物耕种、边坡稳定及造成水土流失。

4.4　本 章 小 结

通过在江西省灌溉试验中心站对种植有高秆灯心草、茭白、菖蒲的生态沟开展的罗丹明示踪试验,可以得出以下结论:

(1) 不同排水流量下,沟段各水力指标在年际之间表现出大体一致的变化趋势,说明示踪试验具有可重复性和真实性。

(2) 不同排水流量下,随着流量的增加,流速呈现非线性升高趋势,在流量较大时,流速的变化趋于平缓甚至会出现一定降低趋势。平均水力停留时间与流量的变化成反比,随着排水流量的持续增加,水力停留时间的降低趋于平缓。由于2014 年高秆灯心草的密度高于 2013 年,沟段存在一定的水力死区或滞留区,所以不同排水流量下沟段的有效容积比和水力效率均表现为 2013 年高于 2014 年。

(3) 对于不同植物情况,在不同排水流量下,流速大小总体表现为沟段 3>沟段 2>沟段 1,平均水力停留时间为沟段 2>沟段 1>沟段 3,这主要是由于生态沟的总体地势和不同植物沟段的坡度导致。不同植物生态沟的有效容积率大小为沟段 3>沟段 2>沟段 1,结合不同植物沟段对氮、磷污染物的净化效果分析,生态沟水力停留时间较长且有效容积率较大(接近于 1 时),其净化效果较好。

(4) 不同管理模式下,不同排水流量时,无堰时的流速普遍高于有堰时的,平均水力停留时间、有效容积率和水力效率均表现为有堰时高于无堰时。结合不同管理模式下生态沟对氮、磷污染物的净化,当流量较大时,有堰时沟段滞留区比无堰时大,造成较大的厌氧区,不利于污染物的降解;流量较小时,两种管理模式下污水的水力停留时间均较长,均能与污染物充分接触。所以,对于该试验条件下的生态沟,当流量为 0.5~ 2.8L/s 时,有堰情况下沟段的水力性能较好,对污染物的净化效果优于无堰时;而当流量较大或较小时,无堰时的净化效果反而会优于有堰时。这与第 3 章的结论一致。

(5) 适当的植物可以减缓排水的水流速率,增加水力停留时间,有利于氮、磷污染物的去除,但是排水沟植物密度过大,不仅影响排洪、排涝能力,还会导致滞留区的存在,不利于污染物的去除。因此,排水沟中植物密度应适当,并不是越大越好。

(6) 提出了生态沟的设计及运行要点。①在满足排渍和排涝要求的基础上,生态沟断面设计可采用宽浅式横断面,采用较平缓的纵坡。②生态沟中需要种植适当密度的植物,在鄱阳湖流域生态沟可种植高秆灯心草或茭白。③生态沟中植物密度应适当,如果为挺水植物(以茭白为代表),建议种植密度为 15%~20%。

④生态沟应通过设置闸门、闸板等控制建筑物使沟中排水的水力停留时间延长,提高氮、磷的去除率。一般 300～500m 设置一个多级闸板。⑤生态沟的运行管理方面,在汛期,打开闸门,使排水迅速通过,满足排涝要求;在非汛期,关闭闸门,提高排水水力停留时间。⑥生态沟要定期进行植物收割(一般每年冬天进行),并2～3年定期进行清淤,以避免腐烂植物和过多的底泥造成二次污染。

第5章 塘堰湿地对农业面源污染去除规律试验研究

作为农业面源污染生态治理体系的最后一个环节,塘堰湿地对农田排水净化效果至关重要,其是灌区排水满足排水水质要求后流入江河湖泊的控制性环节,因此在农业面源污染治理中具有举足轻重的地位。前面几章分别从田间和排水沟方面讨论了降低农田排水中氮、磷负荷的技术,本章针对典型塘堰湿地开展试验研究,分析塘堰湿地净化农田面源污染的主要影响因素及其变化规律,优选有关参数,为提高塘堰湿地净化农田面源污染的效果提供依据。同时,分析种植典型湿地植物的塘堰湿地需水规律,为塘堰湿地用水管理提供参考。

5.1 试验方法与处理设计

5.1.1 试验内容

试验场地基本情况参见 3.1.1 节。本章试验包括 4 个方面:①塘堰湿地植物筛选试验;②湿地适宜水体滞留时间及控制水深优选试验;③湿地运行模式试验;④塘堰湿地需水规律试验;⑤稻田与湿地面积比的分析计算。其中内容①及内容④在湿地植物优选试验区开展,内容②与内容③在湿地 1、湿地 2、湿地 3 开展,具体如图 3-1 所示。

5.1.2 试验处理设计

1. 不同湿地植物的去除效果分析

湿地植物作为塘堰湿地的重要组成部分,在农田面源污染物去除过程中起着重要作用。本试验的目的是针对鄱阳湖流域气候条件和农业面源污染特性,在人工控制条件下进行湿地植物种类的筛选,筛选适应当地气候并且氮、磷去除能力强的水生植物。

试验于 2012 年及 2013 年在江西省灌溉试验中心站进行。试验处理见表 5-1。植物类型依次是藜蒿、菖蒲、美人蕉、茭白、高秆灯心草(简称为灯心草)、西伯利亚鸢尾、杂草、莲藕、白莲,不设重复,不同处理下植物实景如图 5-1 所示。各湿地面积均为 90m²,长×宽=15m×6m,控制水层深为 20～30cm,每日观测水层的变化。湿地控制排水时间以 TN、TP 浓度降低至拐点且曲线平稳时为准。

表 5-1　湿地植物筛选处理设计

湿地编号	湿地面积/m²	控制水深/cm	植物类型
湿地 1	90	20～30	藜蒿
湿地 2	90	20～30	菖蒲
湿地 3	90	20～30	美人蕉
湿地 4	90	20～30	茭白
湿地 5	90	20～30	高秆灯心草
湿地 6	90	20～30	鸢尾
湿地 7	90	20～30	杂草（对照）
湿地 8	90	20～30	莲藕
湿地 9	90	20～30	白莲

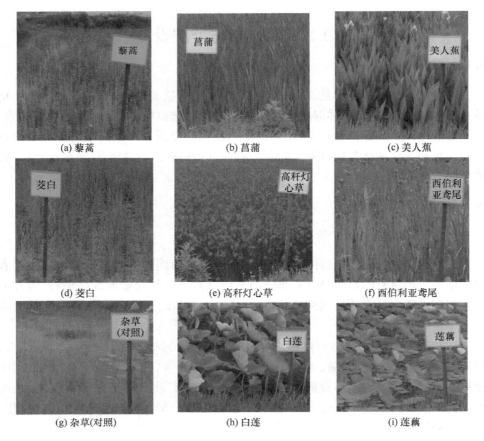

(a) 藜蒿　　　　　　　(b) 菖蒲　　　　　　　(c) 美人蕉

(d) 茭白　　　　　(e) 高秆灯心草　　　　(f) 西伯利亚鸢尾

(g) 杂草(对照)　　　　　(h) 白莲　　　　　　　(i) 莲藕

图 5-1　湿地植物筛选试验实景图

2. 水深及水体滞留时间的影响

湿地是一个由基质-植物-微生物构成的生态净化系统,其净化效果受湿地植物及微生物生长与生化活性影响。因为湿地植物和微生物的生长状况与水深有一定关联性,所以试验设置 3 种湿地水深,分别为 20cm、40cm、60cm。湿地水体中的污染物降解去除都需要一定的反映时间,因此湿地水体滞留时间的长短也会对净化效果产生显著影响。在非蓄水减污运行模式下,一般用水力停留时间反映湿地水力效率,水力停留时间越长,去除效果越好。在蓄水减污运行模式下,由于排水进入湿地后是静止的,此时以水体进入湿地后在湿地中的水体滞留时间反映湿地水体中氮、磷去除的时间变化过程表示。

在试验站现有水塘的基础上,改造建成了 3 个面积及深度相同的水塘湿地(图 3-1),通过排水管道将稻田排水排入 3 个湿地,管道进口设置水阀以控制水流和计量水量。湿地长为 40m、宽 13m、深约为 1.2m、边坡为 1:2,底部压实以减少下渗。在湿地底部均匀铺上 0.2m 厚活性泥,并投入一定量有机肥,以利于莲藕成活。水深处理见表 5-2,不设重复。农田排水在生态沟处理后,经调蓄池调蓄后通过排水管流入 3 个湿地。

表 5-2　塘堰湿地水深处理设计

湿地编号	面积/m²	控制水深/cm	植物类型
湿地 1	459	20	莲藕
湿地 2	459	40	莲藕
湿地 3	459	60	莲藕

3 个湿地均采用连续进出水方式,水深调整在取样测定前一天完成,日常水层深度分别为 20cm、40cm、60cm。每个湿地中立水尺一根,每天 9:00 观测水深。另外,进出湿地管道中安装水表观测进出湿地的水量过程。试验所用莲藕购于当地市场,选取个体状况相近的一批莲藕,按间隔 25cm×25cm 种植于 3 个湿地中。塘堰湿地横断面如图 5-2 所示,以水深 60cm 塘堰为例。

3. 不同运行模式的影响

塘堰湿地对农田排水减污的运行模式主要有蓄水减污和非蓄水减污两种。蓄水减污是指关闭塘堰出口,稻田排水进入其中并静置一段时间,通过湿地的物理、化学和生物过程达到净化的效果。非蓄水减污是指预先设定水位,在稻田排水进入湿地的过程中调节进出口阀门以维持水位恒定。蓄水减污运行模式主要应

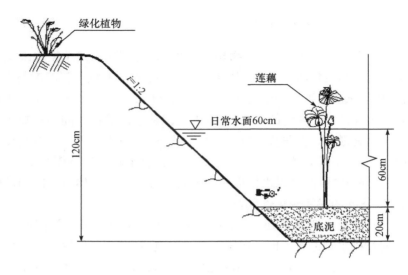

图 5-2　塘堰湿地横断面示意图

用于降水量较大的情况,而非蓄水减污运行模式主要应用于平时小流量稻田排水情况。

5.1.3　观测项目与方法

1. 水量平衡

9 个不同植物湿地及 3 个莲藕湿地的日常水位观测、湿地进水及排水前后水位记录、水表计量进出湿地的水量、气象站观测降水量。

2. 取样安排

江西省灌溉试验中心站主要种植早晚双季稻,田间作业时期为 4～10 月,故取样时间为 4～10 月。在早稻、晚稻的各生育期,排水进入湿地的第 1 天、3 天、5 天、7 天和 9 天分别取样测定氮、磷浓度。在 9 个不同植物湿地水面下 10cm,以及 3 个不同水深塘堰湿地进口、中部、出口出水面下 10cm 取样。水样用聚氯乙烯塑料瓶盛装,在 4h 内化验分析完毕,遇到暴雨水样较多时,放于 4℃ 环境下保存,但不得超过 30h。

3. 水样检测指标及方法

检测指标为 TN、TP、硝态氮($NO_3^- $-N)、铵态氮($NH_4^+$-N)。水质化验分析方法见 2.1.3 节。

根据《地表水环境质量标准》(GB 3838—2002)对水质进行划分,具体划分标准见表 3-11 和表 3-12。

4. 去除率分析方法

农田排水进入塘堰湿地后,通过检测湿地中氮、磷浓度的变化分析去除效果,因此,本章均采用浓度去除率进行分析。

TN、TP、NO_3^--N 和 NH_4^+-N 的去除率 R 采用式(5-1)计算,即

$$R = \frac{C_0 - C_i}{C_0} \times 100\% \qquad (5\text{-}1)$$

式中,R 为各指标的去除率,%;C_0 为第 1 天水样氮、磷浓度(排水进入塘堰湿地时),mg/L;C_i 为第 i 天水样氮、磷浓度,mg/L。

5.2　结果与分析

由于水质指标较多,以下分析只针对 TN 和 TP,NH_4^+-N 和 NO_3^--N 省略。

5.2.1　不同湿地植物对 TN、TP 的去除效果

2012~2013 年水稻田间水肥管理模式完全相同,以避免因水肥管理模式不同而导致农田排水中氮、磷负荷有较大差异。

不同水稻生育期农田排水量及其氮、磷浓度存在差异,湿地植物的生长阶段也不同,而湿地植物的生长发育及气候条件会影响湿地的净化效果。因此,可根据早稻、晚稻的不同生育期进行取样,分析不同湿地植物在不同水稻生育期对稻田排水氮、磷的去除效果。2012 年湿地植物移栽时间较晚,错过了早稻返青期和分蘖期。由于必须有降水产生稻田排水进入塘堰湿地才能取样分析,不同生育期在各年并不能保证都有取样事件,因此,实际分析时,按照水稻生育期顺序根据取样事件进行。

1. 对 TN 的去除效果

2012 年 6 月 1~6 日,早稻拔节孕穗期间 9 个湿地水样 TN 浓度随时间的变化如图 5-3 所示、去除率随时间的变化如图 5-4 所示。

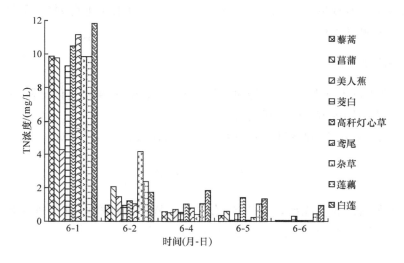

图 5-3　早稻拔节孕穗期 TN 浓度随时间的变化(2012 年)

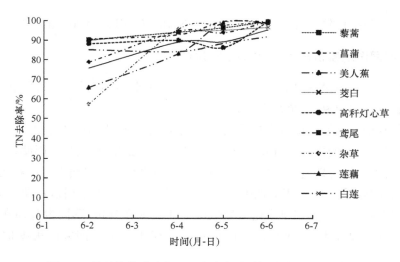

图 5-4　早稻拔节孕穗期 TN 去除率随时间的变化(2012 年)

　　由图 5-3、图 5-4 可知,随着水体滞留时间的延长,各湿地系统 TN 浓度随时间迅速降低,TN 去除率均处于高值,第 2 天的去除率大部分达到 70%,第 5 天几乎全部达到 90%。这是由于早稻拔节孕穗期各种湿地植物处于快速生长阶段,取样期间平均气温 23℃,无降水,气候条件十分适合湿地植物生长,因此 9 个湿地植物对 TN 的吸收效率很高。其中,茭白、西伯利亚鸢尾和藜蒿 3 种湿地植物表现优良,同时具有较高的稳定性。

　　2013 年 6 月 9～13 日,早稻拔节孕穗期 9 个湿地水样 TN 浓度和去除率随时间的变化分别如图 5-5、图 5-6 所示。结果表明,2013 年早稻拔节孕穗期湿地植物对稻田排水的净化效果同 2012 年相比基本一致,均表现了较高的 TN 去除率,第 5 天基本达到了 90% 的去除率,去除效果显著。

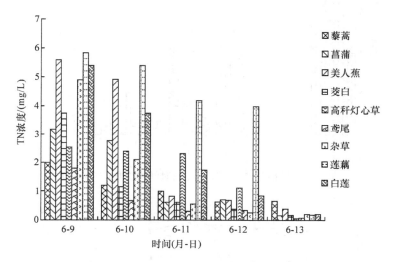

图 5-5　早稻拔节孕穗期 TN 浓度随时间的变化(2013 年)

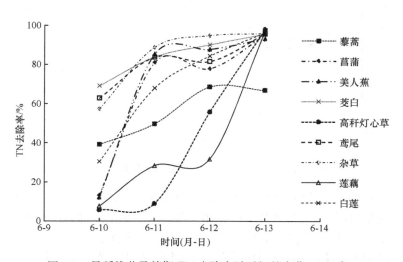

图 5-6　早稻拔节孕穗期 TN 去除率随时间的变化(2013 年)

　　2012 年 7 月 7～12 日,早稻黄熟期 9 个湿地的水样 TN 浓度和去除率随时间的变化分别如图 5-7、图 5-8 所示。

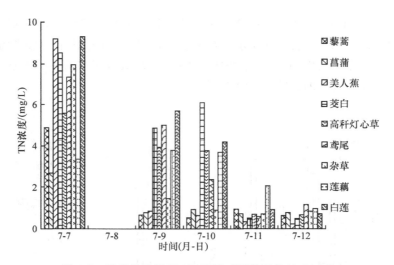

图 5-7　早稻黄熟期 TN 浓度随时间的变化(2012 年)

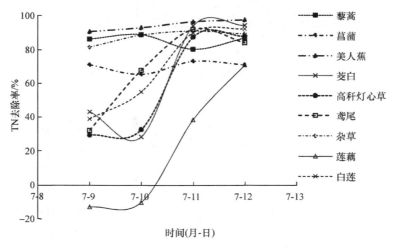

图 5-8　早稻黄熟期 TN 去除率随时间的变化(2012 年)

由图 5-7、图 5-8 可知,随着水体滞留时间的延长,大部分湿地植物对 TN 的去除率均呈现增长趋势,但与拔节孕穗期相比 TN 去除率的增加速率缓慢,第 5 天大部分湿地植物的 TN 去除率达到了 80% 及以上。美人蕉、藜蒿和杂草 3 种湿地植物在该阶段的去除率较高,且稳定性较好。同时,7 月正值高温时期,取样时段内的平均气温为 32℃,无降水。由于气温过高(最高时达到了 39℃),植物气孔关闭,不利于湿地植物的正常生长,所以湿地植物对 TN 的吸收相比 6 月早稻拔节孕穗期较缓慢。

2013 年 7 月 9～13 日,早稻黄熟期 9 个湿地水样 TN 浓度和去除率随时间的
变化分别如图 5-9、图 5-10 所示。

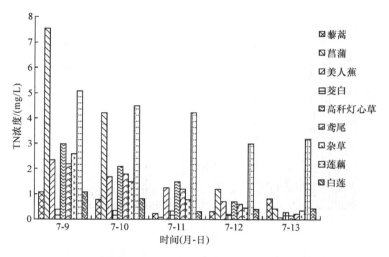

图 5-9　早稻黄熟期 TN 浓度随时间的变化(2013 年)

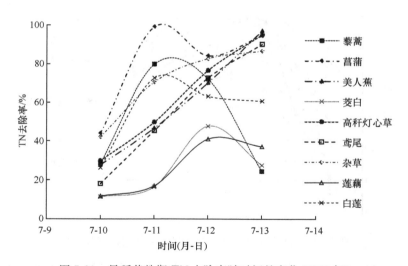

图 5-10　早稻黄熟期 TN 去除率随时间的变化(2013 年)

第 4 天 TN 平均浓度由最初的 3mg/L 降低到 0.5mg/L 左右,去除率基本达
到了 75％。同时,由图 5-9、图 5-10 可见,随着水体滞留时间的延长,不同湿地植物
的 TN 去除率出现波动,部分湿地随着时间的延长处理效果反而变差,如种植藜
蒿、茭白、莲藕和白莲的湿地。

2012 年 7 月 19～26 日,晚稻返青期 9 个湿地水样 TN 浓度和去除率随时间的变化分别如图 5-11、图 5-12 所示。

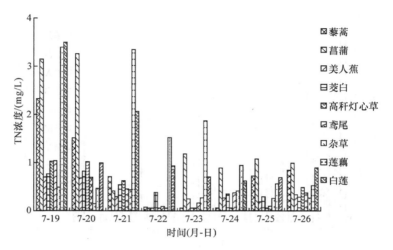

图 5-11　晚稻返青期 TN 浓度随时间的变化(2012 年)

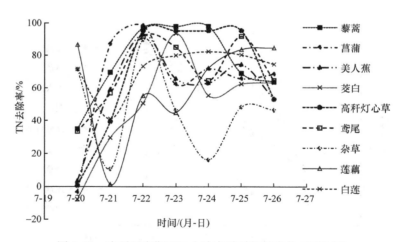

图 5-12　晚稻返青期 TN 去除率随时间的变化(2012 年)

由图 5-11、图 5-12 可知,湿地 TN 浓度随时间逐渐降低,由最初的 2.5mg/L 降到第 4 天的 0.5mg/L。随着水体滞留时间的延长,各湿地水体的 TN 去除率呈现波动上升的趋势。种植高秆灯心草、西伯利亚鸢尾、莲藕、白莲的湿地水体去除率在第 4 天达到 90%。其中,杂草、茭白、美人蕉湿地的 TN 浓度波动较大,分析原因:一是由于高温影响植物正常新陈代谢,从而影响湿地植物对氮的吸收,同时这几种植物叶面积较大,高温对这几种植物的腾发量影响较大,导致 TN 浓度的波动变化；二是由于该阶段(7月中下旬)各种湿地植物已达到了成年时期，对氮素需求减少，吸收减缓。

2013年7月19～24日，晚稻返青期9个湿地水样TN浓度和去除率随时间的变化分别如图5-13、图5-14所示。

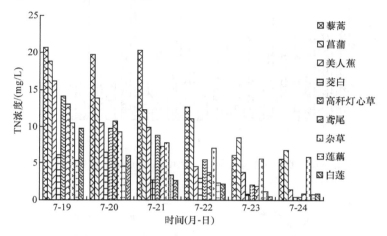

图 5-13　晚稻返青期 TN 浓度随时间的变化(2013 年)

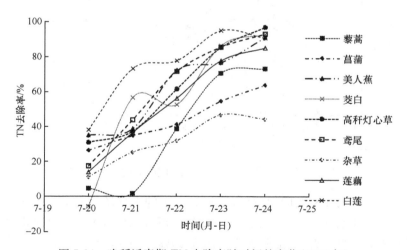

图 5-14　晚稻返青期 TN 去除率随时间的变化(2013 年)

由图5-13、图5-14可知，湿地TN浓度稳步降低，TN去除率呈现增长趋势，在第4天达到70%～80%。其中，茭白、高秆灯心草、西伯利亚鸢尾的TN去除率在第5天达到90%。水体滞留时间以4天为佳。

2012年8月20～25日，晚稻拔节孕穗期9个湿地水样TN浓度和去除率随时间的变化分别如图5-15、图5-16所示。

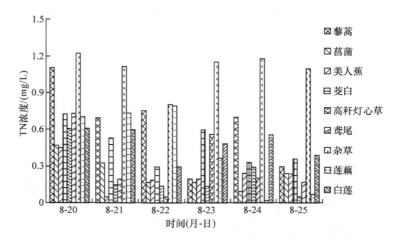

图 5-15　晚稻拔节孕穗期 TN 浓度随时间的变化（2012 年）

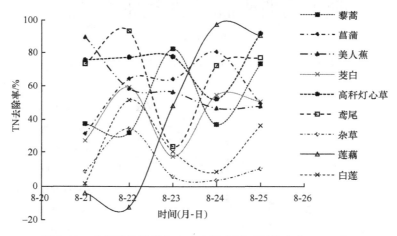

图 5-16　晚稻拔节孕穗期 TN 去除率随时间的变化（2012 年）

这一期间进水 TN 浓度均偏低,取样第一天的平均浓度只有 0.7mg/L 左右,第 3 天降到了 0.5mg/L,第 5 天为 0.4mg/L。湿地水体 TN 去除率随滞留时间的延长剧烈波动。第 1 天,大部分去除率达到 20%～40%,第 2 天为 30%～60%,第 4 天开始趋于稳定,达到 40%～80%。

2013 年 8 月 13～20 日,晚稻拔节孕穗期 9 个湿地水样 TN 浓度和去除率随时间的变化分别如图 5-17、图 5-18 所示。

与 2012 年情况类似,湿地 TN 浓度缓慢减少,平均浓度由最初的 1.5mg/L 降低到第 2 天的 1.2mg/L,再到第 8 天的 0.5mg/L。去除率在第 2 天为 10%～50%,第 5 天为 30%～60%,第 8 天去除率达到 75%。

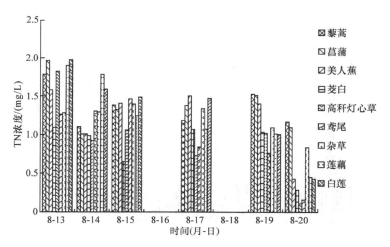

图 5-17　晚稻拔节孕穗期 TN 浓度随时间的变化（2013 年）

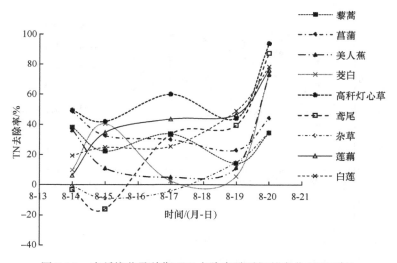

图 5-18　晚稻拔节孕穗期 TN 去除率随时间的变化（2013 年）

2012 年 9 月 27 日～10 月 3 日,晚稻乳熟期 9 个湿地水样 TN 浓度和去除率随时间的变化分别如图 5-19、图 5-20 所示。

由图 5-19、图 5-20 可知,TN 浓度在第 2 天迅速降低,其后保持较小的波动幅度。该阶段(9 月下旬)大部分湿地植物已到了其生长的后期,虽然有对氮素的吸收,但因茎、秆、叶等植物器官枯萎而释放氮素到水中,造成 TN 浓度增加。在 TN 高浓度下,湿地植物吸收的氮量大于其释放的氮量,总体表现为 TN 浓度降低。在

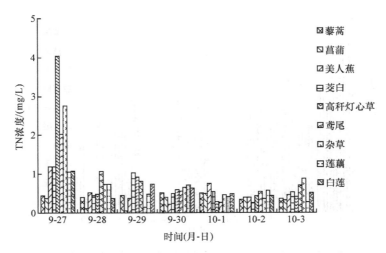

图 5-19　晚稻乳熟期 TN 浓度随时间的变化(2012 年)

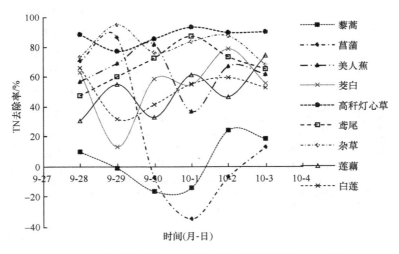

图 5-20　晚稻乳熟期 TN 去除率随时间的变化(2012 年)

TN 低浓度下,各种湿地植物对氮的吸收和释放达到了一个动态平衡,导致 TN 浓度低位波动。

　　由于湿地植物对氮的吸收和释放,TN 的去除率表现为波动变化,甚至有的去除率为负值,如藜蒿和菖蒲。其他几种湿地植物虽然达到一定的去除率,但是去除率的增加呈波动性,表明其对 TN 的吸收能力减弱。到第 5 天,大部分植物对 TN 的去除率达 50%。其中,高秆灯心草、西伯利亚鸢尾和杂草的净化效果较好,去除率达 75%。

　　2013 年 9 月 17～21 日,晚稻乳熟期 9 个湿地水样 TN 浓度和去除率随时间的变化分别如图 5-21、图 5-22 所示。其中,种植茭白、高秆灯心草和美人蕉的湿地水体 TN 去除率在第 5 天均达到了 65% 以上,净化效果良好。

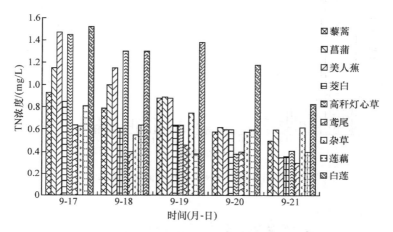

图 5-21　晚稻乳熟期 TN 浓度随时间的变化(2013 年)

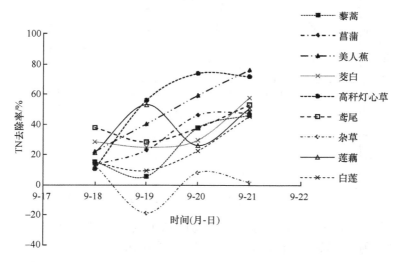

图 5-22　晚稻乳熟期 TN 去除率随时间的变化(2013 年)

　　2012 年 11 月 8～13 日,晚稻黄熟期 9 个湿地水样 TN 浓度和去除率随时间的变化分别如图 5-23、图 5-24 所示。

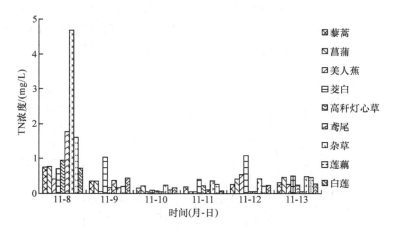

图 5-23　晚稻黄熟期 TN 浓度随时间的变化（2012 年）

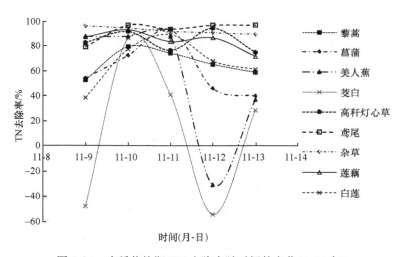

图 5-24　晚稻黄熟期 TN 去除率随时间的变化（2012 年）

　　该阶段（11 月中旬）大部分湿地植物已到了其生长的末期，湿地植物不断吸收和释放氮素，TN 去除率变化趋势和晚稻乳熟期大体相同。茭白和美人蕉 TN 去除率波动较大，甚至出现较大的负值，表明茭白和美人蕉向水中释放的 TN 大于吸收量。在这一阶段，高秆灯心草、西伯利亚鸢尾、莲藕和杂草 TN 去除效果较好，去除率均维持在 70％以上，且波动相对较小。这是由于西伯利亚鸢尾对低温的适应性较好，高秆灯心草的收割使其具有较高且稳定的 TN 去除率。

2. 对 TP 的去除效果

2012 年 6 月 1～6 日,早稻拔节孕穗期 9 个湿地 TP 浓度和去除率随时间的变化分别如图 5-25、图 5-26 所示。

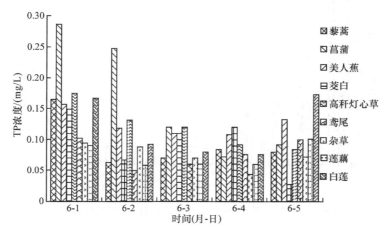

图 5-25　早稻拔节孕穗期 TP 浓度随时间的变化(2012 年)

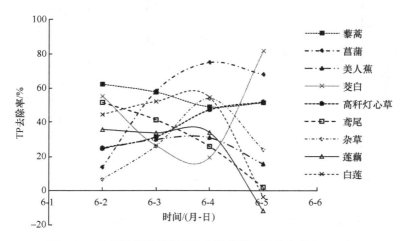

图 5-26　早稻拔节孕穗期 TP 去除率随时间的变化(2012 年)

由于 TP 浓度处于较低水平,植物对其吸收较少,从第 3 天开始其浓度便基本保持不变。9 个湿地 TP 去除率差异较大,且在第 5 天有下降的趋势。其中高秆灯心草、菖蒲、藜蒿 3 种湿地植物的 TP 去除效果较好。

2013 年 6 月 9～13 日,早稻拔节孕穗期 9 个湿地 TP 浓度和去除率随时间的变化如图 5-27、图 5-28 所示。

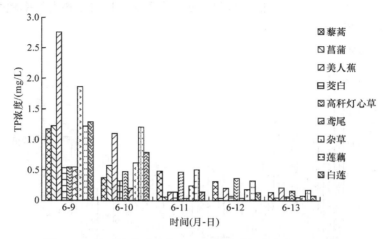

图 5-27　早稻拔节孕穗期 TP 浓度随时间的变化(2013 年)

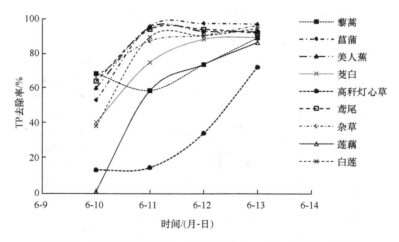

图 5-28　早稻拔节孕穗期 TP 去除率随时间的变化(2013 年)

与 2012 年早稻拔节孕穗期净化效果相比,2013 年表现了较高的 TP 去除率。这是由于 2013 年 TP 初始浓度(1.2mg/L)比 2012 年 TP 初始浓度(0.2mg/L)高,易于沉降吸附和被湿地植物吸收。TP 去除率在第 3 天基本达到 60％,第 4 天基本达到了 80％,所有湿地植物在早稻拔节孕穗期对稻田排水 TP 的去除效果都非常好。由于 TP 中以颗粒态的不溶磷为主,植物对 TP 的吸收有限,故对 TP 的去除以湿地底泥吸附为主,这里较低的水深(20cm)为底泥对 TP 的吸附提供了条件。

2012 年 7 月 7～12 日,早稻黄熟期 9 个湿地 TP 浓度和去除率随时间的变化如图 5-29、图 5-30 所示。

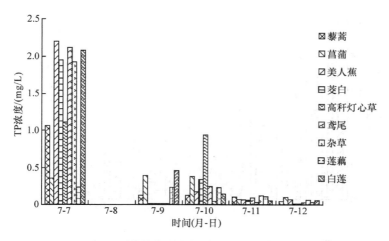

图 5-29　早稻黄熟期 TP 浓度随时间的变化(2012 年)

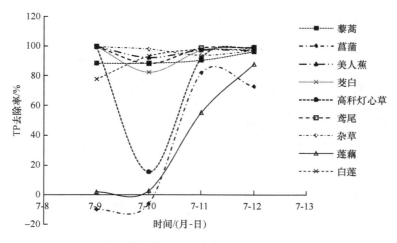

图 5-30　早稻黄熟期 TP 去除率随时间的变化(2012 年)

由图 5-29、图 5-30 可知,湿地水体 TP 浓度迅速降低,由最初约 1.5mg/L 迅速降到第 4 天的 0.2mg/L,净化基本完成,其后几天 TP 浓度基本维持不变。第 3 天大部分湿地水体 TP 去除率已达 80%,随着水体滞留时间的延长,种植茭白、白莲、美人蕉的湿地水体 TP 浓度去除率达到 90%。该阶段最佳水体滞留时间为 3～4 天。

2013年7月9～13日,早稻黄熟期9个湿地水体TP浓度及去除率随时间的变化如图5-31、图5-32所示。

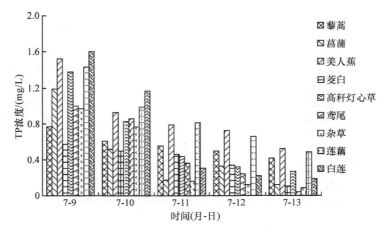

图 5-31　早稻黄熟期 TP 浓度随时间的变化(2013 年)

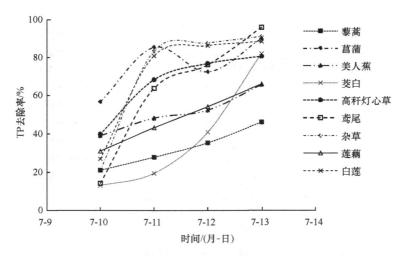

图 5-32　早稻黄熟期 TP 去除率随时间的变化(2013 年)

2013年早稻黄熟期对TP的净化效果没有2012年的好,但是4天后的净化效果基本一致。在第3天TP浓度由最初的1.2mg/L降低到0.5mg/L,第4天降到0.3mg/L。TP去除率呈逐渐增加趋势,第5天除种植藜蒿的湿地外其余湿地的TP去除率均达60%。

2012 年 7 月 19～26 日,晚稻返青期 9 个湿地水体 TP 浓度及去除率随时间的变化如图 5-33、图 5-34 所示。

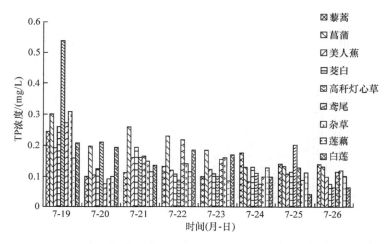

图 5-33　晚稻返青期 TP 浓度随时间的变化(2012 年)

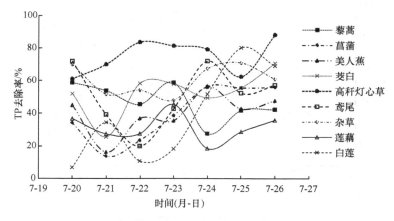

图 5-34　晚稻返青期 TP 去除率随时间的变化(2012 年)

同这时期 TN 浓度变化一样,TP 浓度缓慢波动降低。高温影响植物生理活动是一个方面;另一个方面则是由于 TP 的进水浓度比较低,其进一步被深度净化的空间较小。湿地水体的 TP 去除率呈现较大的波动,整个检测时段内基本维持在 15%～60%,TP 净化效果较好的是种植高秆灯心草、杂草、茭白和西伯利亚鸢尾的湿地,第 5 天去除率均达到 50% 以上。

2013 年 7 月 19～24 日,晚稻返青期 9 个湿地水体 TP 浓度及去除率随时间的变化如图 5-35、图 5-36 所示。

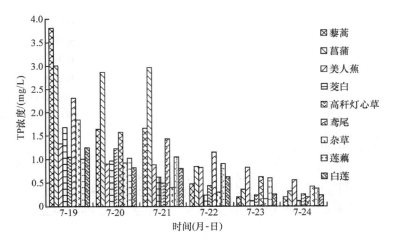

图 5-35　晚稻返青期 TP 浓度随时间的变化(2013 年)

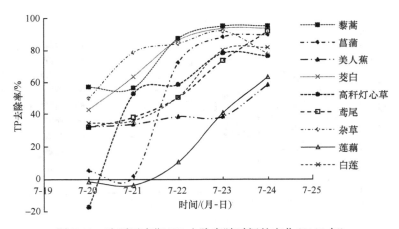

图 5-36　晚稻返青期 TP 去除率随时间的变化(2013 年)

由图 5-35、图 5-36 可见,TP 浓度呈快速下降趋势,由最初的 2.0mg/L 下降到了第 5 天的 0.3mg/L,然后维持稳定。TP 去除率在第 2 天达到 30%～60%,第 5 天基本达到 70%。其中,种植茭白和藜蒿的湿地水体净化效果较好,在第 4 天就达到了 80%并保持稳定。

2012 年 8 月 20～25 日,晚稻拔节孕穗期 9 个湿地水体 TP 浓度及去除率随时间的变化如图 5-37、图 5-38 所示。

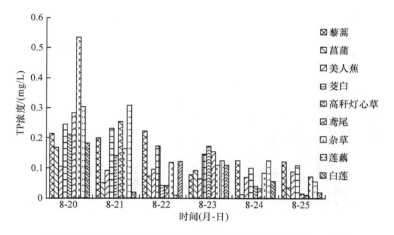

图 5-37　晚稻拔节孕穗期 TP 浓度随时间的变化(2012 年)

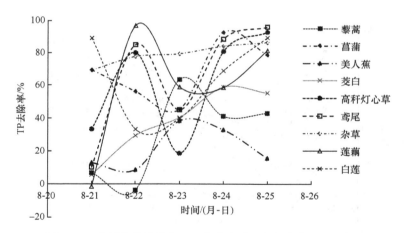

图 5-38　晚稻拔节孕穗期 TP 去除率随时间的变化(2012 年)

由图 5-37、图 5-38 可知,TP 浓度由最初的 0.25mg/L 随时间逐渐降低,第 5 天趋于稳定,维持在 0.08mg/L 左右。TP 去除率随水体滞留时间的增加呈现波动增长趋势,到第 5 天为 50%～80%,随后去除率基本维持稳定。

2013 年 8 月 13～20 日,晚稻拔节孕穗期 9 个湿地 TP 浓度及去除率随时间的变化如图 5-39、图 5-40 所示。

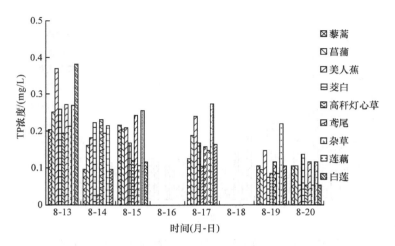

图 5-39　晚稻拔节孕穗期 TP 浓度随时间的变化(2013 年)

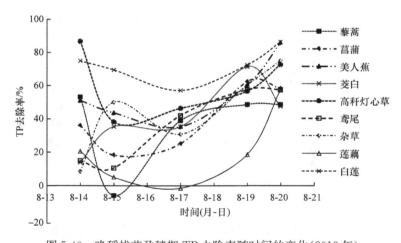

图 5-40　晚稻拔节孕穗期 TP 去除率随时间的变化(2013 年)

　　同 2012 年情况类似,湿地进水 TP 浓度较低,呈逐渐减少趋势,但减少缓慢,由最初的 0.25mg/L,第 5 天逐渐降到 0.15mg/L,第 7 天降到 0.1mg/L。TP 去除率呈波动上升的趋势,第 5 天为 30%～60%,在第 7 天均达到 50% 以上。其中,高秆灯心草、美人蕉、白莲第 7 天 TP 去除率达到 60% 以上。

　　2012 年 9 月 27 日～10 月 3 日,晚稻乳熟期 9 个湿地 TP 浓度及去除率随时间的变化如图 5-41、图 5-42 所示。

　　由图 5-41、图 5-42 可知,大部分 TP 浓度在第 4 天就降到了较低水平,在第 5 天和第 6 天出现小幅度波动。TP 去除的主要原因是湿地底泥的吸附,其次是由

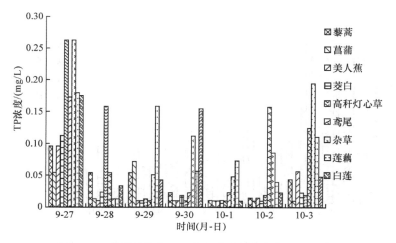

图 5-41　晚稻乳熟期 TP 浓度随时间的变化(2012 年)

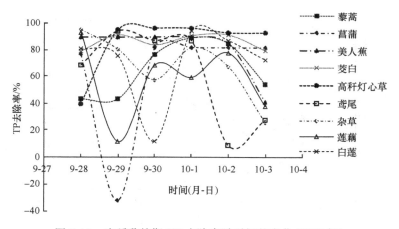

图 5-42　晚稻乳熟期 TP 去除率随时间的变化(2012 年)

于湿地植物对磷的吸收和释放,该阶段由于植物吸收减弱,导致 TP 去除率表现为波动变化。该阶段净化效果较好的是高秆灯心草和茭白,去除率达 80% 且较为稳定。

2013 年 9 月 17～21 日,晚稻乳熟期 TP 浓度及去除率随时间的变化如图 5-43、图 5-44 所示。

相比 2012 年,湿地 TP 浓度缓慢降低,由最初的 0.2mg/L,第 4 天降到 0.07mg/L。其中,高秆灯心草、美人蕉、西伯利亚鸢尾、白莲、莲藕第 5 天去除率均达到了 60% 以上。

2012 年 11 月 8～13 日,晚稻黄熟期 TP 浓度及去除率随时间的变化如

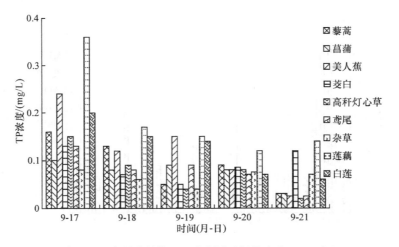

图 5-43　晚稻乳熟期 TP 浓度随时间的变化(2013 年)

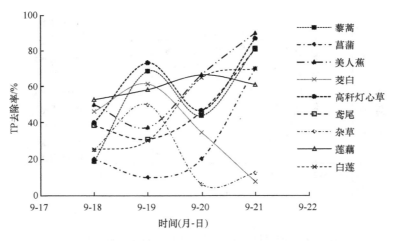

图 5-44　晚稻乳熟期 TP 去除率随时间的变化(2013 年)

图 5-45、图 5-46 所示。

　　由图 5-45、图 5-46 可知,TP 浓度在第 2 天迅速降低,其后基本保持稳定。这主要是由于进水 TP 浓度较高,湿地的沉降和底泥吸附作用较为强烈,其后由于 TP 浓度变低,植物的吸收作用处于主导地位。种植莲藕、西伯利亚鸢尾、杂草的湿地 TP 去除效果较好,第 4 天后,TP 去除率均维持在 70% 以上,且波动相对较小。西伯利亚鸢尾 TP 去除率高的原因是由于气温转低,对西伯利亚鸢尾生长的影响较小。而菖蒲和藜蒿的 TP 去除率较低,甚至为负值,主要是由于气温转低,植物不适应低温生长、衰老及释放磷素所致。

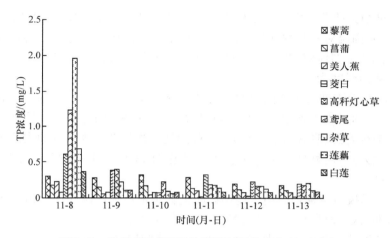

图 5-45　晚稻黄熟期 TP 浓度随时间的变化（2012 年）

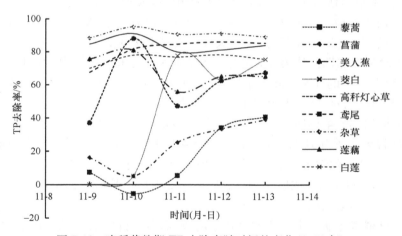

图 5-46　晚稻黄熟期 TP 去除率随时间的变化（2012 年）

3. 综合分析

本试验时间为 2012～2013 年早稻、晚稻期间。从 2012 年 4～5 月湿地植物移栽至 9 个湿地正常生长后开始进行试验，到晚稻黄熟期结束，为期两年。由于不同时期各个湿地植物生长状况及稻田排水负荷的差异，以及不同时期气候因素的变化，各种湿地植物表现出对 TN、TP 不同的净化效果。

1）湿地植物对 TN 去除效果的一般规律

（1）早稻拔节孕穗期。由于湿地植物都处于快速生长期，所以对 TN 的去除效果均很好。各湿地植物对 TN 的去除率均非常高，在第 5 天，除 2013 年藜蒿湿地外，其他湿地的 TN 去除率达到 90％，而且去除率稳定性高。

（2）早稻黄熟期。由于湿地植物还处在快速生长期，所以对 TN 的去除效果很好，但同时高温对一些湿地植物的生长也有一些影响。最终，西伯利亚鸢尾、菖蒲和美人蕉 3 种湿地植物的 TN 去除率较好，在第 5 天去除率达到 80％，该阶段最佳水体滞留时间为 4 天。

（3）晚稻返青期。由于高温原因，植物气孔关闭，已不利于湿地植物的正常生长，其对氮素的吸收受到影响。另外，该阶段大部分湿地植物已达到了成年时期，氮素需求减少，氮素吸收减缓。但是，某些湿地植物仍然表现较好的去除效果。例如，白莲、美人蕉、高秆灯心草和西伯利亚鸢尾，在第 4 天，TN 去除率均达到 75％，稳定性较高。

（4）晚稻拔节孕穗期。由于高温影响植物正常新陈代谢和湿地植物生长已达到成年时期，这一时期湿地水体 TN 去除率波动性较大。

（5）晚稻乳熟期。由于大部分湿地植物已到其生长的后期，虽然有对氮素的吸收，但由于植物枯萎而把氮素释放到水体中，造成水中 TN 浓度增大，这两方面的作用造成了湿地 TN 浓度的波动变化。其中，高秆灯心草、美人蕉、西伯利亚鸢尾和杂草的 TN 去除效果较好，第 5 天 TN 去除率达到 70％。

（6）晚稻黄熟期。从第 3 天开始 TN 去除率趋于稳定。莲藕、高秆灯心草、西伯利亚鸢尾、杂草的 TN 去除效果较好，均维持在 70％以上，且波动相对较小。

2）湿地植物对 TP 去除效果的一般规律

（1）早稻拔节孕穗期。当 TP 浓度处于较低水平（小于 0.5mg/L 时），TP 去除率波动性较大，9 个湿地植物对 TP 的去除率为 10％～60％。其中高秆灯心草、菖蒲、藜蒿的 TP 去除效果较好，去除率呈现稳定增长趋势，第 4 天达到 40％，而菖蒲达到 70％。当进水 TP 浓度较高（大于 1.5mg/L 时），其可快速被湿地底泥吸附，浓度迅速下降，然后保持稳定波动。

（2）早稻黄熟期。由于进水 TP 浓度较高，其去除进程较快。随着水体滞留时间的增加，TP 浓度不断降低，当浓度降低到 0.3mg/L 时，开始平稳变化。第 5 天，菖蒲、白莲、西伯利亚鸢尾对 TP 的去除率达到 80％以上。

（3）晚稻返青期。由于 TP 浓度较高，其呈现出稳定去除的过程。第 1 天大部分 TP 去除率达到 20％～30％，随着水体滞留时间的延长，第 4 天达到 75％。其中，茭白、高秆灯心草、西伯利亚鸢尾和白莲在第 4 天 TP 去除率达到 75％，去除效果显著。

（4）晚稻拔节孕穗期。由于该阶段 TP 浓度较低，随着水体滞留时间的增加，TP 去除率呈现缓慢波动增加的趋势。其中高秆灯心草、白莲和西伯利亚鸢尾 TP 去除效果较好，第 5 天 TP 去除率达到 40％～80％。

（5）晚稻乳熟期。TP 浓度均处于较低水平，TP 浓度呈现波动缓慢下降的趋势。第 5 天降到较低水平。该阶段 TP 去除效果较好的是高秆灯心草、白莲和西伯利亚鸢尾,对 TP 的去除率达到 70%。

(6) 晚稻黄熟期。2012 年,由于初始浓度较大,增强了底泥吸附作用,TP 浓度在第 2 天迅速降低,其后缓慢减小。莲藕、西伯利亚鸢尾和杂草的 TP 去除效果较好,第 4 天开始,均维持在 70% 以上,且波动相对较小。

3) 不同湿地植物对农田排水 TN、TP 去除的主要结论

(1) 适合鄱阳湖流域生长且对 TN、TP 去除效果较好的湿地植物为茭白、高秆灯心草、莲藕和西伯利亚鸢尾,且茭白、高秆灯心草和莲藕具有较好的经济价值,适合在鄱阳湖流域推广。各湿地植物对 TN、TP 的净化效果,以水体滞留时间 4 天为标准,湿地植物对 TN、TP 去除率范围见表 5-3。

表 5-3　早稻、晚稻生育期湿地植物对 TN、TP 的去除率

水质指标	湿地植物	早稻生育期去除率范围/%	晚稻生育期去除率范围/%
TN	茭白	80～85	60～75
	高秆灯心草	80～85	75～80
	西伯利亚鸢尾	65～75	80～90
	莲藕	65～75	65～70
TP	茭白	65～80	50～80
	高秆灯心草	50～90	60～85
	西伯利亚鸢尾	40～70	70～90
	莲藕	55～70	60～75

(2) 最佳水体滞留时间为 3～4 天。超过 5 天后,湿地对 TN、TP 去除率的增幅明显变慢,主要原因是:①随着时间的延长,水体中 TN 浓度下降,高浓度的去除速率相对高于低浓度的。②微生物对于磷的去除效果在短时间内相对稳定,导致其去除率放缓的主要因素是土壤,土壤对磷的去除主要通过离子交换、专性和非专性吸附、沉降反应等,随着时间的推移,土壤基质对磷的吸收逐渐趋于饱和,导致去除能力下降,且当水体中 TP 浓度较低时,湿地基质的吸附作用有限。由此可见,依靠湿地基质不能达到长期除磷的目的。

(3) 植物在不同生育期、不同温度条件下对 TN、TP 的去除效果差异较大。植物在其生长旺盛期去除效果好于其他时期;对植物的收割也有利于植物净化氮、磷营养元素,如高秆灯心草。

(4) 植物对 TN、TP 的去除与植物生物量积累有一定的关系,植物生长前期生物量积累快,氮、磷吸收较多,去除效果较好;到植物生长后期,生物量积累减缓,对氮、磷需求少,氮、磷浓度降低较慢。

5.2.2　不同控制水深对 TN、TP 的去除效果

试验于 2012 年及 2013 年在 3 个不同水深的莲藕塘堰湿地中开展。设置了 3 个处理,即湿地 1(SD1)、湿地 2(SD2)和湿地 3(SD3),稻田排水分别排入 3 个塘堰湿地,其对应的水深分别为 20cm、40cm、60cm。3 个塘堰湿地均种植莲藕。在莲藕各生育期(成苗期、开花期、结果期、成藕期)各取样一次,分析莲藕在各生育期对 TN、TP 的减污情况。

1. 成苗期 TN、TP 的去除效果

莲藕成苗期,农田排水进入 3 个湿地后,于 2012 年 5 月 11~19 日连续取样分析。TN、TP 浓度随时间的变化见表 5-4,TN、TP 去除率随时间的变化如图 5-47 所示。

表 5-4　莲藕成苗期 TN、TP 浓度随时间的变化(2012 年)　　　　(单位:mg/L)

营养元素	湿地	水样采集时间(月-日)				
		5-11	5-13	5-15	5-17	5-19
TN	SD1	5.80	0.24	2.07	0.45	1.64
	SD2	1.09	0.86	0.75	0.60	1.19
	SD3	2.01	0.05	1.50	0.76	1.89
TP	SD1	0.45	0.09	0.10	0.38	0.17
	SD2	0.21	0.18	0.12	0.11	0.11
	SD3	0.28	0.09	0.12	0.19	0.16

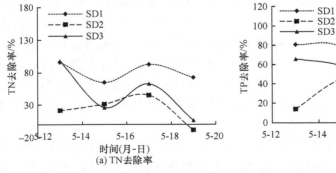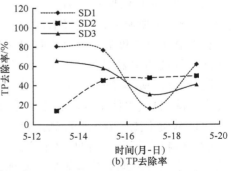

图 5-47　莲藕成苗期 TN、TP 去除率随时间的变化(2012 年)

分析可知,SD1、SD2 和 SD3 中 TN 和 TP 的浓度均随排水进入湿地时间的增加呈现下降趋势,但下降速率各异。TN 浓度在第 4 天降到最低,随后又波动增加。相比 SD2 和 SD3,SD1 对 TN 的去除能力更强,这是由于 SD1 水深较浅,有利

于莲藕新叶长出水面。而 SD2 和 SD3 由于水深较深,与 SDI 相比荷叶长出水面困难,所以其出水荷叶数量少,去除效果相对较差。TP 浓度变化随排水进入湿地时间的增加逐渐减小,在第 3 天达到一个较低水平,但是随后有一个浓度上升的波动,TP 的去除率总体较低,该阶段,SD2 对 TP 的去除效果相对较好。

2013 年 5 月 20～26 日,莲藕成苗期 TN、TP 浓度随时间的变化见表 5-5,TN、TP 去除率随时间的变化如图 5-48 所示。分析可知,SD1、SD2 和 SD3 中 TN 和 TP 浓度均随排水进入湿地的时间的增加呈现下降趋势,第 4 天 TN 浓度降到最低。相比 SD2 和 SD3,SD1 对 TN、TP 的去除作用更大。

表 5-5　莲藕成苗期 TN、TP 浓度随时间的变化(2013 年)　　　　（单位:mg/L）

营养元素	湿地	水样采集时间(月-日)				
		5-20	5-21	5-22	5-24	5-26
TN	SD1	8.25	8.17	8.37	2.39	2.45
	SD2	7.92	8.11	8.20	4.36	3.96
	SD3	8.66	8.33	8.20	4.53	3.94
TP	SD1	0.19	0.13	0.11	0.10	0.05
	SD2	0.11	0.03	0.08	0.05	0.10
	SD3	0.12	0.10	0.10	0.06	0.11

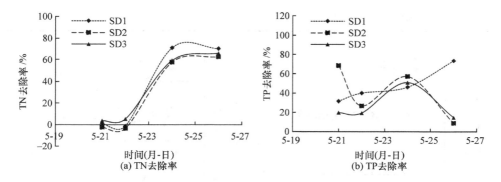

图 5-48　莲藕成苗期 TN、TP 去除率随时间的变化(2013 年)

2. 开花期 TN、TP 的去除效果

莲藕开花期,农田排水进入湿地后,于 2012 年 6 月 2～6 日连续取样分析。TN、TP 浓度随时间的变化见表 5-6,去除率随时间的变化如图 5-49 所示。分析可知,TN、TP 浓度均呈现出随时间增加而下降的趋势,主要是该阶段莲藕荷叶已基

本形成,且该阶段莲藕生长迅速,对氮素需求较大,所以表现为 TN 浓度迅速降低。SD1 和 SD2 的 TN 浓度变化趋势基本相同,其对 TN 的去除率迅速达到最大值;而 SD3 的 TN 浓度下降相对较慢,主要原因是由于莲藕对 TN 的去除主要是通过莲藕对氮素的吸收,以及附着在植物和土壤里的微生物对氮素的硝化和反硝化两个方面作用。SD3 由于水深较大,污染物到达植物根部缓慢,所以被吸收所需时间更长;SD1 和 SD2 水深较浅,污染物扩散到达根部较快,即莲藕对 TN、TP 吸收较快,所以表现为 SD1 和 SD2 的 TN 浓度比 SD3 的 TN 浓度降低快。3 种水深湿地对 TN 的去除率在第 4 天均达到 80%,对于 TP,3 种水深湿地的去除率均呈现较大的波动,其中以 SD1 表现最好,相对稳定且去除率维持在 40% 以上。

表 5-6　莲藕开花期 TN、TP 浓度随时间的变化(2012 年)　　　(单位:mg/L)

营养元素	湿地	水样采集时间(月-日)				
		6-2	6-3	6-4	6-5	6-6
TN	SD1	10.80	1.13	0.83	2.35	0.10
	SD2	11.01	0.74	0.88	0.86	0.37
	SD3	10.99	12.28	0.50	1.59	0.82
TP	SD1	0.18	0.07	0.13	0.03	0.09
	SD2	0.16	0.09	0.12	0.11	0.01
	SD3	0.20	0.13	0.34	0.06	0.15

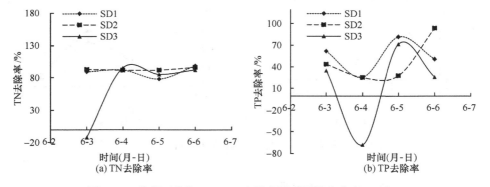

图 5-49　莲藕开花期 TN、TP 去除率随时间的变化(2012 年)

2013 年 6 月 3～9 日,莲藕开花期 3 种湿地水体 TN、TP 浓度随时间的变化见表 5-7,去除率随时间的变化如图 5-50 所示。

表 5-7　莲藕开花期 TN、TP 浓度随时间的变化（2013 年）　　　　（单位:mg/L）

营养元素	湿地	水样采集时间（月-日）						
		6-3	6-4	6-5	6-6	6-7	6-8	6-9
TN	SD1	1.82	1.81	1.06	0.64	0.48	0.44	0.32
	SD2	3.58	2.82	1.95	1.23	0.77	0.60	0.53
	SD3	3.22	2.07	1.56	1.33	1.15	0.92	0.80
TP	SD1	0.08	0.08	0.08	0.04	0.06	0.05	0.04
	SD2	0.05	0.04	0.02	0.01	0.02	0.02	0.02
	SD3	0.06	0.04	0.06	0.03	0.03	0.02	0.02

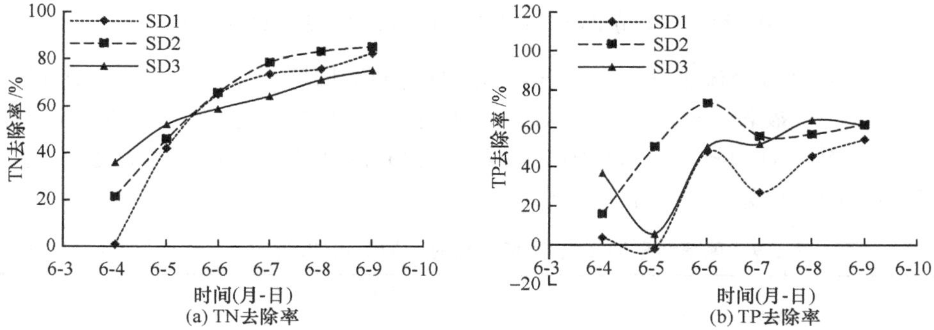

图 5-50　莲藕开花期 TN、TP 去除率随时间的变化（2013 年）

由表 5-6 可见,该阶段进水中 TN、TP 的浓度均较低,但仍然表现出了较高的去除率。TN 的去除率呈现稳定上升趋势,3 个湿地的去除率在第 5 天均达到60% 以上。TP 的去除率呈现波动增加的趋势,稳定性较差,最终维持在 50% 左右。该阶段 SD2 的 TN、TP 的去除效果较好。

3. 结果期 TN、TP 的去除效果

2012 年 6 月 25～29 日,莲藕结果期 TN、TP 浓度随时间的变化见表 5-8,去除率随时间的变化如图 5-51 所示。

表 5-8　莲藕结果期 TN、TP 浓度随时间的变化（2012 年）　　　（单位:mg/L）

营养元素	湿地	水样采集时间（月-日）				
		6-25	6-26	6-27	6-28	6-29
TN	SD1	1.40	1.22	0.58	0.72	0.76
	SD2	1.50	1.34	0.82	0.56	0.41
	SD3	1.39	1.11	1.06	0.86	0.89
TP	SD1	0.16	0.09	0.08	0.05	0.05
	SD2	0.13	0.07	0.05	0.03	0.02
	SD3	0.11	0.10	0.09	0.08	0.08

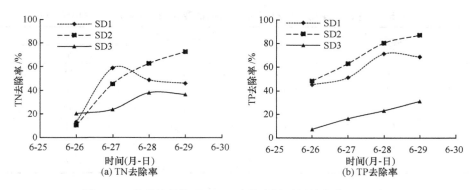

图 5-51　莲藕结果期 TN、TP 去除率随时间的变化（2012 年）

分析可知，3 个湿地 TN、TP 浓度均随时间的增加呈下降趋势。SD2 对 TN 的去除效果非常显著。SD1 和 SD2 对 TP 的去除率效果均较好，第 4 天达到 70%。

2013 年 7 月 26～31 日，莲藕结果期 TN、TP 浓度随时间的变化见表 5-9，去除率随时间的变化如图 5-52 所示。

表 5-9　莲藕结果期 TN、TP 浓度随时间的变化（2013 年）　　　（单位：mg/L）

营养元素	湿地	水样采集时间（月-日）				
		7-26	7-28	7-29	7-30	7-31
TN	SD1	1.22	0.67	0.66	0.49	0.54
	SD2	1.90	1.37	1.04	0.71	0.57
	SD3	1.73	1.25	1.10	1.35	1.10
TP	SD1	0.11	0.13	0.12	0.10	0.07
	SD2	0.12	0.10	0.06	0.08	0.03
	SD3	0.23	0.13	0.16	0.12	0.16

该阶段的 TN、TP 浓度和变化趋势与 2012 年都极为相似。SD2 对 TN 的去除效果较为显著，其次为 SD1。TP 的去除有一定的波动，但其浓度仍然呈下降趋势。SD2 对 TP 的去除率第 5 天达到 75%，SD3 对 TP 的去除率维持在 40% 左右，SD1 对 TP 的去除效果欠佳。

4. 成藕期 TN、TP 的去除效果

2012 年 8 月 29 日～9 月 4 日，莲藕成藕期 TN、TP 浓度随时间的变化见表 5-10，去除率随时间的变化如图 5-53 所示。

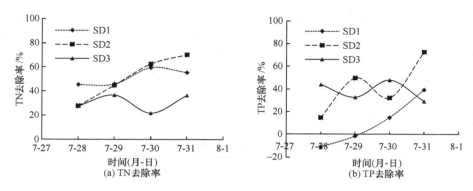

图 5-52　莲藕结果期 TN、TP 去除率随时间的变化(2013 年)

表 5-10　莲藕成藕期 TN、TP 浓度随时间的变化(2012 年)　　　(单位:mg/L)

营养元素	湿地	水样采集时间(月-日)						
		8-29	8-30	8-31	9-1	9-2	9-3	9-4
TN	SD1	2.51	0.47	0.08	0.07	0.45	0.51	0.87
	SD2	2.64	0.91	0.15	0.13	0.44	0.74	0.40
	SD3	2.83	1.87	0.35	0.39	0.71	0.63	0.98
TP	SD1	0.99	0.56	0.41	0.09	0.22	0.40	0.16
	SD2	1.71	1.67	1.02	1.01	0.22	0.18	0.09
	SD3	1.09	0.36	1.11	1.04	0.69	0.52	0.51

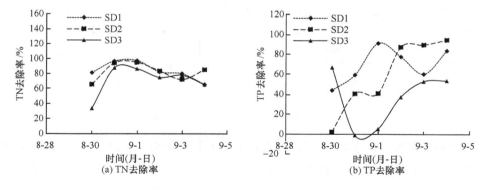

图 5-53　莲藕成藕期 TN、TP 去除率随时间的变化(2012 年)

　　该阶段,由于 TN 浓度较高,湿地的净化效果也较为显著,TN 浓度的降低速率较快,第 4 天降到最低。主要是由于成藕期生长新藕,莲藕需要吸收大量的氮素。

　　SD1 和 SD2 对 TP 的去除效果均较好。TP 浓度在第 4 天降到最低值,其后有波动增加的趋势。SD1 的 TP 去除率第 3 天达到最大为 90%，但随后为阴雨天气，TP 浓度迅速增加，使 TP 去除率下降到 60%。SD2 对 TP 的去除率呈波动上升的趋势，第 5 天 TP 去除率达到 90% 并随后保持稳定。由此可见，SD1 对 TP 的净化相较于 SD2 更易受天气的影响。SD3 TP 浓度降低较慢，去除率相对较低。

2013 年 8 月 27～31 日，莲藕成藕期的 TN、TP 浓度见表 5-11，去除率随时间的变化如图 5-54 所示。

表 5-11　莲藕成藕期 TN、TP 浓度随时间的变化（2013 年）　　　　（单位：mg/L）

营养元素	湿地	水样采集时间（月-日）				
		8-27	8-28	8-29	8-30	8-31
TN	SD1	0.19	0.13	0.22	0.16	0.10
	SD2	0.23	0.18	0.17	0.24	0.15
	SD3	0.27	0.20	0.18	0.21	0.22
TP	SD1	0.07	0.06	0.05	0.05	0.05
	SD2	0.06	0.03	0.02	0.05	0.03
	SD3	0.05	0.04	0.03	0.03	0.02

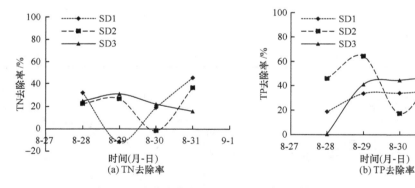

图 5-54　莲藕成藕期 TN、TP 去除率随时间的变化（2013 年）

该阶段 TN、TP 浓度均较低，所以各湿地对其去除率均偏低，且一直处于波动变化中。3 个湿地对 TN 的去除率最终维持在 30% 左右，对 TP 的去除率维持在 40% 左右。

5. 综合分析

通过莲藕各生育期（成苗期、开花期、结果期、成藕期）对农田排水中 TN、TP 的净化效果分析，可得出如下结论：

（1）SD2 对 TN、TP 的综合去除效果最好，塘堰湿地的适宜控制水深以 40cm

为佳。SD1 由于水深较浅,对外界环境变化的抵抗力较弱,易受外界环境的影响,其对 TN、TP 的去除效果波动较大。SD3 由于水深较深,污染负荷需要一定时间扩散到水底,供根茎吸收,所以对氮素的去除效果较慢。

(2) 莲藕开花期对 TN、TP 的去除效果最好,这是由于莲藕荷叶刚好长大,对氮、磷吸收作用强,且莲藕植株本身积蓄的氮、磷较少,同时无衰老植物器官释放氮、磷营养元素,所以需要吸收大量的氮、磷来维持其快速生长。

(3) 莲藕对 TN 的去除效果优于对 TP 的去除效果。各生育期莲藕对 TN 的去除率比对 TP 的去除率高约 10%。同时,TN、TP 的去除效果与其初始浓度关系密切,当初始浓度较高时其可以被迅速降低到较低值,而当初始浓度偏低时,其去除效果不明显。

(4) 在成藕期,由于植物的衰老枯萎,其对氮、磷的吸收和释放有一个动态平衡过程,当天气不利于莲藕对氮、磷的吸收时,莲藕向水中释放氮、磷,导致氮、磷浓度升高。

5.2.3　鄱阳湖流域稻田与湿地面积比分析

用于处理来自点源或面源污染的湿地通常不具有蓄水功能,湿地日常入流量约等于出流量。而农民所管理的塘堰主要用于灌溉、养殖、农村生活用水等,兼具有湿地去污的功能。在年内塘堰因蓄水、供水等要求,水位有较大的变幅,从 4 月底到 10 月中下旬的双季稻种植期塘堰水位一般相对较高,而在 11 月至次年 4 月塘堰水位相对较低。

当新建塘堰湿地时,考虑在保留湿地的去污能力时,使湿地具有更小的占地面积、更多的拦截排水从而利用降雨径流,这种类型的湿地可使各项效益最大化。

在前述章节中已经对塘堰湿地的去污效应及其影响因素进行了分析,本节主要针对湿地拦截稻田排水量进行分析。相关概念说明如下:

(1) 稻田与湿地面积比。定义为稻田面积与湿地水域面积之比。

(2) 塘堰湿地破坏。将塘堰湿地用于净化农业面源污染时,如果所拦截的稻田排水使湿地的水位上升且超过蓄水上限,则塘堰湿地视为被破坏。

(3) 塘堰湿地截污保证率。规划布置及设计塘堰湿地时,稻田与塘堰湿地面积比越大,则塘堰湿地越容易因蓄满而破坏,但减少了湿地占地面积。相反,如果稻田与塘堰湿地面积比越小,则塘堰湿地越不易因蓄满而破坏,但却增加了塘堰湿地的占地面积。由于不可能将湿地设计的足够大,以拦截所有降水频率下的稻田排水量,因此,可以定义一个合理的塘堰湿地遭截污破坏的概率,也称为塘堰湿地截污保证率,即塘堰湿地能够拦截当年 1 日最大稻田排水的年数占参与分析的总年数的比例。本节考虑多年平均情况下塘堰湿地所能控制的稻田面积。

(4) 排频计算。采用时历年法推算稻田逐日排水量,对排水量的频率分析方法采用经验排频。

（5）相关假定。通常情况下,降水前期产生的径流中各种污染物质的浓度较高,降水后期产生的径流中污染物浓度迅速降低。因此只需要保证塘堰湿地能够截留前期降水产生的径流即可,同时农田排水需经过一定排水沟后再进入下游湿地,期间有一定截留损失,因此,假定降水产生的稻田排水中有70%被塘堰湿地截留即满足要求。

1. 方案设计

根据美国环境保护局(US Environmental Protection Agency,EPA)湿地设计规范,表面流湿地最适宜的湿地水深设置为20~60cm,最大水深不宜超过110cm。根据5.2.2节的试验结果,湿地日常最适宜水深为40cm,此时暴雨期湿地仍具有70cm的蓄水空间。

由于传统意义上稻田与湿地面积比是指平面投影上的面积之比,当考虑到湿地蓄水、稻田排水后,这一面积比则体现为湿地通过控制不同的排水量来反映相应的控制面积,也即蓄水容积与实际排水量的比值。

2. 计算步骤及结果分析

1) 长系列稻田排水量计算

长系列稻田排水量的计算主要根据长系列的稻田水量平衡时历法进行计算。在没有实际观测数据的情况下,可以按以下方法进行推算。

在水稻生育期中任何一个时段内,农田水分的变化取决于该时段内来水和耗水之间的消长,它们之间的关系用水量平衡方程表示为

$$h_1 + P + m - WC - d = h_2 \tag{5-2}$$

式中,h_1 为时段初田面水层深度,mm;h_2 为时段末田面水层深度,mm;P 为时段内降水量,mm;m 为时段内的灌水量,mm;WC 为时段内的田间耗水量,包括田间渗漏和作物蒸发蒸腾量两部分,mm;d 为时段内排水量,mm。发生降水时,若降水量超过田间适宜雨后蓄水上限(H_P)则需要进行排水。用列表法逐日推求水稻排水量。

实际计算时,采用江西省灌溉试验中心站1981~2012年长系列逐日气象资料进行计算,作物系数采用江西省灌溉试验中心站早稻、晚稻试验实测的平均作物系数,渗漏量采用试验站实测资料,计算的起止日期为当年的4月25日至当年的10月21日,采用农民常用的淹水灌溉模式作为水层控制标准,具体见表2-1。当湿地入流主要来源于稻田排水时,水稻生育期外的排水事件不予考虑。

2) 稻田与湿地面积比计算

将稻田与湿地的平面面积比换算为稻田排水量与湿地蓄水容积之间的关系进

行水平衡分析。考虑到湿地的去污功能,湿地的最大水深不宜过高,超过相应的最适宜水深,湿地植物、微生物生长受到抑制,不具有明显的去污能力。根据试验结果,湿地日常水深控制为 40cm,而最大水深控制为 110cm,具有 70cm 的蓄水深度。

湿地蓄水容积与降水、排水的关系依照式(5-3)进行计算:

$$V_{湿地} = A_{湿地}P + \alpha A_{稻田}d \qquad (5\text{-}3)$$

式中,$V_{湿地}$ 为湿地的蓄水容积(在日常水深基础上能够拦蓄的水量),m^3,即湿地面积与蓄水深度的乘积,$V_{湿地} = A_{湿地}H_{max}$,H_{max} 为湿地拦蓄深度,700mm;$A_{湿地}$ 为湿地面积,m^2;P 为最大排水量当日对应的降水量,mm;$A_{稻田}$ 为稻田面积,m^2;d 为双季稻生育期内年最大日排水量,依据水量平衡计算得出,mm;α 为塘堰湿地承纳稻田排水量的比例,这里取 0.7。

式(5-3)可表示为

$$A_{湿地}H_{max} = A_{湿地}P + \alpha\beta A_{湿地}d \qquad (5\text{-}4)$$

式中,β 为稻田与湿地的面积比,$\beta = A_{稻田}/A_{湿地}$。

可解得

$$\beta = \frac{H_{max} - P}{\alpha d} \qquad (5\text{-}5)$$

3) 结果分析

根据各年双季稻生育期内年最大日排水量及其排频计算,得到相应各年的稻田与湿地面积比结果见表 5-12。由表 5-12 可知,75％保证率对应的稻田与湿地面积比为 8∶1;50％保证率对应的稻田与湿地面积比为 12.3∶1;25％保证率对应的稻田与湿地面积比为 15.7∶1。因此,平均情况下适宜的稻田与湿地面积比可选为 12.3∶1。

表 5-12　稻田与湿地面积比排频(1980~2012 年)

年份	最大排水对应时间 /(月-日)	双季稻期内最大日排水量 /mm	当日降水量 /mm	排序	保证率/％	面积比
2010	6-19	215.2	233.2	1	97.06	3.14
1999	8-30	175.5	193.5	2	94.12	4.14
2003	6-24	162.8	180.8	3	91.18	4.57
2006	8-11	152.0	170.0	4	88.24	5.00
1995	6-26	147.6	165.6	5	85.29	5.14
2004	8-14	118.1	136.1	6	82.35	6.86
1988	6-18	108.7	126.7	7	79.41	7.57
1985	6-3	104.0	122.0	8	76.47	8.00

年份	最大排水对应时间/(月-日)	双季稻期内最大日排水量/mm	当日降水量/mm	排序	保证率/%	面积比
1984	9-1	91.7	109.7	9	73.53	9.14
1986	6-22	88.7	106.7	10	70.59	9.57
1994	6-16	88.0	106.0	11	67.65	9.71
2002	5-13	85.6	103.6	12	64.71	10.00
1982	6-19	84.7	102.7	13	61.76	10.14
2005	11-10	84.5	102.5	14	58.82	10.14
1998	5-2	83.0	101.0	15	55.88	10.29
1993	6-30	75.2	93.2	16	52.94	11.57
1983	7-5	71.2	89.2	17	50.00	12.29
2008	6-17	68.9	86.9	18	47.06	12.71
1992	7-3	68.5	86.5	19	44.12	12.86
1996	6-20	67.1	85.1	20	41.18	13.14
1987	10-13	62.8	80.8	21	38.24	14.14
2000	6-8	62.6	80.6	22	35.29	14.14
1997	8-4	61.0	79.0	23	32.35	14.57
1989	7-2	60.8	78.8	24	29.41	14.57
2009	6-2	56.9	74.9	25	26.47	15.71
2012	5-12	55.9	73.9	26	23.53	16.00
2011	6-4	53.8	71.8	27	20.59	16.71
1980	8-29	53.0	71.0	28	17.65	17.00
1981	7-25	50.4	68.4	29	14.71	17.86
2001	6-2	49.4	67.4	30	11.76	18.29
1990	5-29	28.6	46.6	31	8.82	32.57
1991	5-23	28.5	46.5	32	5.88	32.71
2007	8-20	27.8	45.8	33	2.94	33.57

5.2.4 不同运行模式塘堰湿地对农田排水面源污染物的去除效果

塘堰湿地对农田排水减污的运行模式主要是蓄水减污和非蓄水减污两种,蓄水减污模式主要适用于降水量较大情况,其水体的滞留时间人为决定。非蓄水减污模式主要应用于平时稻田的小流量排水,由于流量较小,水力停留时间较长,从而达到对氮、磷的净化效果。

1. 蓄水减污运行模式

蓄水减污运行模式需要较大的塘堰湿地来承载稻田排水。由于暴雨对土地的冲蚀作用,使水中携带大量的氮、磷营养负荷,到达一定时间后,氮、磷浓度降低,达到排放标准时,才将其排出。其主要过程是:先维持塘堰湿地的低水位,为稻田排水预留空间,当稻田排水进入塘堰湿地时,关闭出口,直到稻田排水蓄满塘堰湿地,让稻田排水在塘堰湿地中静置一定时间,通过塘堰湿地植物对氮、磷的吸收、附着于湿地植物上的微生物对氮、磷的降解,以及静置下稻田排水中污染负荷的沉降等作用,达到减污的效果。

2012 年,针对 SD1、SD2 和 SD3,在蓄水减污运行模式下,通过不同塘堰湿地 3次连续取样数据分析表明(表 5-13),TN 浓度在第 2~3 天迅速降低,到第 4 天 TN浓度在一个小范围内波动变化。图 5-55 表明,TN 去除率随水体滞留时间波动变化,在第 2~3 天 TN 去除率有一个快速上升的时期,到第 4 天,TN 去除率基本平缓,趋于稳定,最高可达 80% 以上。TP 浓度也在第 2~3 天迅速降低,大部分在第4 天达到一个较低值。图 5-56 表明,TP 的去除率为 30%~80%。

表 5-13　蓄水减污运行模式 TN、TP 浓度随时间的变化(2012 年)　　　(单位:mg/L)

检测指标	取样次数	位置	取样点浓度				
			第 1 天	第 2 天	第 3 天	第 4 天	第 5 天
TN	1	SD1	5.80	0.24	2.07	0.45	1.64
		SD2	1.09	0.86	0.75	0.60	1.19
		SD3	2.01	0.05	1.50	0.76	1.89
	2	SD1	10.80	1.13	0.83	2.35	0.10
		SD2	11.01	0.74	0.88	0.86	0.37
		SD3	10.99	10.28	0.50	1.59	0.82
	3	SD1	2.51	0.47	0.08	0.07	0.45
		SD2	2.64	0.91	0.15	0.13	0.44
		SD3	2.83	1.87	0.35	0.39	0.71
TP	1	SD1	0.45	0.09	0.10	0.38	0.17
		SD2	0.21	0.18	0.12	0.11	0.11
		SD3	0.28	0.09	0.12	0.19	0.16
	2	SD1	0.18	0.07	0.13	0.03	0.09
		SD2	0.16	0.09	0.12	0.11	0.01
		SD3	0.20	0.13	0.34	0.06	0.15
	3	SD1	0.99	0.56	0.41	0.09	0.22
		SD2	1.71	1.67	1.02	1.01	0.22
		SD3	1.09	0.36	1.11	1.04	0.69

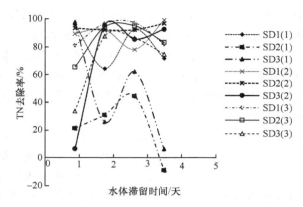

图 5-55　TN 去除率随时间的变化(2012 年蓄水减污运行模式)

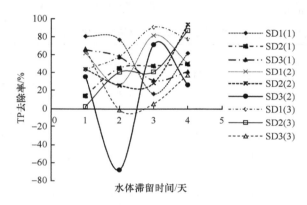

图 5-56　TP 去除率随时间的变化(2012 年蓄水减污运行模式)

2013 年,蓄水减污运行模式下 TN、TP 去除率随时间的变化如图 5-57 和图 5-58 所示。可见,水体滞留时间为 4 天时,TN 的去除率基本达到了 60%,且趋于平稳;TP 的去除率也维持在 40%左右,趋于稳定。

综上所述,蓄水减污运行模式是在降水量较大的情况下,将高浓度氮、磷负荷的稻田排水排入塘堰湿地,蓄积起来,经过一段时间,氮、磷浓度通过湿地的净化而降低。试验表明,蓄水减污运行模式下,塘堰湿地最佳水体滞留时间为 3～4 天。5.2.1 节不同湿地植物塘堰 TN、TP 去除效果分析中,湿地运行方式采用的是蓄水减污运行模式,本节关于适宜水体滞留时间的结论与 5.2.1 节的分析结果相同。

2. 非蓄水减污运行模式

非蓄水减污运行模式主要应用于平时稻田的小流量排水,如侧渗和壤中流产生的稻田排水,以及较小的田面排水。此时塘堰湿地水位维持不变,让稻田排水自

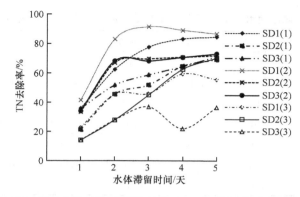

图 5-57 TN 去除率随时间的变化（2013 年蓄水减污运行模式）

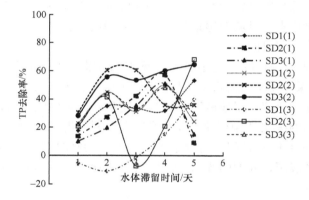

图 5-58 TP 去除率随时间的变化（2013 年蓄水减污运行模式）

由排入塘堰湿地，同时等流量自由排出。由于流量较小，水力停留时间较长，可达到对氮、磷的净化效果。

针对 SD1、SD2 和 SD3，从进水口到出水口依次均匀布置 5 个取样点，塘堰湿地形状及取样点分布如图 5-59 所示。在非蓄水减污运行模式下，稻田排水进入湿地后，每间隔 1 小时取样一次，进行多次取样，然后对水样进行化验分析，将各次取样同一点的 TN、TP 浓度取平均值，见表 5-14。沿着水流方向，TN、TP 浓度逐渐降低。

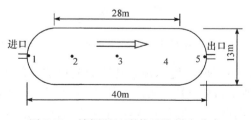

图 5-59 塘堰湿地形状及取样点分布

表 5-14 不同湿地水深 TN、TP 平均浓度变化及去除率（非蓄水减污运行模式）

污染指标	水深/cm	取样点平均浓度/(mg/L)					去除率/%
		1	2	3	4	5	
TN	20	1.75	1.44	1.35	1.18	1.30	25.3
	40	1.08	0.87	0.97	0.56	0.51	52.7
	60	0.97	1.08	0.95	0.78	0.75	22.9
TP	20	0.16	0.14	0.08	0.09	0.08	49.5
	40	0.14	0.11	0.10	0.07	0.07	50.0
	60	0.10	0.08	0.11	0.06	0.03	66.8

塘堰湿地水深分别设置为 20cm、40cm 和 60cm，当流量为 2.5L/min 时，测得不同湿地水深时排水通过塘堰湿地的时间大致相同，约为 8.5h，该时间即为塘堰湿地的实际水力停留时间。

如图 5-60 所示，随着水流迁移距离的增加，3 种湿地水深对 TN 的去除率逐渐增加。60cm 水深对 TN 的去除率明显低于 20cm 水深和 40cm 水深，原因是塘堰湿地对氮的去除主要依靠湿地植物根和茎对氮营养元素的吸收，以及附着于湿地植物上的微生物的硝化、反硝化作用，水深过大不利于携带氮、磷负荷的污染物与湿地植物的根和茎接触，使得此时湿地植物对氮素的吸收较少，去除效果较差，水深过浅则容易造成湿地底泥的扰动，所以 40cm 水深对 TN 的去除率优于 20cm 水深和 60cm 水深。

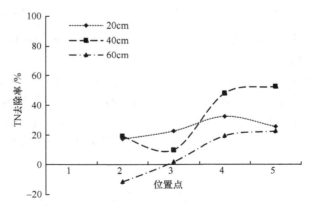

图5-60 TN 去除率随水流迁移的变化（非蓄水减污运行模式）

TP 去除率如图 5-61 所示，随水流迁移距离的增加其值也逐渐增加。在 20cm 和 40cm 水深时，湿地出口处 TP 的去除率均为 50%，60cm 水深时出口处 TP 的去除率达到 67%，高于前两者。较大的水深有利于减缓湿地内部水体流速，有利于颗粒态磷的沉降。

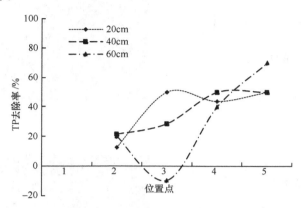

图 5-61　TP 去除率随水流迁移的变化(非蓄水减污运行模式)

通过不同水深下氮、磷去除效果的分析,可以得出非蓄水减污运行模式塘堰湿地最佳水深应为 40cm,这样不但对 TN 的去除率最大,同时对 TP 的去除率也较高,并为后期降水截流预留出较大空间。灌区实际塘堰湿地运行是蓄水减污运行模式和非蓄水减污运行模式的综合运用。

5.3　原位条件下塘堰湿地对氮、磷去除效果的分析

为了观测分析灌区原位条件下塘堰湿地对农业面源污染的去除效果,于 2012 年在距离试验站约 1km 的勒家村选择 2 个塘堰湿地开展了试验观测。该村村前有一个水塘,是村民生活废水和养殖场废水的受纳水体(由农田排水、洗涤排水、散养畜禽排水等共同组成,不包括化粪池等排水)。水塘下游有一个长 43m、宽 25m、面积为 1075m² 的天然塘堰湿地(简称为湿地 1),湿地 1 近似于正方形,自然生长大量芦苇、蓍草和茭草。在距离勒家村 1.5km 处选择了另一个天然湿地(简称为湿地 2),塘堰湿地 2 约长 260m、宽 53m,面积约 14430m²,呈圆弧状分布,湿地 2 内自然生长莲藕等挺水植物。在两个湿地的进出口处分别设置取样断面。湿地 1 和湿地 2 的布置概化图如图 5-62 所示。

5.3.1　氮素的去除效果

1. 塘堰湿地 1

2012 年湿地 1 不同月份的进出口水质氮素平均浓度及去除率如图 5-63 所示。

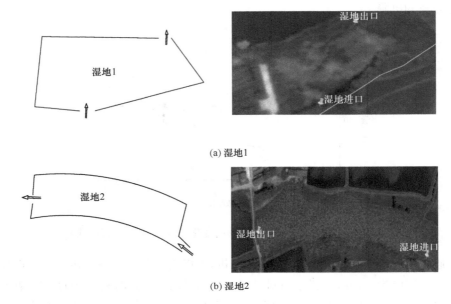

(a) 湿地1

(b) 湿地2

图 5-62　勒家村塘堰湿地示意图

由图 5-63(a)可知,4～10 月湿地 1 对 TN 的平均去除率为 29.8%,去除效果在不同月份表现出较大的差异,这主要与降水和水生植物生长情况有关。到 10 月,湿地 1 不仅不能对 TN 进行有效去除,反而加剧了水体污染。

由图 5-63(b)可知,各月份 NH_4^+-N 的平均去除率达 39.9%,去除效果比较理想。其中 5 月去除效果最好,达 74.3%,6 月去除效果也比较好。6 月以后湿地对 NH_4^+-N 的去除率呈波动下降趋势,到 10 月时,已无去除效果。由图 5-63(c)可知,NO_3^--N 浓度和去除率在试验阶段内波动较大,平均去除率为 29.0%。

呈现上述现象的主要原因是:①水生植物作用。水生植物在 4 月处于幼芽期,到 5 月生长比较茂盛,9 月后停止生长,植物开始衰落枯萎,这就导致水生植物在 9 月和 10 月对氮的吸收作用不明显,部分植物残体在微生物的分解作用下向水体中释放氮,加剧了水体污染。②气温作用。研究表明,在 30℃ 以内,随着温度的上升,微生物的硝化和反硝化作用有所加强,8 月平均气温与最适宜温度最为接近,故相应反应速率较快,同时 NH_4^+-N 的挥发速率随着温度的上升明显提高。③降水影响。6 月植物的生长状况相对好于 5 月,但对氮的去除率未提升的主要原因是 6 月降水量为 408.9mm,远大于 5 月的 35.9mm,导致水力停留时间相对较短,去除率比 5 月低。

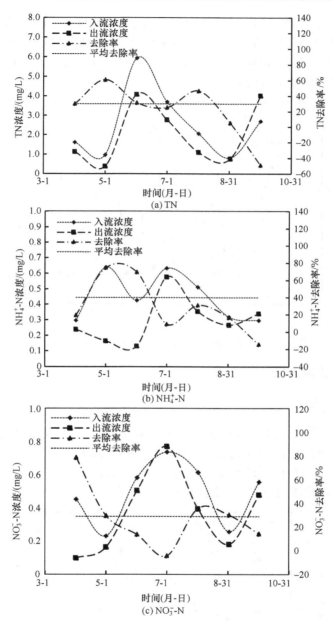

图 5-63　塘堰湿地 1 进出口氮素浓度及去除率的变化

塘堰湿地进出口平均每月取样 3 次或 4 次,求其平均值得出每月氮素平均浓度和去除率

2. 塘堰湿地 2

2012 年湿地 2 的 TN 浓度及去除率变化如图 5-64 所示(湿地 2 仅开展了氮素

中 TN 的分析)。由图 5-64 可知,就全年而言,湿地 2 对 TN 的去除效果较好,平均去除率达到 33.86%。在 5~7 月早稻期间,TN 的去除率均为正值;7~11 月晚稻期间,TN 的去除率波动幅度较大,在 8 月 24 日 TN 浓度出现了峰值,分析认为是由施肥后的短期排水造成的。

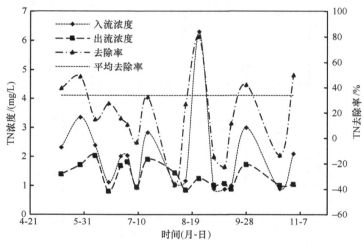

图 5-64　塘堰湿地 2 进出口 TN 浓度及去除率的变化

5.3.2　TP 的去除效果

1. 塘堰湿地 1

图 5-65 表明,湿地 1 对 TP 的平均去除率为 31.5%,但去除率在不同时期差异较大。4 月和 8 月对 TP 的去除效果比较显著,去除率分别为 45.1% 和 68.3%;10 月 TP 去除率呈负值,分析其原因是进入 10 月后,湿地水生植物开始衰落枯萎,对 TP 的吸收净化能力下降,以及底泥磷素的释放。

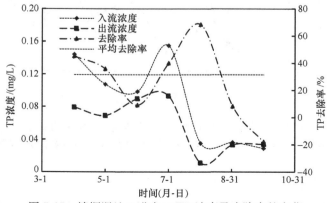

图 5-65　塘堰湿地 1 进出口 TP 浓度及去除率的变化

2. 塘堰湿地 2

由图 5-66 可知,湿地 2 进出口 TP 浓度差异不大,TP 去除率在试验期内波动幅度较大,平均去除率只有 4.25%。

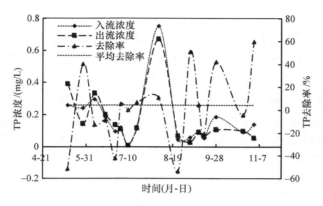

图 5-66　塘堰湿地 2 进出口 TP 浓度及去除率的变化

5.3.3　小结

在原位条件下,检测塘堰湿地对勒家村生活污水中氮、磷的去除效果,结果显示,湿地对生活污水中的 TN、NH_4^+-N、NO_3^--N 和 TP 具有一定的去除效果。根据各月流量综合加权平均,以及进出口浓度差计算去除率,得出塘堰湿地 1 对 TN、TP 的去除率分别为 29.8%、30.2%;塘堰湿地 2 对 TN、TP 的去除率分别为33.9%和4.3%。

从氮、磷去除率随月份的变化来看,湿地对氮、磷污染物的去除效果在水生植物生长的前中期均明显高于后期,其中在植物生长繁殖较快的 5 月,去除效果最好;到植物衰落枯萎时期,有必要对水生植物进行收割,防止其腐烂释放氮、磷而加剧水体污染。

5.4　鄱阳湖流域典型湿地植物需水规律

湿地植物需水量是指维持湿地生态系统平衡和湿地植物正常生长,保障湿地系统生态功能正常发挥所需的水量。本节选取鄱阳湖流域 8 种典型湿地植物藜蒿、菖蒲、美人蕉、茭白、高秆灯心草、西伯利亚鸢尾、白莲、莲藕,于 2013 年在江西省灌溉试验中心站人工湿地试验场开展试验,以水稻生长期 5~10 月(以下简称为试验期)为观测分析时段,分析不同湿地植物全试验期需水量及其生育阶段和日变化规律,得到不同湿地植物的作物系数。研究结果为鄱阳湖流域不同湿地植物需水规律分析及其计算提供依据。

5.4.1 试验方法与处理设计

1. 试验处理设计

试验于 2013 年 5 月 1 日～10 月 31 日在江西省灌溉试验中心站人工湿地试验场进行。试验在改造后的人工湿地中进行,试验处理为不同湿地植物类型。每个湿地的长和宽分别为 15m 和 6m,湿地日常水深控制在 20cm 左右,全生育期湿地最低水层深度为 5cm。根据不同的湿地植物设置 9 个处理,分别是藜蒿湿地、菖蒲湿地、美人蕉湿地、茭白湿地、高秆灯心草湿地、西伯利亚鸢尾湿地、对照处理湿地、白莲湿地、莲藕湿地。各处理之间没有重复。其中对照处理没有特意种植物,让湿地自然生长杂草。

2. 观测项目及方法

针对不同处理的湿地,观测以下指标:

(1) 灌水量。湿地灌水量由安装在输水管道上的水表计量。

(2) 排水量。根据排水前后湿地内水尺读数换算出排水量。

(3) 蒸发蒸腾量。在湿地中安装水尺,每天早 8 点观测水尺读数,通过前后日水尺读数的差值计算得到湿地耗水量,耗水量减去渗漏量为蒸发蒸腾量。

(4) 渗漏量。渗漏量采用渗漏仪测定。湿地渗漏仪的测定部分为一个无底密闭的圆筒,插入水面以下的土层中,圆筒内水层发生下渗,下渗的水量由浮在水面的测定管内的水分补给,圆筒内下渗量等于测定管内水柱的移动量。测定管一端与大气相通,所以圆筒内的静水压力与圆筒外相等,不存在侧渗条件。测定管内径与圆筒内径比例确定后,即可由测定管内水柱的移动距离求出圆筒内水层的下渗量。

(5) 气象资料。由试验站的气象站获得,具体资料包括最高气温、最低气温、湿度、日照时数、2m 高处风速、降水量、大气压强等。

(6) 参考作物蒸发蒸腾量。由气象资料采用 Penman-Montieth 公式计算得到。

5.4.2 试验结果与分析

1. 生育期划分

藜蒿、菖蒲、美人蕉、茭白、高秆灯心草、西伯利亚鸢尾、白莲、莲藕 8 种植物的生育期情况划分见表 5-15。

表 5-15　湿地植物生育期划分

植物	3 月	4 月	5 月	6 月	7 月	8 月	9 月	10 月	11 月
藜蒿		繁殖栽种			生长旺盛			采摘	
菖蒲		栽种			花期			果期	枯死
美人蕉		栽种			生长旺盛			花期	枯黄
茭白		萌芽期			分蘖期			孕茭	枯死
高秆灯心草		繁殖发芽			花期		生长旺盛	采摘	
西伯利亚鸢尾		繁殖播种		生长旺盛		花期	果期	枯黄	
白莲		繁殖萌芽		生长立叶	现蕾、盛花期		末花期		枯黄
莲藕		繁殖萌芽		生长立叶	现蕾、盛花期		末花期		枯黄

2. 灌溉排水量

由于试验时间关系,各种植物湿地的统计时间为 5 月 1 日~10 月 31 日(以下简称为试验期),9 个湿地的灌水量、排水量及其次数见表 5-16。

表 5-16　不同植物湿地处理下的灌水量及排水量

处理	灌水次数	灌水量/mm	排水次数	排水量/mm
藜蒿湿地	13	883	4	381
菖蒲湿地	12	887	5	332
美人蕉湿地	11	774	5	340
茭白湿地	11	722	5	359
高秆灯心草湿地	11	736	5	376
西伯利亚鸢尾湿地	11	542	5	356
对照湿地	11	478	5	446
白莲湿地	11	461	5	462
莲藕湿地	11	476	5	387

由表 5-16 可见,试验期不同植物湿地灌水量为 450~900mm,灌水量平均值为 621mm;灌水次数为 11~13 次,平均灌水次数为 11 次;试验期灌水频率每两周一次。

3. 渗漏量

湿地渗漏仪测定的不同处理湿地渗漏量见表 5-17。

表 5-17　不同植物湿地处理下的日均渗漏量　　　（单位：mm）

处理	5 月	6 月	7 月	8 月	9 月	10 月	均值
藜蒿湿地	1.4	1.4	1.3	1.2	1.2	1.2	1.3
菖蒲湿地	1.1	1.4	1.2	1.4	1.3	1.1	1.2
美人蕉湿地	1.5	1.4	1.3	1.2	1.4	1.3	1.4
茭白湿地	1.2	1.4	1.3	1.1	1.2	1.3	1.2
高秆灯心草湿地	1.3	1.2	1.4	1.2	1.4	1.4	1.4
西伯利亚鸢尾湿地	1.3	1.2	1.4	1.3	1.5	1.2	1.4
对照湿地	1.4	1.2	1.1	1.4	1.3	1.1	1.2
白莲湿地	1.3	1.2	1.3	1.4	1.4	1.1	1.4
莲藕湿地	1.4	1.3	1.4	1.5	1.4	1.3	1.4

由表 5-17 可见，不同植物湿地处理下每天的渗漏量为 1.0～1.5mm，平均值为 1.3mm。其中每天渗漏量最大的有美人蕉湿地、西伯利亚鸢尾湿地、莲藕湿地，为 1.4mm，最小的有菖蒲湿地、茭白湿地、杂草对照湿地，为 1.2mm。湿地之间的渗漏量相差不大，主要原因是湿地之间相邻，土壤质地基本相同。

4. 蒸发蒸腾量

湿地植物实际蒸发蒸腾量（ET）包括植株蒸腾和棵间蒸发，又称为湿地需水量。湿地植物实际蒸发蒸腾量按式（5-6）计算，即

$$ET = h_1 + p + I - h_2 - S - D \tag{5-6}$$

式中，ET 为某时段湿地蒸发蒸腾量，mm；h_1、h_2 分别为时段初、末湿地水深，mm；p 为时段内降水量，mm；I 为时段内灌水量，mm；S 为时段内渗漏量，mm；D 为时段内湿地排水量，mm。

9 个湿地试验期（5～10 月）的实际作物蒸发蒸腾量如图 5-67 所示。可见，试验期 9 种湿地植物蒸发蒸腾量为 800～1200mm，平均值为 931mm。其中菖蒲的蒸发蒸腾量最大，为 1125.6mm，是平均值的 1.21 倍。白莲和莲藕的蒸发蒸腾量最小，为 800mm，是平均值的 0.86 倍，低于对照处理。同期水面蒸发蒸腾量为 890mm，是平均蒸发蒸腾量 0.96 倍，高于白莲和莲藕的蒸发蒸腾量，原因是白莲和莲藕到生育旺盛期后叶片较大且水平分布，上层叶片遮挡了下层叶片的阳光，既减弱了下层叶片光合作用和蒸腾作用的强度，也降低了湿地水面和叶面的温度，进而减弱了下层叶面的蒸腾及水面的蒸发。藜蒿和美人蕉全生育期蒸发蒸腾量均为 1000mm 左右，是平均值的 1.07 倍。

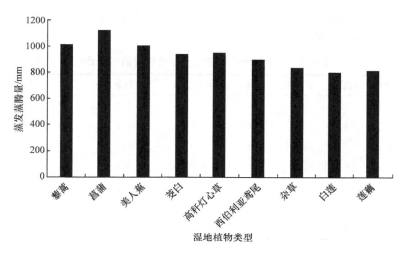

图 5-67　9 个湿地试验期蒸发蒸腾量的变化趋势

从图 5-68 中 9 个湿地植物逐月的蒸发蒸腾量变化趋势来看,湿地植物月蒸发蒸腾量均随着生育期的增加先增大后减小,在 7 月、8 月均达最大值,为 100～260mm。其中,菖蒲月蒸发蒸腾量变化幅度最大,月平均值为 187.6mm,在 7 月达到最大值 260mm,是平均值的 1.4 倍、对照处理的 1.36 倍;5 月最小值为 140mm,是均值的 0.75 倍、对照处理的 0.98 倍。月蒸发蒸腾量变化幅度最小的是莲藕、白莲和对照处理。

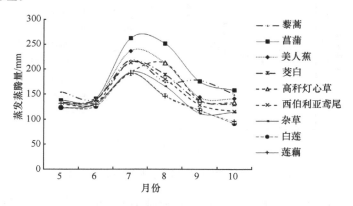

图 5-68　9 个湿地植物逐月的蒸发蒸腾量变化趋势

由表 5-18 可见,9 个湿地不同阶段蒸发蒸腾量的日均值为 4.3～6.1mm/d,平均值为 5.1mm/d。其中菖蒲最高,为 6.1mm/d,是平均值的 1.2 倍;白莲最小,为 4.3mm/d,是平均值的 0.7 倍。从逐月的日平均值来看,蒸发蒸腾量变幅最大的是菖蒲,在 7 月日均值最大为 8.5mm/d,5 月日均值最小为 4.4mm/d,最大值是最小值的 1.9 倍；变化幅度最小的是白莲和莲藕，日平均值最大值为 6.2mm/d，最小值为 4.0mm/d，最大值是最小值的 1.5 倍。

表 5-18　9 个湿地不同阶段蒸发蒸腾量的日平均值　　（单位：mm）

月份	藜蒿	菖蒲	美人蕉	茭白	高秆灯心草	西伯利亚鸢尾	杂草	白莲	莲藕
5	5.0	4.4	4.3	4.3	4.3	4.2	3.9	4.0	4.2
6	4.7	4.7	4.6	4.6	4.5	4.4	4.3	4.2	4.3
7	7.0	8.5	7.6	6.9	6.2	6.9	6.3	6.2	6.2
8	5.6	8.1	6.9	6.1	6.9	5.8	5.4	4.7	4.7
9	5.9	5.8	4.8	4.6	4.6	4.3	3.7	3.9	3.9
10	4.8	5.1	4.6	4.2	4.3	3.7	3.7	2.9	3.1
均值	5.5	6.1	5.5	5.1	5.1	4.9	4.6	4.3	4.4

5. 叶面积指数变化

叶面积指数是反映植物群体大小的动态指标，是植物耗水的一个重要影响因素。从 2013 年 5 月 1 日～10 月 31 日，采用植物冠层分析仪 SunScan 测定了 9 个湿地植物每个月的叶面积指数，结果如图 5-69 所示。

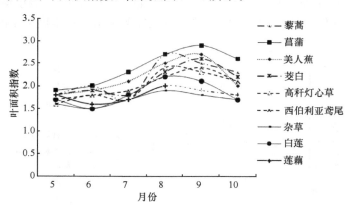

图 5-69　不同湿地植物试验期的叶面积指数

由图 5-69 可见，湿地植物的叶面积指数基本上呈先增大后减小的趋势。美人蕉和莲藕的叶面积指数在 8 月最大，达到 4.5 左右，此阶段正值植物生长最旺盛的时期；藜蒿的叶面积指数最小，基本维持在 0.3 左右，原因是藜蒿长势不好。不同植物叶面积指数变化规律差异较大，5～10 月，莲藕、白莲生育初期的叶面积指数只有 0.5 左右，到生育旺盛期可达到 4.5，生育末期由于莲叶枯死叶面积指数基本为零，这说明莲藕、白莲生长发育状况受季节变化的影响非常明显。而藜蒿、菖蒲、西伯利亚鸢尾在生育期内叶面积指数基本保持不变,高秆灯心草生育末期叶面积指数突然降到 0.5,这主要是由于 10 月,高秆灯心草被人为收割。

6. 作物系数变化

作物系数是指不同生育期作物实际蒸发蒸腾量与参考作物蒸发蒸腾量的比值,即

$$K_c = ET/ET_0 \tag{5-7}$$

式中,K_c 为作物系数;ET 为实际作物蒸发蒸腾量,mm;ET_0 为参考作物蒸发蒸腾量,mm。

由气象资料采用 Penman-Montieth 公式计算得到 ET_0,带入式(5-7),得到 9 种湿地植物的作物系数,见表 5-19。

表 5-19　不同湿地植物的作物系数

植物	5 月	6 月	7 月	8 月	9 月	10 月	试验期
藜蒿	1.8	2.0	1.7	2.7	2.5	2.3	2.2
菖蒲	1.9	2.0	2.3	2.7	2.9	2.6	2.4
美人蕉	1.8	1.9	2.1	2.5	2.7	2.0	2.2
茭白	1.8	1.9	1.8	2.3	2.6	2.2	2.1
高秆灯心草	1.6	1.8	1.7	2.4	2.3	2.1	2.0
西伯利亚鸢尾	1.7	1.8	1.9	2.2	2.4	2.1	2.0
杂草	1.6	1.5	1.7	1.9	1.8	1.7	1.7
白莲	1.7	1.5	1.8	2.2	2.1	1.7	1.8
莲藕	1.8	1.6	1.7	2.0	1.9	1.8	1.8
均值	1.7	1.8	1.9	2.3	2.4	2.1	2.0

由表 5-19 可见,试验期不同湿地植物作物系数为 1.8～2.4,平均值为 2.0。其中作物系数最大的是菖蒲为 2.4,是平均值的 1.2 倍;最小的是白莲和莲藕为 1.8,是平均值的 0.9 倍;对照处理的作物系数最小。藜蒿、高秆灯心草和西伯利亚鸢尾试验期作物系数的均值为 2.0 左右,与平均值相当。不同月份的作物系数为 1.5～3.0,8 种植物作物系数生育阶段的平均值 9 月最大为 2.4,5 月最小为 1.7。对照处理由于没有种植植物(以野生杂草为主),试验期的作物系数均在 1.7 左右。菖蒲在不同月份作物系数变差最大,9 月作物系数最大为 2.9,5 月最小为 1.9。美人蕉和茭白作物系数试验期内的变化也比较明显。

结合图 5-69 湿地植物试验期叶面积指数变化趋势来看,藜蒿、菖蒲、西伯利亚鸢尾 3 种植物的叶面积指数基本保持平稳状态,但不同月份作物系数变化均是先增大后减小,变化明显。其中,菖蒲叶面积指数为 1 左右,试验期作物系数最大为

2.9,最小为 1.9;西伯利亚鸢尾叶面积指数为 0.7 左右,试验期作物系数最大为 2.4,最小为 1.7;藜蒿叶面积指数稳定在 0.3,试验期作物系数最大为 2.7,最小为 1.8。这与一般作物的作物系数与叶面积指数成正比有区别。而美人蕉、茭白、高秆灯心草、白莲和莲藕的作物系数与叶面积指数变化成正比。

5.4.3 小结

湿地在维持生态环境中发挥着重要作用,而湿地需水量的分析计算是湿地水管理中的重要参数。本节针对鄱阳湖流域典型湿地植物开展需水规律及需水量研究,以期为鄱阳湖流域湿地管理及保护提供依据。针对 8 种典型湿地植物研究表明,在早稻、晚稻生育期内,试验期湿地植物蒸发蒸腾量为 800～1200mm,平均值为 931mm,最大值是菖蒲为 1125.6mm,最小值是白莲和莲藕为 800mm。从日蒸发蒸腾量来看,日平均值为 4.3～6.1mm/d,平均值为 5.1mm/d,其中菖蒲最高为 6.1mm/d,白莲最低为 4.3mm/d。试验期 8 种典型湿地植物作物系数为 1.8～ 2.4,最大的是菖蒲,最小的是白莲和莲藕。湿地植物叶面积指数与作物系数的比较表明,藜蒿、菖蒲、西伯利亚鸢尾作物系数与叶面积指数变化不同步。

由于时间原因,本次试验时间为 5～10 月,缺乏湿地植物完整全生育周期需水规律数据,但基本涵盖了 8 种湿地植物主要需水期的数据。

5.5　本　章　小　结

(1) 9 种塘堰湿地植物的筛选试验表明,早稻、晚稻不同生育期各湿地植物对氮、磷的去除效果存在差异。试验表明,适合鄱阳湖流域生长且对氮、磷污染物净化效果较好的湿地植物为茭白、高秆灯心草、莲藕和西伯利亚鸢尾,其中茭白、高秆灯心草和莲藕具有较好的经济价值,适合在鄱阳湖流域推广。塘堰湿地最佳水体滞留时间为 3～4 天,在滞留超过 5 天后,湿地对 TN、TP 的去除率增幅明显变慢。以水体滞留时间 4 天为标准:早稻期间茭白对 TN、TP 的去除率分别为 85% 和 80%,晚稻期间分别为 70% 和 65%;早稻期间高秆灯心草对 TN、TP 的去除率分别为 80% 和 70%,晚稻期间分别为 75 和 70%;早稻期间西伯利亚鸢尾对 TN、TP 的去除率分别为 80% 和 60%,晚稻期间分别为 85% 和 75%;早稻期间莲藕对 TN、TP 的去除率分别为 75% 和 65%,晚稻期间分别为 70% 和 70%。

(2) 不同水深条件下莲藕塘堰湿地对氮、磷的净化分析表明,试验条件下 40cm 水深时对氮、磷的净化效果最好。其中,莲藕开花期对氮、磷的净化效果最好,主要是莲藕在该生育期对氮、磷的吸收作用相对更强。莲藕对氮的净化效果优于对磷的净化效果,各生育期莲藕对 TN 的去除率比对 TP 的去除率约高 10%。

(3) 运用 1980～2012 年江西省灌溉试验中心站的气象资料,结合水稻淹水灌溉模式水层控制标准,计算稻田排水量,通过稻田排水量与塘堰湿地蓄水容积之比,得到稻田与湿地面积比,然后再对稻田与湿地面积比进行排频分析。取平水年,即截污保证率为 50%(或年最大日排水量频率为 50%)时,稻田与湿地的面积比为 12.3∶1。

(4) 塘堰蓄水减污运行模式应用于降水量较大的情况,此时塘堰湿地最佳水体滞留时间为 3~4 天。以 3 天为净化时间标准计算,TN、TP 去除率分别能达到70% 和 40%。塘堰非蓄水减污运行模式应用于平时稻田排水流量较小的情况,试验条件下塘堰湿地最佳水深为 40cm。此时,湿地对排水中 TN、TP 的去除率分别达 53% 和 50%。

(5) 勒家村原位条件下塘堰湿地 1 及塘堰湿地 2 对 TN 的去除率分别为29.8%、33.9%,对 TP 的去除率分别为 30.2%、4.3%。与试验站控制条件相比,去除效果相对减小,主要是原位条件采用非蓄水减污运行模式,水力停留时间与试验站控制条件的蓄水减污运行模式相比减小。另外,原位条件下受来水的不可控影响。

(6) 8 种典型湿地植物观测分析表明,试验期(只统计 5~10 月的数据)蒸发蒸腾量为 800~1200mm,平均值为 931mm,最大值是菖蒲为 1125.6mm,最小值是白莲和莲藕为 800mm。从日蒸发蒸腾量来看,日平均变化范围为 4.3~6.1mm/d,平均值为 5.1mm/d,其中菖蒲最高为 6.1mm/d,白莲最低为 4.3mm/d。试验期 8种典型湿地植物作物系数为 1.8~2.4。最大的是菖蒲,最小的是白莲和莲藕。湿地植物叶面积指数与作物系数比较表明,藜蒿、菖蒲、西伯利亚鸢尾的作物系数与叶面积指数变化不同步。

第6章 塘堰湿地设计参数优选试验研究

在第5章中,通过试验,优选出了最佳的湿地水生植物,适宜的水体滞留时间、水力停留时间和湿地运行水深,以达到最佳的湿地去污效果。湿地净化污水的能力除了与其内部的植物类型和管理方式有关外,还与水流运动的特性有关。湿地水体水流工况的优劣或者说水力性能的好坏对湿地净化污水的能力有显著的影响。本章通过湿地水流的示踪试验,研究分析湿地的水力性能,并优选出最佳湿地水力性能对应的湿地水深,对湿地设计中的一些重要影响因素也给出参考意见,为优化湿地设计及运行提供依据。

6.1 试验方法与处理设计

以罗丹明作为示踪剂,以示踪试验的水力停留时间分布曲线为依据,结合所选取的衡量湿地水力性能的指标,即水力指标,如平均水力停留时间、有效容积率和水力效率,分析水深对湿地水力性能的影响,为湿地设计提供参考。

6.1.1 试验区概况

田间试验于2013年7月开展,试验地点位于江西省灌溉试验中心站。试验塘堰湿地的进出口两端设计成圆弧形状以适应水流扩散和集中时的变化,中间以直线段连接,设计水深60cm,表面积490m²。莲藕长势良好,茎秆挺拔,平均植株密度为31.3株/m²,水面基本被荷叶覆盖。在湿地的两端分别设有进出水装置,可以通过调节阀门大小控制进出水流量。湿地平面图如图6-1所示,其中长度单位为m,两岸边坡为1:2。

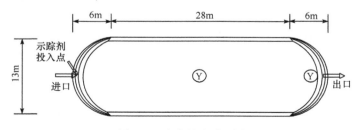

图6-1 试验湿地平面图
YSI-600 OMS水质监测仪

6.1.2　试验数据收集

试验所用示踪剂为罗丹明示踪液,示踪剂浓度变化监测仪器为 YSI-600 OMS 多功能水质监测仪,该仪器由美国 YSI 维赛公司出品,可以配置多种探头,这里选用 YSI-6130 探头,该探头可根据预设时间步长自动观测记录示踪浓度、电导率和温度,操作简单且省时、省工。

确定湿地的进出口位置,利用容器和量筒测得湿地进出口流量为 2.45L/s,即 8.82m³/h,试验水深初步设定为 0.6m。利用去离子双纯水配制示踪浓度分别为 0μg/L、100μg/L 和 200μg/L 的溶液校核 YSI 水质监测仪,设定仪器的记录时间步长为 5min,在湿地中部和出口位置分别架设仪器,用以记录水中示踪剂浓度随时间的变化。待湿地水位稳定后,在湿地进水口处瞬时投放示踪剂,根据湿地水深和表面积大小,释放标号为 106053 FWT 50 的示踪剂溶液总量 60g,该标号的示踪剂原液质量浓度为 5%。试验期间,通过调节进出水阀门开度使湿地水深稳定在设计水深。试验结束后,取回仪器,导出数据。分别将湿地水深调至 40cm 和 20cm,示踪剂投放量均为 30g,重复上述试验过程。试验由高水深向低水深方案依次进行,并在之间留有一定的换水时间以排除前一次试验示踪剂残留对后续试验的影响。各水深试验开始、结束的时间见表 6-1。试验结束后利用 EcoWatch 软件导出试验数据并绘成水力停留时间分布(retention time distribution,RTD)曲线,分析湿地水力性能指标。

表 6-1　不同湿地水深示踪试验时间

试验水深/cm	开始时间	结束时间
60	6:40(7 月 12 日)	18:40(7 月 13 日)
40	8:50(7 月 17 日)	20:00(7 月 18 日)
20	8:25(7 月 19 日)	17:35(7 月 20 日)

6.1.3　水力指标

1. 水力停留时间

水力停留时间是指湿地中水流从进口到出口经历的时间。在分析湿地的水力特性时,常用的有理论水力停留时间 t_n,平均水力停留时间 t_{mean} 和峰值时间 t_p。对于表面流湿地,理论水力停留时间的计算公式如式(6-1)所示。

$$t_n = \frac{V}{Q} \tag{6-1}$$

式中,V 为湿地容积,m³;Q 为湿地进水流量,m³/h。

平均水力停留时间是根据示踪试验得到的水力停留时间分布曲线形心处对应

的时间,如式(6-2)所示。

$$t_{\text{mean}} = \int_0^\infty t f(t) \, \mathrm{d}t \tag{6-2}$$

式中,$f(t)$为分布函数,其计算公式如式(6-3)所示。

$$f(t) = \frac{c(t)}{\int_0^\infty c(t) \, \mathrm{d}t} \tag{6-3}$$

式中,$c(t)$为随时间变化的示踪剂浓度,$\mu\text{g/L}$。

　　峰值时间是指水力停留时间分布曲线峰值点处对应的时间,可以直接由水力停留时间分布曲线得到。水力停留时间是分析湿地水力性能的基础,许多湿地水力指标都可以由水力停留时间直接或间接求出。

　　2. 水力停留时间分布曲线

　　水力停留时间分布曲线是分析湿地水力性能的基本工具。通过在湿地水流进口处瞬时投放示踪剂,检测出口处示踪剂浓度随时间的变化情况就可以得到湿地在某一特定情况下的水力停留时间分布曲线。在理想活塞流情况下,湿地中水流整齐划一的通过同一个断面,不会发生混合和扩散的现象,然而实际中水流由于扩散和紊动的原因多为混合流。在混合流情况下,水中污染物质会随水流的运动不断地向周围扩散,逐渐发展成为一个污染团,随对流作用不断向前运动和变化。

　　3. 方差

　　水力停留时间分布曲线的方差反映各时刻示踪剂浓度值偏离均值的程度,方差越大表明其偏离理想活塞流的情况越严重,湿地中混合流情况越严重,其计算公式如式(6-4)所示。

$$\sigma^2 = \frac{\int_0^\infty (t_{\text{mean}} - t)^2 c(t) \, \mathrm{d}t}{\int_0^\infty c(t) \, \mathrm{d}t} \tag{6-4}$$

　　4. 理论串联完全混合槽数

　　理论串联完全混合槽数 N 是将湿地中水流型态与化学中处理污水时的完全混合反应器联系起来的指标,反映湿地中水流混合情况的严重程度。N 越大,说明湿地水流越趋于活塞流,即当 N 等于 1 时,湿地水流为完全混合流。其计算如式(6-5)所示。

$$N = \frac{t_{\text{mean}}^2}{\sigma^2} \tag{6-5}$$

5. 有效容积率

湿地中水流会发生短路现象。所谓短路,是指湿地中水流没有按照预想的路径运动,而是选择最短的通道快速地流出湿地,在靠近湿地进出口位置时该现象常常发生。这会减少湿地有效容积,降低湿地处理污水能力。一般将湿地中对污水处理起作用的水体体积称为湿地的有效容积,用有效容积率表示。湿地有效容积无法直接测量,但可以通过湿地水力停留时间分布曲线计算得出。湿地有效容积率计算如式(6-6)所示。

$$e = \frac{V_{\text{effective}}}{V_{\text{total}}} = \frac{t_{\text{mean}}}{t_{\text{n}}} = \frac{A_{\text{effective}}}{A_{\text{total}}} \tag{6-6}$$

相应的水力死区容积计算如式(6-7)所示。

$$V_{\text{d}} = V_{\text{total}}(1 - e) \tag{6-7}$$

式中,$V_{\text{effective}}$ 为湿地有效容积,m^3;V_{total} 为湿地总容积,m^3;$A_{\text{effective}}$ 为湿地有效表面积,m^2;A_{total} 为湿地总表面积,m^2;V_{d} 为湿地水力死区容积,m^3。

6. 水力效率

水力效率是衡量湿地将入流均匀地分配到其容积能力大小的指标,它综合反映水流短路和混合对湿地水力性能的影响。水力效率的计算如式(6-8)~式(6-10)所示。

$$\lambda = e\left(1 - \frac{1}{N}\right) = \frac{t_{\text{p}}}{t_{\text{n}}} \tag{6-8}$$

其中

$$\lambda_{\text{e}} = e\left(1 - \frac{1}{N}\right) \tag{6-9}$$

$$\lambda_{\text{p}} = \frac{t_{\text{p}}}{t_{\text{n}}} \tag{6-10}$$

式中,λ_{e} 为按有效容积率计算出的水力效率;λ_{p} 为按示踪曲线峰值出现时间计算出的水力效率。由式(6-10)可见,水力效率 λ_{p} 的计算只涉及峰值时间,可以直接由水力停留时间分布曲线得出。

6.1.4　标准化分析

1. 示踪曲线的标准化

为了便于不同示踪曲线之间的比较,需要将得到的原始示踪曲线进行标准化。湿地出口示踪剂浓度是投放的示踪剂质量和湿地容积的函数,可以利用示踪剂质量和湿地容积这两个参数对出口浓度(纵坐标)进行标准化。同理,湿地容积大小和水流流量的变化会影响湿地水力停留时间,改变水力停留时间分布曲线的形状,可以根据湿地容积和流量对时间轴(横坐标)进行标准化处理。

时间的标准化如式(6-11)所示。

$$\phi = \int_{t_0}^{t} \frac{Q(t')}{V(t')} dt \tag{6-11}$$

式中，ϕ 为时间的标准化变量；t' 为积分变量；t_0 为投放示踪剂的初始时间；$Q(t')$ 为出口流量，m^3/h；$V(t')$ 为湿地容积，m^3。

对示踪剂浓度的标准化方法如式(6-12)所示。

$$C'(\phi) = \frac{C(\phi)V(\phi)}{M} \tag{6-12}$$

式中，$C'(\phi)$ 为无量纲的停留时间分布函数；$C(\phi)$ 为出口示踪剂浓度，$\mu g/L$；$V(\phi)$ 为湿地容积，m^3；M 为投放的示踪剂总质量，g。

为了修正试验过程中示踪剂损失，包括截留、吸附，对标准化的影响，以回收的示踪剂质量修正式(6-12)中的质量参数，示踪剂回收量计算如式(6-13)所示。

$$M_{out} = \int_{0}^{\infty} Q(t)C(t) dt \tag{6-13}$$

式中，M_{out} 为示踪剂回收量，g。

2. 矩分析

为了对标准化水力停留时间分布曲线进行分析，通常采用矩分析方法求解相关的水力指标。常用的矩分析指标有零阶矩、一阶矩和二阶矩，其公式分别如式(6-14)~式(6-16)所示。

$$M_0^* = \int_{0}^{\infty} C'(\phi) d\phi \tag{6-14}$$

$$M_1^* = \int_{0}^{\infty} \varphi C'(\phi) d\phi \tag{6-15}$$

$$M_2^* = \int_{0}^{\infty} (\phi - M_1^*)^2 C'(\phi) d\phi \tag{6-16}$$

其中，零阶矩 M_0^* 表示示踪剂的回收率，由于这里已经利用示踪剂回收量对公式进行修正，所以计算得到的零阶矩的值为1。一阶矩 M_1^* 表示标准化水力停留时间分布曲线的形心，其数值代表湿地有效容积率的大小。二阶矩 M_2^* 表示方差，反映分布函数离散的严重程度。在理想活塞流工况下，$M_0^* = M_1^* = 1$，$M_2^* = 0$。

分布曲线方差 M_2^* 反映系统混合的规模和严重程度，为了修正水流短路对系统有效容积及混合水平的影响，需要将 M_2^* 进行修正，得到无短路因素影响的水流混合扩散指标 σ_θ^2，其计算如式(6-17)所示。

$$\sigma_\theta^2 = \frac{M_2^*}{M_1^{*2}} \tag{6-17}$$

如前所述，对应的理论串联完全混合槽数计算如式(6-18)所示。

$$N = \frac{1}{\sigma_\theta^2} \qquad (6\text{-}18)$$

实际试验过程中,由于水力死区的存在和回流的影响,导致示踪剂大量被截留,且随着时间的延长会逐渐流出,通常会在停留时间分布曲线的尾部出现类似指数下降曲线的形状,由于试验条件的限制不可能监测到示踪剂平均浓度下降到零的情况。因此,在实际数据分析中常常会出现截断误差对数据精确度的影响。

为了消除示踪曲线尾部截断误差的影响,以横坐标轴时间轴数值等于理论停留时间为划分节点,即 $\phi = 1$ 的垂直线为划分线,将标准化水力停留时间分布曲线分为两部分。此时,对于标准化水力停留时间分布曲线,ϕ 等于 $0 \sim 1$ 的标准化水力停留时间分布曲线所占的面积越大,表示示踪剂在理论停留时间内流出试验区域的质量越多,说明水流流态趋于短路情况,偏离理想水流工况越严重。对应的计算如式(6-19)所示。

$$M_{pre} = \int_0^1 (1 - \phi) C'(\phi) \mathrm{d}\phi \qquad (6\text{-}19)$$

相应的引入矩指数的概念,其值为 M_{pre} 的余数,计算如式(6-20)所示。

$$I_{moment} = 1 - M_{pre} \qquad (6\text{-}20)$$

矩指数值越大,说明示踪剂在湿地中停留时间超过理论停留时间的比例越高,湿地水流状态越好,湿地的容积利用率越高。

从式(6-19)可以看出,M_{pre} 的积分限为 $0 \sim 1$,由于通常水流示踪试验的时间都大于理论停留时间,即 $\phi \geqslant 1$,因此,M_{pre} 的值较为准确,不受示踪曲线尾部截断误差的影响。因此,M_{pre} 和矩指数 I_{moment} 可以作为衡量湿地水力性能较为精确的指标,同时可以进一步检验其他诸如有效容积率 e、水力效率 λ 等水力指标的准确性和合理性。

6.2　试验结果分析

6.2.1　示踪数据

YSI-600 OMS 水质监测仪在各个水深情况下记录的出口处和中间点的示踪数据,以及湿地水深时间变化曲线如图 6-2 所示,图中浓度轴的单位为 $\mu g/L$,时间轴的时间步长为 5min,水深的记录间隔为 1h。

6.2.2　水力指标

利用式(6-1)~式(6-10)计算各水力指标,计算时,利用微元累计求和代替积分运算,得到不同位置点处不同水深的水力指标值见表 6-2,其他有关指标见表 6-3。

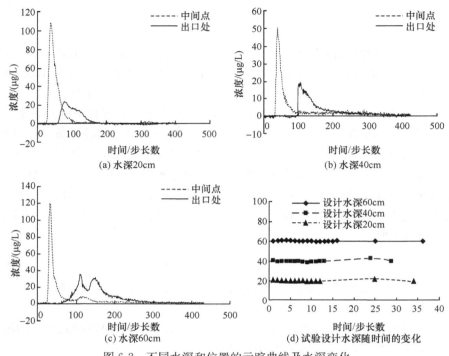

图 6-2　不同水深和位置的示踪曲线及水深变化

表 6-2　湿地水深与水力指标对应表

位置	水深 (h)/cm	容积 (V)/m³	理论停 留时间 (t_n)/h	平均停 留时间 (t_{mean})/h	峰值时间 (t_p)/h	方差 (σ^2)/h²	混合参 数(N)	有效容 积率(e)	水力效 率(λ_p)	水力效 率(λ_e)
中间点	20	46.24	5.24	5.21	3.08	24.06	1.11	0.994	0.588	0.114
	40	93.79	10.63	10.00	3.25	77.31	1.29	0.941	0.306	0.212
	60	142.69	16.17	8.01	2.58	70.49	0.91	0.495	0.160	−0.049
出口处	20	92.47	10.48	8.85	6.33	13.38	5.85	0.844	0.604	0.700
	40	187.58	21.27	14.45	8.67	45.41	4.60	0.679	0.407	0.531
	60	285.37	32.35	13.61	9.08	33.26	5.57	0.421	0.281	0.345

表 6-3　其他试验指标

参数	中间点			出口处		
水深/cm	60	40	20	60	40	20
试验时间/h	36	35	33	36	35	33
时间比(T/t_n)	2.23	3.29	6.3	1.11	1.65	3.15
罗丹明回收率/%	65.32	73.77	145.03	73.10	58.83	66.31

注：T/t_n 表示试验时间 T 与理论水力停留时间 t_n 的比值。

6.2.3　示踪图形标准化

根据式(6-11)～式(6-13),对上述得到的原始示踪数据进行标准化分析,得到对应的标准化水力停留时间分布曲线,如图 6-3 所示。

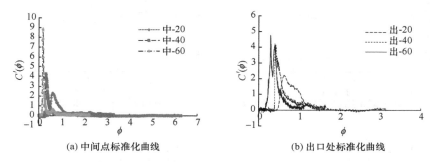

(a) 中间点标准化曲线　　　　(b) 出口处标准化曲线

图 6-3　水力停留时间的标准化示踪曲线

图中,中-20、中-40 和中-60 分别表示水深为 20cm、40cm 和 60cm 时中间点对应的值;
出-20、出-40 和出-60 分别表示水深为 20cm、40cm 和 60cm 时出口处对应的值

6.2.4　矩分析指标

利用式(6-14)～式(6-20)对标准化水力停留时间分布曲线进行分析,得到相应的矩分析指标见表 6-4。

表 6-4　标准化曲线矩分析指标

试验处理	零阶矩 (M_0^*)	一阶矩 (M_1^*)	二阶矩 (M_2^*)	标准化方差 (σ_θ^2)	混合槽数 (N)	前部分矩 (M_{pre})	矩指数 (I_{moment})
中-20	1.000	0.994	0.874	0.886	1.13	0.241	0.759
中-40	1.000	0.942	0.686	0.773	1.29	0.387	0.613
中-60	1.000	0.496	0.270	1.101	0.91	0.595	0.405
出-20	1.000	0.844	0.122	0.171	5.84	0.215	0.785
出-40	1.001	0.680	0.101	0.218	4.59	0.367	0.633
出-60	1.000	0.421	0.032	0.180	5.56	0.580	0.420

6.3　分析与讨论

6.3.1　水力指标分析

根据试验结果,从表 6-2 中选取 4 个无量纲水力指标,即理论串联完全混合槽数 N、有效容积率 e、按示踪曲线峰值出现时间计算出的水力效率 λ_p 和按有效容积率计算出的水力效率 λ_e 进行比较,得到不同水力指标与水深的关系,如图 6-4 所示。

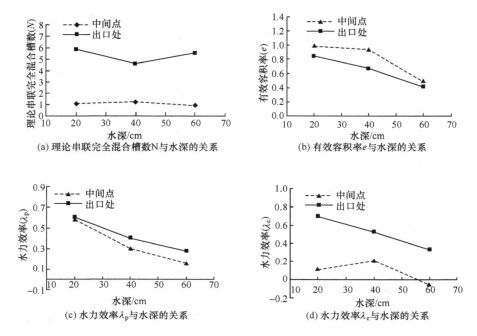

图 6-4　水力指标随水深变化的关系

1. 理论串联完全混合槽数

由图 6-4(a)可以看出,湿地的理论串联完全混合槽数 N 随着水深的增加无明显的变化趋势,这与 Holland 等(2004)的研究结果,即理论串联完全混合槽数 N 随水深增加而减小的结果有所差异。同时,由图 6-4(a)可知,湿地出口处的理论串联完全混合槽数 N 均大于中间点处相应的值,说明在湿地前半部混合情况比较严重,理论串联完全混合槽数 N 接近于1,此时湿地近似等效于完全混合流的情况。这种现象说明湿地前半部分由于受到来流的影响,水流紊动剧烈,混合情况较为严重,水流经过一段距离的运动后到达湿地后半部分,此时水流流态趋于稳定,水流混合也趋于平稳。从表 6-2 可以看到,中间点水深 60cm 时的理论串联完全混合槽数 N 为 0.91,小于1,不符合理论串联完全混合槽数 N 的最小值等于1的要求,这也导致了根据式(6-9)计算的水力效率 λ_e 出现小于0的结果(-0.049),两者的计算结果都非常接近于理论最小值,分析认为是由于计算误差引起的结果,但都满足精度要求(<10%)(Stamou and Noutsopoulos,1994)。

2. 有效容积率

由图 6-4(b)可知,随着水深增加,湿地有效容积率 e 逐渐减小。其他条件不变的情况下,水深较大时,湿地水流存在分层现象。这一点在试验过程中已经得到证实,示踪剂只在表面一定的水层深度中流动,往下层扩散的示踪剂较少。这样较大的水深导致湿地容积得不到合理利用,湿地有效容积率也就相应减少。从图 6-4(b)中可以看出,湿地前半部分的有效容积率 e 值均大于相同水深下湿地整体的有效容积率 e 值,且在水深为 20cm 和 40cm 时,前半部分有效容积率达到 0.9 以上,说明前半部分湿地容积得到充分利用。通过理论串联完全混合槽数 N 值可以合理佐证上述结论,在水深为 20cm 和 40cm 时,相应的理论串联完全混合槽数 N 值接近于 1,此时湿地水流受底部糙度影响较大,短流情况不易发生,湿地水体基本都参与了水流运动。

3. 水力效率

由图 6-4(c)可知,随着水深增加,湿地水力效率 λ_p 值逐渐减小,λ_p 值越小说明示踪剂扩散团中心到达指定点所需时间与理论时间相比越少。湿地出口处的效率值大于中间点处的值且两者相差的幅度在增大,说明在同一水深时,示踪剂扩散团在湿地后半部分的运动速率小于其在前半部分的运动速率,水深增加时,这种速率差值在增大。

由图 6-4(d)可以看出,出口处的水力效率 λ_e 随水深的增加而减小,与相应点处 λ_p 的变化趋势相同,出口处的值大于中间点处的值。由图 6-4(d)与图 6-4(a)、(b)的对比可知,相应点处的 λ_e 值与有效容积率 e 值随水深的变化趋势相同,均随水深的增加而减小。同时,通过前面对理论串联完全混合槽数 N 的分析,水深对湿地水流混合程度的影响并不明显。因此我们有理由怀疑式(6-9)中有效容积率 e 值和理论串联完全混合槽数 N 值在计算 λ_e 时的权重不同,理论串联完全混合槽数 N 值对湿地水力性能的影响程度还有待进一步探讨。此外,式(6-10)中仅以某一数据点的值,即峰值时间点来计算水力效率 λ_p。虽然计算简单,但缺乏严谨性,且该点的值受外界影响很大,如风速的影响。故引用其时需慎重。

4. 示踪曲线

从示踪曲线图 6-2 可以看出,曲线的下降段比上升段需要更长时间。这是因为示踪剂扩散团在向前推进的过程中,其尾部受到来水的影响被打散和混合导致其扩散情况更加混乱,水力死区和回流区的存在导致部分示踪剂截留其中,这些示踪剂随着时间的延长会缓慢进入主流,从而导致水力示踪试验出现尾部效应(Wahl et al.,2010)。

根据示踪数据图 6-2(c)可知,在水深较大(60cm)时无论是中间点还是出口处都出现了示踪曲线的双峰现象,这与污染物对流扩散运动规律不甚吻合,分析认为这是由于湿地中植株密度较大且进口水流有小幅度的变化,导致示踪剂在水中沿湿地长度方向运动时左右两边的运动情况不一致,最终导致了双峰现象的产生,这与 Holland 等(2004)的研究发现较为吻合,这种双峰现象在土壤水溶质运移中广泛存在。

由表 6-3 可知,出口处示踪剂的回收率均较低,原因之一是投放的示踪剂总量偏少,由出口处示踪曲线的峰值浓度可以看出,植物截留和水力死区滞留的共同作用导致了较低的回收率。在水深为 20cm 时,湿地中部出现了示踪剂回收率大于100%的情况,这是因为在水深较小时,受到湿地两岸边坡的影响出现了水流集中的现象,此时水深小、流量大、流速快,示踪剂团簇没有充分扩散,造成监测点的浓度明显大于断面平均浓度,这些因素的叠加共同造成了示踪剂浓度的异常偏大及回收率大于 1 的情况。

6.3.2　矩分析指标

根据矩分析的结果,为了便于同相应的水力指标数据进行分析和比较,这里选取一阶矩 M_1^*、标准化方差 σ_θ^2、理论串联完全混合槽数 N 和矩指数 I_{moment} 进行分析说明,选定的水力指标与水深的关系如图 6-5 所示。

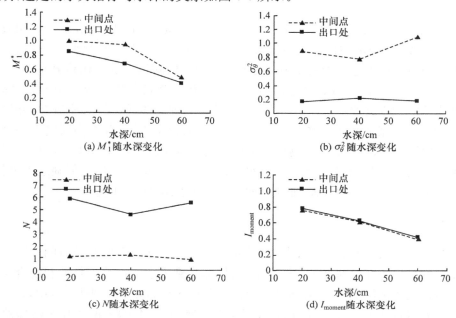

图 6-5　矩分析指标随水深变化

从表 6-4 可见,用罗丹明回收量修正式(6-14)之后,代表罗丹明质量回收率指标的零阶矩 M_0^* 的值除了在 40cm 水深的出口处为 1.001 外,其他情况下均为 1。考虑到计算公式相对误差的影响,这里 40cm 水深湿地出口处数值的相对误差仅有 1‰,故其偏差可以忽略不计。

根据统计学知识,一阶矩 M_1^* 代表标准化示踪曲线的形心,该数值实际代表湿地的有效容积率。通过比较一阶矩 M_1^* 和有效容积率 e 可以看出,两者数值相等,代表同一个物理意义,即湿地容积的有效利用水平。从图 6-5(a)可知,随着水深的增加,一阶段 M_1^* 值逐渐减小,湿地容积的有效利用水平逐渐降低。

二阶矩 M_2^* 与修正后的方差 σ_θ^2 均反映标准化水力停留时间分布曲线的离散程度,反映了系统的混合情况。区别在于 σ_θ^2 较 M_2^* 规避了短流对混合指标的影响,从而使得 σ_θ^2 成为仅反映系统混合情况的特定指标。理论串联完全混合槽数 N 是 σ_θ^2 的倒数,反映相同的湿地水力性能,即系统的混合程度。由图 6-5(b)、(c)可知,中间点 σ_θ^2 的值较出口处的值更接近于 1,且中间点的理论串联完全混合槽数 N 也较出口处更接近于 1,说明湿地前半部分水流情况比湿地整体水流情况更接近完全混合流状态,水深对湿地水流的混合程度无明显影响,这与前面水力参数的分析结果一致。由图 6-5(b)、(c)可知,出现了 N 值小于 1 且 σ_θ^2 大于 1 的情况,这与试验数据分析误差有关。这里的相对误差均小于 10%,满足精度要求(Stamou and Noutsopoulos,1994)。

由于上述各水力指标和各阶矩分析指标都与试验示踪曲线的尾部截断误差有关,因此引入了不受尾部截断效应影响的指标矩指数 I_{moment}。矩指数值越大,表明在理论停留时间内,示踪剂质量流出湿地的比例越小,湿地水流实际停留时间越长,水流状况越好,越有利于水质净化。由图 6-5(d)可知,随着水深的增加,矩指数 I_{moment} 的值逐渐减小,表明湿地水流工况随着水深的增加逐渐恶化。矩指数的变化趋势与湿地水力指标 e 和矩分析指标 M_1^* 表现出良好的一致性,说明用相应指标分析湿地水力性能的合理性(Wahl et al.,2010)。

6.4　塘堰湿地设计及运行技术

我国南方水稻灌区的多水塘湿地系统,由许多沟塘组成,星罗棋布地分布在农田中。多水塘湿地系统能显著降低径流速率,具有储存暴雨径流、减少排水及农业面源污染输出的强大功能等优点。采用多水塘湿地系统使宝贵的养分资源循环利用,水质得到净化,能减少进入下游湖泊水体的磷、氮等负荷污染。传统意义上,灌区塘堰的主要功能包括蓄水灌溉、水产养殖,以及日常农事和生活用水等,而很少考虑其净化污染物的湿地功能。

综合考虑传统的蓄水灌溉与水产养殖目标，以及去除农业面源污染的新目标，根据第 5 章及第 6 章的试验分析，结合灌区典型调查，总结出塘堰湿地的设计及运行技术要点。

6.4.1　塘堰湿地设计技术要点

（1）稻田与塘堰湿地面积比。综合考虑合理利用土地及达到适宜的去除效果，按 15∶1～20∶1 取值。同时采取重新构建稻田-排水系统-塘堰湿地布局的措施，使稻田排水尽量通过排水沟系统进入下游的塘堰湿地，扩大现有塘堰湿地拦截农田排水的能力。

（2）单个塘堰湿地面积。根据拦截稻田排水面积及地表径流的大小，每个塘堰面积为 300～1000m²。

（3）塘堰湿地平面形状。根据自然形成的洼地修建塘堰湿地，其形状根据自然形成的洼地扩建而成。在完全平整的土地上新修塘堰湿地宜采用椭圆形，椭圆的长短比为 3∶1 左右，宽度在 10m 以上，并使进出水流通道沿椭圆的长边方向，这样有利于提高水力停留时间。

（4）边坡系数。塘埂边坡应根据稳定性计算确定，一般迎水面边坡不陡于1∶1，背水面边坡不陡于 1∶1.5。

（5）边坡护坡型式。塘埂的护坡型式除必须采用硬护坡的塘埂外，还应采用草皮生态护坡等。背水面坡脚可根据需要设反滤、排水设施。迎水面上部草坡生态护坡不宜低于 1m。

（6）蓄水深度。塘堰湿地水深推荐设置为：植物全部覆盖区水深 0.6～0.9m，无植物覆盖区水深 1.2～1.5m，进口区域水深 1.0m，一般为 0.6～1.5m，如兼有蓄水灌溉的要求，可适当增加蓄水深度。

（7）塘堰湿地植物。在鄱阳湖流域，适宜的湿地塘堰植物为白莲、莲藕、菖蒲、茭白。

6.4.2　塘堰湿地运行技术要点

（1）总体运行规则。塘堰蓄水在正常蓄水位以下，尽量拦截田面排水和地表径流，储蓄在塘堰湿地中进行自然净化处理，并重复应用于灌溉；超过正常蓄水位时，将经过湿地净化后的储水预先排出，腾空部分库容，以便拦蓄下一阶段的田面排水。

（2）水在塘堰湿地的滞留时间以 3～4 天为宜。如果达不到 3～4 天，宜通过塘堰湿地的出口闸阀进行调控，使排水进入塘堰湿地 3～4 天后再排出。

（3）水流方向。应使水流沿塘堰湿地的最长方向进出湿地，也即使水流通过塘堰湿地的通道尽量长。可考虑在塘堰湿地中修建导水墙或小岛，以延长水流路径。

（4）水量分配。为使净化效果最佳,应尽量使进出塘堰湿地的水能够均匀分配,同时避免湿地中出现水流"死区",可考虑设置多个进出水口。

（5）植物收割。在 11 月以后对湿地中的植物进行收割,防止塘堰中植物死亡后残体发生分解造成营养物质的释放,产生二次污染。同时,若植物为经济作物,及时收割可以产生经济效益。

（6）清淤。对于多年运行后的塘堰湿地,应对底泥进行疏浚,深度宜控制在 20~60cm,底泥疏浚可以有效降低底层水体的耗氧量和腐殖质的含量,并有利于沉水植物的恢复。

6.5　本 章 小 结

对同一湿地不同水深进行了示踪试验,结果显示湿地的水力性能随着水深的减小而逐渐提高,当水深从 60cm 减小到 20cm 时,湿地的有效容积率 e 从 0.421 逐渐增加到 0.844,水力效率 λ 从 0.281 增加到 0.604。水深对湿地整体的混合程度无明显影响,但是由于湿地前半部分受来流影响较大,湿地前半部分水流趋于完全混合流。实际运行中,湿地水深过小时,湿地的承载污染负荷不足,湿地去除污水的能力会受到极大限制,容易造成湿地土地资源的浪费。综合考虑湿地去污效果和水力效率,试验条件下湿地最佳水深推荐为 40cm。

影响湿地水力性能的因素主要有形状、长宽比、水力负荷、进出口布置、水生植物的布置方式、进出流量和水深等。

湿地的长宽比是湿地设计中一个非常重要的因素,长宽比可以显著地影响湿地的水力性能。长宽比较小时,湿地的有效容积率会显著降低,造成湿地容积和土地资源的浪费;由于地形的限制,较大的长宽比无法实现,同时长宽比较大时,虽然能够提升湿地的水力性能,使水流分布更加均匀,但是也容易导致因流速过大而造成湿地底泥的悬浮,导致内源污染。结合水稻灌区的已有塘堰及可开发成塘堰湿地的低洼地的实际情况,推荐的湿地设计长宽比为 3∶1~6∶1。

当湿地的长宽比确定时,或者因为地形限制导致长宽比较小时,湿地进出口布置和进水形式便成为提高湿地水力性能的关键因素。湿地进出口相邻布置时,水流的短路现象严重,湿地有效容积率急剧降低,造成湿地容积的大量浪费。合理的湿地进出口布置应该是相向布置,且在湿地进口处均匀布水,提高入流的布水均匀性,这对改善湿地水流工况、提高湿地水力性能有重要作用。

沿湿地边缘两侧种植的植物布局会导致较为严重的水流短路,降低湿地水力性能,而沿湿地横断面带状种植的水生植物分布对水力性能的影响较小,这为湿地设计中水生植物的种植提供了参考。此外,在湿地内部设置部分挡板以增加水流运动路径也可以显著地提高湿地水力性能。

根据试验和调查分析,总结提出塘堰湿地的设计及运行要点如下所述:

设计。稻田与塘堰湿地面积比为 15∶1～20∶1,单个塘堰湿地面积为 300～1000m²,塘堰湿地采用椭圆形,其长短比为 3∶1 左右,蓄水深度为 0.6～1.5m,采用生态护坡,在鄱阳湖流域湿地塘堰植物为白莲、莲藕、菖蒲、茭白。

运行。正常蓄水位以下拦截田面排水和地表径流,超过正常蓄水位时排水腾空部分库容;湿地最佳水力停留时间为 3～4 天;水流方向及水量分配应使水流充分混合并延长水流路径;定期进行植物收割(每年冬天进行),2～3 年进行清淤。

第7章 基于分布式模型的农业面源污染排放规律研究

本章选择位于鄱阳湖流域赣抚平原灌区内的芳溪湖流域作为研究区域。收集并整理基础资料,基于改进的 SWAT 构建研究区域水量及农业面源污染分布式模拟模型,进行水量转化及氮、磷污染负荷排放的分布式模拟,应用研究区域 2011～2013 年径流和氮、磷污染负荷监测资料对主要参数进行率定和验证,模拟分析不同施肥、灌溉管理制度,以及不同塘堰用水管理措施(不同塘堰湿地面积比)下氮、磷排放规律,以期为制定合理的农业水肥管理措施,提高流域水肥资源利用效率,减少流域氮、磷等农业面源污染排放策略的制定提供决策依据。

7.1 适合灌区水量转化及农业面源污染分布式模拟的 SWAT 模型改进

7.1.1 SWAT 模型介绍

1. 模型开发过程

分布式流域水文模型(SWAT)是 Arnold 博士为美国农业部农业研究中心(USDA-ARS)开发的流域尺度模型。其主要目的是模拟、预测土地利用、农业管理方式对流域水量、水质的影响(Arnold et al. ,1998)。

20 世纪 70 年代中期,美国农业部农业研究中心开发了具有物理基础的田间尺度面源污染模型 CREAMS(Knisel,1980),用来模拟土地利用措施对田间水分、泥沙、农业化学物质流失的影响。后来,农业研究中心(ARS)的研究人员对 CREAMS 模型进行了改进,使之能模拟多种土壤、地面覆盖及管理措施的复杂流域(Flanagan and Nearing,1995)。随后,又陆续开发出了 EPIC(Williams et al. ,1983)、GLEAMS(Leonard et al. ,1987)、AGNPS(Young et al. ,1989)、SWRRB 及 ROTO 等模型。但是这些模型在模拟较大流域时都存在不足,不能得到较为精确、令人满意的模拟结果。

20 世纪 90 年代初,在 Arnold 的主持下,研究工作者吸收了 GLEAMS、EPIC、AGNPS、SWRRB 等模型的优点,将 SWRRB 模型与 ROTO 模型整合成一个各方面更为完备的模型,即 SWAT 模型。

SWAT 模型自诞生以来,经过国内外不同地区研究工作者的校验和完善,相继开发出了 SWAT94. 2、SWAT96. 2、SWAT98. 1、SWAT99. 1、SWAT99. 2、

SWAT2000、SWAT2003、SWAT2005、SWAT2009 等版本，形成了 Windows、GRASS(geographical resources analysis support system)及 ArcView GIS 3 种操作界面，大大增加了模型的易用性，从而使 SWAT 模型的应用越来越广泛。自 2001 年起，SWAT 模型用户开始每两年召开一次 SWAT 国际研讨会。在会上，与会者介绍模型在各自国家的应用情况、模型使用过程中遇到的问题及解决办法，探讨 SWAT 的校验技巧。经过大会交流，各国研究人员根据研究对象及地区实际情况，对模型进行进一步改进，以更好地服务当地的流域管理及水资源决策，同时也使 SWAT 模型逐步完善，应用到更多的研究领域。

2. 模型结构与特点

SWAT 水文模型采用子流域法对流域进行空间离散，并且采用自动地形参数(topographic parameterization, TOPAZ)自动进行数字地形分析，基于最陡坡度原则和最小给水面积阈值对数字高程模型(digital elevation model, DEM)进行处理，定义流域范围并划分子流域，同时确定河网结构和计算子流域参数。

各子流域具有不同的水文、气象、土壤、作物、养分和农业管理措施等(郝芳华等，2006；熊立华和郭生练，2003)，根据土地利用类型和土壤类型的一致性将子流域划分为不同的水文响应单元(hydrologic response units, HRU)。水平衡是流域内一切过程(包括泥沙、农业化学物质运移)的驱动力。HRU 是 SWAT 模型描述水文循环过程和水平衡计算的最小单元。每个 HRU 在垂直方向上分为植物冠层、根系层、渗流层、浅层地下水、不透水层和承压地下水，且独立计算水分循环的各个部分及其定量的转化关系(图 7-1)(Neitsch et al.，2016；王建鹏，2011)。然后进行汇总演算，最后求得流域的水量平衡关系，同时可得到水中泥沙、养分、农药等溶质的运移转化规律。此种程序设计，模型结构简单，计算方便，同时具有较高的物理基础，能够对水量平衡做出合理的物理解释，从而使 SWAT 模型适用于不同尺度的流域。

SWAT 模型作为分布式水文模型，具有以下特点(Neitsch et al.，2016；童晓霞，2012)。

(1) SWAT 模型是物理模型：它通过输入流域内的天气、植被、土地管理措施、土壤属性、地形等特定信息，以及营养物质循环等动态信息，使用实测数据进行直接模拟。SWAT 模型可以对缺少实测数据的区域进行模拟，并可估算出输入参数对输出结果的影响程度。

(2) 模型将研究流域划分为多个亚流域进行模拟。一般来说，使用 SWAT 模型进行模拟研究的流域面积都比较大，整个流域不同面积上的土壤类型、土地利用类型在属性上的差异会影响其水文过程。因此，SWAT 模型的模拟通常将研究流域划分为若干个单元流域，以减小流域下垫面和气候要素时空变异对模拟精度的影响。

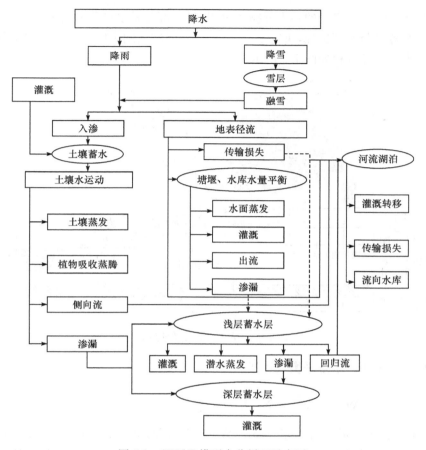

图 7-1 SWAT 模型水分循环示意图

（3）模型运算效率高。模型对大面积流域或多种管理决策进行模拟时，不需要过多的时间和投入。同时，在数据齐全的情况下，模型可以进行长时间连续模拟，可以连续模拟输出几十年的结果，这为流域各种指标的中长期预报提供了依据。

3. 模型运行原理

SWAT 模型是由 701 个方程和 1013 个中间变量组成的一个结构非常复杂的模型系统，主要含有水文过程、土壤侵蚀和污染负荷 3 个子模型。

1）水文过程子模型

SWAT 模型的水文过程子模型可以模拟和计算流域水文循环过程中降水、地表径流、层间流、地下水流及河段水分输移损失等部分。该子模型模拟水文过程可以分为两部分：一部分是产流与坡面汇流，这部分是控制主河道的水量、泥沙量、营养成分及化学物质多少的各水分循环过程;另一部分是水循环的河道汇流,是和汇流相关的各水分循环过程,决定水分、泥沙等物质在河网中向流域出口的输移运动情况。水文循环过程如图 7-2 所示。

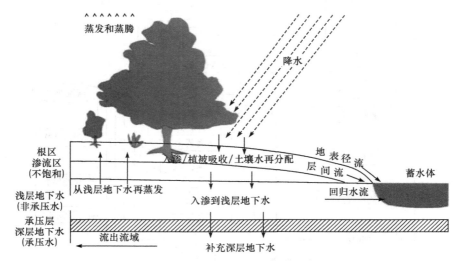

图 7-2　SWAT 水文循环过程

模型中采用的水量平衡表达式为

$$SW_t = SW_0 + \sum_{i=1}^{t} (R_{day} - Q_{surf} - E_a - W_{seep} - Q_{gw}) \tag{7-1}$$

式中,SW_t 为土壤最终含水量,mm;SW_0 为土壤前期含水量,mm;t 为时间步长,d;R_{day} 为第 i 天的降水量,mm;Q_{surf} 为第 i 天的地表径流,mm;E_a 为第 i 天的蒸发量,mm;W_{seep} 为第 i 天存在于土壤剖面底层的渗透量和侧流量,mm;Q_{gw} 为第 i 天的地下水含量,mm。

SWAT 模型水文循环陆地阶段主要由水文、天气、沉积、土壤温度、作物产量、营养物质和农业管理等部分组成。

2）土壤侵蚀子模型

SWAT 模型中对降水和径流产生的土壤侵蚀运用修正的通用土壤流失方程MUSLE 来预测泥沙生成量,该方程如下:

$$m_{sed} = 11.8(Q_{surf} q_{peak} A_{hru})^{0.56} K_{USLE} C_{USLE} P_{USLE} L_{SUSLE} C_{FRG} \tag{7-2}$$

式中,m_{sed} 为土壤流失量,t;Q_{surf} 为地表径流,mm/h;q_{peak} 为洪峰径流,m³/s;A_{hru} 为HRU 的面积,hm²;K_{USLE} 为土壤侵蚀因子;C_{USLE} 为植被覆盖和管理因子;P_{USLE} 为保持措施因子;L_{SUSLE} 为地形因子;C_{FRG} 为粗碎屑因子。

SWAT 模型运用 MUSLE 模型来模拟泥沙生成,进而得出泥沙负荷,可为计算随水土流失的污染质量做基础。

3）污染负荷子模型

SWAT 模型中的污染负荷子模型主要进行氮循环模拟和磷循环模拟。

（1）氮的迁移转化过程。氮包括有机氮、铵态氮、硝态氮、亚硝态氮等不同形态。有机氮通常是吸附在土壤颗粒上随径流迁移转化的，硝态氮主要随地表径流、侧向流或渗流在水体中迁移。不同形态氮的迁移转化过程如图 7-3 所示。

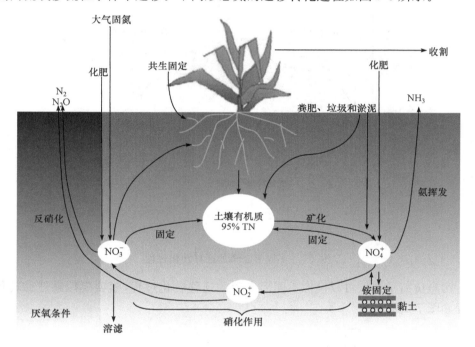

图 7-3　不同形态氮的迁移转化过程

污染负荷子模型可以模拟不同形态氮的迁移转化过程，如地表径流流失、入渗淋失、化肥输入等物理过程，有机氮矿化、反硝化等化学过程，以及作物吸收等生物过程。模型模拟氮迁移转化过程如图 7-4 所示。

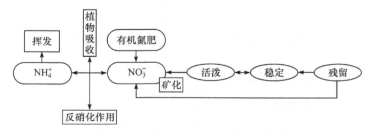

图 7-4　模型模拟氮迁移转化过程

（2）磷的迁移转化过程。磷分为溶解态磷和吸附态磷。溶解态磷在土壤中的迁移主要是通过扩散作用实现的；吸附态磷，即有机磷和矿物磷主要是通过径流迁移。不同形态磷的迁移转化过程如图 7-5 所示。

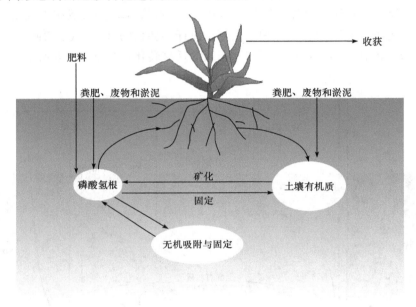

图 7-5　不同形态磷的迁移转化过程

污染负荷子模型可以模拟不同形态磷的迁移转化过程，模型模拟磷迁移转化过程如图 7-6 所示。

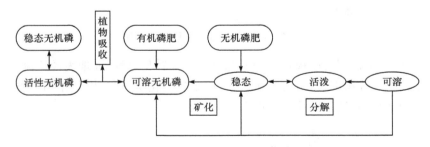

图 7-6　模型模拟不同形态磷的迁移转化过程

7.1.2　SWAT 模型适合灌区水循环模拟的改进

灌区水管理措施、灌排工程设施及不同的作物种植结构等农业活动使灌区水文循环过程相对于自然流域水文循环过程更加复杂和难以描述。目前分布式水文模型主要针对自然流域开发，对灌区特性考虑较少，因此结合灌区特征构建灌区分布式水文模型显得尤为重要,这也是研究灌区水量平衡及其转化关系和灌区农业面源污染的关键。

SWAT 模型简单整合了稻田、塘堰等灌区特征模拟,允许用户添加农田耕作措施,因而被应用于灌区水分循环和养分循环等方面的模拟研究(刘博和徐宗学,2011;焦锋等,2003;Ahmad et al.,2002)。由于 SWAT 模型采用模块化结构且源代码对外开放,很多学者为了使 SWAT 模型更合理地体现灌区特征、完善模型功能和提高模拟精度,对 SWAT 模型进行了改进。胡远安等(2003)、Kang 等(2006)改进了稻田蓄水、排水的模拟过程;Zheng 等(2010)改进了水稻蒸发蒸腾量的模拟;郑捷等(2011)针对平原灌区的特点,对 SWAT 模型的河网提取、子流域的划分和作物耗水模块进行了改进。

为了拓宽模型在灌区水分循环模拟的应用范围,本研究小组以 SWAT2000 模型为平台,改进和增添了模型的部分功能模块,构建了灌区分布式水文模型(Liu et al.,2013;王建鹏和崔远来,2011;Xie and Cui,2011;代俊峰和崔远来,2009a;2009b)。代俊峰和崔远来(2009a)在改变 SWAT2000 模型陆面水文过程计算结构的基础上,改进了灌溉水分运动模块、稻田水量平衡要素(降水、蒸发、下渗、灌排、侧渗)模拟、沟道渗漏和水稻产量模拟模块,添加了渠系渗漏及其对地下水补给作用的模拟和塘堰水灌溉功能模拟。谢先红(2008)针对稻田模拟改进了蒸发蒸腾量模拟、下渗模拟、稻田灌排模式和水稻产量模拟,增加了塘堰水自动灌溉功能。王建鹏和崔远来(2011)在代俊峰和谢先红二人的修改模型基础上进行整合和改进,优化了稻田水循环过程及其算法,完全独立稻田模拟模块,增加稻田非蓄水期产流和下渗模拟,以耕作层含水量控制灌溉,优化灌溉渠道渗漏模拟。Liu 等(2013)改进了旱作物模拟模块和灌溉水源模块。本节介绍其中主要的改进内容。

1. SWAT 模型计算结构改进

SWAT 模型中,针对水稻田,用户通过将其所在 HRU 定义为"Pothole"(Neitsch et al.,2016)(凹地、洼地),并通过设定灌溉和蓄放水操作来实现水稻田的灌排和水量平衡模拟。"Pothole"的模拟顺序在地表径流、入渗、蒸发蒸腾量、地下水运动模拟之后[图 7-7(a)],这无法充分体现稻田对水文过程和水量平衡的影响。代俊峰和崔远来(2009a)调整了"Pothole"的模拟顺序[图 7-7(b)],使其模拟级别与其他土地利用类型相同,同时模拟水稻和旱作物径流、入渗过程,但水稻生育期的非蓄水阶段(晒田阶段)仍以旱作模式进行模拟,这显然不合理。水稻非蓄水阶段虽无田面水层,但仍与旱田不同,特别是稻田犁底层仍影响着水分的下渗。王建鹏和崔远来(2011)将水稻生育期蓄水阶段和非蓄水阶段的模拟[图 7-7(c)]都在稻田模拟模块下进行,提高了稻田模拟的合理性和准确性,本书予以采用。

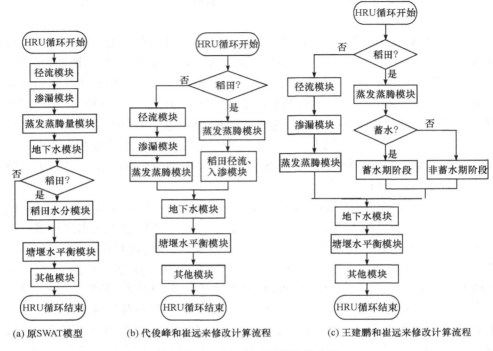

图 7-7　SWAT 模型计算流程改进

2. 稻田模拟模块改进

SWAT 模型将稻田概化为锥形体,其表面积是地形坡度和水体体积的函数,该方法对于洼地或坑洞的模拟是合理的,却无法准确地描述稻田的蓄水体积和水平衡要素。代俊峰和崔远来(2009a)、谢先红(2008)、Xie 和 Cui(2011)及王建鹏和崔远来(2011)都将稻田表面面积设置为稻田 HRU 的面积。稻田表面面积改进后,降落在稻田的降水量也随之发生变化,考虑田埂的影响,代俊峰和崔远来(2009a)及王建鹏等(2011)将稻田实际存储的降水量修改为直接降落到田间的降水量与降落在田埂后流入田间的降水量之和。这与实际比较相符,本书予以采用。另外,SWAT 原模型对稻田的灌排模式处理是蓄水期间当蓄水量超过最大蓄水深度(最大蓄水容积)时产生漫流进行排水,难以反映田间节水灌溉模式对不同生育阶段蓄水深度的控制。代俊峰和崔远来(2009a)用不同生育阶段最大蓄水深度来控制稻田排水。谢先红(2008)、Xie 和 Cui(2011)设置了水稻不同生育期的适宜水层上、下限深度和降水后最大蓄水深度 3 个控制水层来模拟稻田的灌溉排水模式。本书沿用 3 个蓄水深度来控制稻田灌排模式。

SWAT 原模型对稻田渗漏的处理过程如图 7-8 所示,入渗量的计算公式见式(7-3)和式(7-4)。总入渗量 P_1 通过参数 yy 进行调节,当土壤层的土壤含水量大于土壤饱和含水量时会下渗到下一层,渗漏出最后一层的水量并未加到地下水中,也没有考虑犁底层对稻田渗漏的影响。代俊峰和崔远来(2009a)结合漳河灌区试验成果,规定漳河灌区犁底层最大的渗漏量为 2mm/d,并将其作为限制条件。

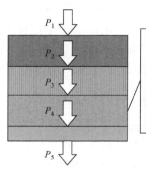

图 7-8　SWAT 原模型中稻田渗漏的处理过程

$$P_1 = 240 \text{yy} KA \tag{7-3}$$

$$\text{yy} = \begin{cases} 1, & \dfrac{\theta_a}{\theta_f} < 0.5 \\ 1 - \dfrac{\theta_a}{\theta_f}, & 0.5 \leqslant \dfrac{\theta_a}{\theta_f} < 1 \\ 0, & \dfrac{\theta_a}{\theta_f} > 1 \end{cases} \tag{7-4}$$

式中,P_1 为总入渗量,m^3;yy 为参数;K 为第一层的土壤渗透系数,mm/h;A 为稻田水层的表面积,hm^2;θ_a 为土壤实际含水量,mm;θ_f 为土壤田间持水量,mm。

实际分析表明,当稻田蓄水时土壤含水量比较大,此时参数 yy 计算值偏小。因此对 yy 参数的计算公式进行了改进,将式(7-4)中的田间持水量修改为饱和含水量,具体见式(7-5)。

$$\text{yy} = \begin{cases} 1, & \dfrac{\theta_a}{\theta_s} < 0.5 \\ 1 - \dfrac{\theta_a}{\theta_s}, & 0.5 \leqslant \dfrac{\theta_a}{\theta_s} < 1 \\ 0, & \dfrac{\theta_a}{\theta_s} > 1 \end{cases} \tag{7-5}$$

式中,θ_s 为土壤饱和含水率,mm。

同时,对稻田入渗规则进行了改进,犁底层以上的土壤层,当土壤含水量超过饱和含水量时就下渗到下一层；犁底层以下土壤层，当土壤含水量超过田间持水量时下渗到下一层；最后一层的渗漏添加到地下水中。对犁底层最大入渗量 P_{max} 进行控制，计算公式见式（7-6）。犁底层实际入渗量为犁底层的上一层土壤渗漏量 P_{i-1} 和犁底层最大入渗量 P_{max} 的较小值，即当 $P_{i-1} \leqslant P_{max}$ 时，取 P_{i-1} 为犁底层实际入渗量；当 $P_{i-1} > P_{max}$ 时，取 P_{max} 为犁底层实际入渗量，并将 P_{i-1} 和 P_{max} 的差值重新添加到稻田水层中。改进 SWAT 模型中稻田渗漏计算过程如图 7-9 所示。

$$P_{max} = 240K_iA \tag{7-6}$$

式中，P_{max} 为犁底层最大入渗量，m^3；K_i 为犁底层饱和水力传导度，mm/h；A 为稻田水层的表面积，hm^2。

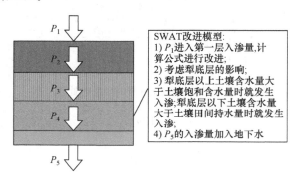

图 7-9　改进 SWAT 模型中稻田渗漏的计算过程

另外，SWAT 原模型中只考虑了旱作物对降水的截留作用，而忽略了水稻对降水的截留作用，本书添加了水稻对降水的截留计算。

3. 灌溉渠道渗漏改进

SWAT 原模型没有考虑灌区内灌溉渠道的输配水渗漏损失对水分循环的影响。在丘陵地区，渠道与提取的子流域边界吻合较好，代俊峰和崔远来（2009a）根据灌溉渠道输配水功能及其分布将研究区域内的灌溉渠系分为输水渠系和配水渠系，利用渠系水利用系数法计算渠系渗漏损失。在平原灌区，渠道的位置并不与子流域的边界重合，很难对渠道进行分类，渠道渗漏损失只能进行概化。本书不考虑渠道输配水流量大小对输配水损失量的影响，利用渠系水利用系数法计算区域渠系损失量，考虑渠系损失是由蒸发损失、管理损失和渗漏损失等几个部分组成，因此渠系渗漏损失量为渠系损失总量乘渠系渗漏系数，并将其添加到需要灌溉的 HRU 的地下水中。具体的计算公式见式（7-7）。渠系渗漏系数为渠系中渗漏到地下水中的那部分损失水量占总渠系损失水量的比例，用户可以根据灌区渠道长度、渠道衬砌情况及土壤类型进行初步确定，根据模型对其进行率定。

$$V_{渠系渗漏} = V_{渠系损失}\beta_{渗漏} = \frac{V_{SWAT输入}(1-\eta)}{\eta}\beta_{渗漏} \tag{7-7}$$

式中，$V_{渠系渗漏}$ 为渠系渗漏量，mm；$V_{渠系损失}$ 为渠系损失量，mm；$\beta_{渗漏}$ 为渠系渗漏系数；$V_{SWAT输入}$ 为 SWAT 界面中输入的灌水量（田间毛灌水量），mm；η 为渠系水利用系数。

4. 旱作物模拟模块改进

SWAT 原模型不能对跨年作物（冬小麦）的叶面积指数和实际作物蒸腾量进行模拟，主要原因是 SWAT 原模型只能对一年内种植并收获的作物生长进行模拟，而对跨年作物模拟时就会出现错误，本书对作物种植操作模块进行了改进（Liu et al.，2013）。对作物种植日期参数（ipl）和作物生长日期控制参数（icr）进行了调整，实现了对跨年作物生长和实际蒸腾的模拟。

SWAT 原模型认为旱作物的灌水上限为田间持水量，不产生深层渗漏。而在实际中由于局部超额灌水可能会使土壤含水率短时间超过田间持水量，并产生深层渗漏。因此去掉了灌水上限为田间持水量的限制，并将旱作物灌溉产生的深层渗漏添加到地下水中。

5. 蒸发蒸腾量计算改进

SWAT 原模型对作物蒸腾和土壤蒸发是分开计算的，实际作物蒸腾量的计算是以作物最大蒸腾量为基础的。当潜在作物蒸腾量选择彭曼公式以外的方法计算时，则作物最大蒸腾量的计算采用线性公式，即

$$E_t = \begin{cases} \dfrac{E_0' \text{LAI}}{3.0}, & 0 \leqslant \text{LAI} \leqslant 3 \\ E_0', & \text{LAI} > 3 \end{cases} \tag{7-8}$$

式中，E_t 为作物最大蒸腾量，mm；E_0' 为扣除冠层截流后的潜在蒸散发，mm；LAI 为叶面积指数。

由于自然流域中植被叶面积指数相对较小，因此式（7-8）在自然流域中是合理的，但在灌区中，一般作物的叶面积指数较大，当叶面积指数大于 3 时，土壤最大蒸发量为零，这与实际不符。因此，用指数模型计算作物最大蒸腾量（Kroes et al.，2008），计算公式为

$$E_t = E_0'(1 - e^{-k_r \text{LAI}}) \tag{7-9}$$

式中，k_r 为消光系数。

6. 自动灌溉模块的改进

SWAT 原模型中的农业管理措施中有自动灌溉的功能。当用户选择了自动灌溉功能,需要指定作物水分胁迫阈值,当作物水分胁迫因子 β 大于该阈值时就会自动灌溉并灌水至田间持水量。作物水分胁迫因子 β 的计算公式为

$$\beta = \frac{T_a}{T_{max}} \tag{7-10}$$

式中,β 为作物水分胁迫因子;T_a 为实际蒸腾量,mm;T_{max} 为作物最大蒸腾量,mm。

作物最大蒸腾量的计算公式见式(7-9),实际蒸腾量是以最大蒸腾量为基础,逐层计算作物根系吸水量的。而实际吸水量则是最大吸水量和土壤含水量的函数,即

$$w_{i,\text{act}-\text{up}} = \begin{cases} w_{i,\text{up}} \exp\left[5\left(\dfrac{\text{SW}_i}{0.25\text{AWC}_i}\right)\right], & \text{SW}_i < \dfrac{1}{4}\text{AWC}_i \\ w_{i,\text{up}}, & \text{SW}_i \geqslant \dfrac{1}{4}\text{AWC}_i \end{cases} \tag{7-11}$$

$$T_a = W_{\text{act}-\text{up}} = \sum_{i=1}^{n} w_{i,\text{act}-\text{up}} \tag{7-12}$$

式中,$w_{i,\text{act}-\text{up}}$ 和 $w_{i,\text{up}}$ 分别为第 i 层根系实际吸水量和最大可能吸水量,mm;SW_i 为第 i 层土壤含水量,mm;AWC_i 为第 i 层可利用土壤含水量,mm;$W_{\text{act}-\text{up}}$ 为根系层总吸水量,mm;n 为总的土壤分层。

由于作物水分胁迫因子是由作物实际蒸腾量来决定的,而实际作物蒸腾量与土壤水分状况有直接关系,所以当作物产生水分胁迫时可自动灌水至田间持水率,该方法对旱作物的自动灌溉模拟是可行的。但是对水稻来讲,水稻生育期内土壤水分几乎是饱和的,并不存在作物吸水的水分胁迫问题,因此自动灌溉模式对水稻的灌溉模拟是不合理的(Liu et al.,2013)。

本书选用稻田的 3 个控制水层深来实现水稻自动灌溉的模拟。当稻田实际水层深度低于水稻适宜水层下限时进行灌溉,灌水量为水稻适宜水层上限与实际水稻水层的差值。

7. 灌溉水源的改进

SWAT 原模型提供了 5 种水源,即河流、水库、浅层地下水、深层地下水和研究区域以外的水源。SWAT 原模型考虑的水源种类齐全,可以满足各种不同水源类型灌区的灌溉要求,但是 SWAT 原模型在一次模拟中,每个计算单元只能选择

一种水源进行灌溉,这对于多水源联合应用的灌区并不适用。本书对其进行了修改,增添了多种水源联合灌溉模式。

7.2　芳溪湖流域农业面源污染分布式模拟模型构建

7.2.1　研究区域概况

选择位于鄱阳湖流域赣抚平原灌区内的芳溪湖流域作为研究区域。芳溪湖流域为赣抚平原灌区内一个相对封闭的小流域,面积约为 30.8km²,该流域为赣抚平原东灌区西干渠二干三分渠和二干五分渠之间的封闭区域。区域的灌溉水来源为二干三分渠和二干五分渠,区域产流和排水流向芳溪湖内。该区域属于亚热带季风气候,冬寒、春暖、夏热、秋凉,四季分明,雨量充沛,日照充足。多年平均降水量为 1624.4mm,降水日年平均为 147.3 天,夏季为雨季,占全年总降水量的近一半,春季、秋季次之,冬季最少。年平均气温为 17.6℃左右。研究区域 79.3% 的面积为水稻田,12.6% 的面积为水面,其他为旱作物种植地和居民用地等。区域的水稻以两季稻为主,占水稻总种植面积的 95%。其他农作物主要包括甜瓜、西瓜、韭菜、大蒜等经济作物。

7.2.2　数字高程模型的建立和生成

数字高程模型(digital elevation model,DEM)是指用一组有序数值阵列形式表示地面高程的一种实体地面模型,是数字地形模型(digital terrain model,DTM)的一个分支。DEM 是零阶单纯的单项数字地貌模型,其他如坡度、坡向及坡度变化率等地貌特性可在 DEM 的基础上派生。

DEM 是研究区域地形分析的主要依据,通过 DEM 图可以提取大量的地表形态信息,包括流域网格单元的坡向、坡度、粗糙程度与单元格直接的关系,同时也可以根据一定的算法提取出地表径流的路径、河网和流域边界、河流比降和河流长度。因此,DEM 是 SWAT 模型进行水系提取、流域划分和流域水文过程模拟的基础。

目前,DEM 主要包括栅格(grid)、不规则三角网(tin)和等高线 3 种类型。本书采用长江科学院空间信息所提供的栅格型 DEM(图 7-10)。

在进行数据构建过程中,需要使图层的坐标系和投影类型保持一致,按照 SWAT 模型一般要求,采用 Albers 等积圆锥投影进行图层和数据的投影变换。Albers 是以等积圆锥投影,将经纬度坐标转换为大地坐标,以米为单位投影 Krasovsky 椭球体的。本书采用的所有空间数据及图像都经过 Albers 投影变换和坐标变换。

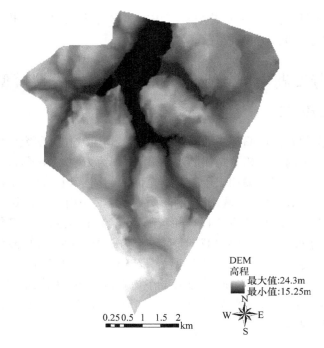

DEM
高程
■ 最大值:24.3m
■ 最小值:15.25m

N
W—✳—E
S

0.25 0.5　1　1.5　2
km

图 7-10　研究区域 DEM 图

7.2.3　子流域划分

　　根据 DEM 图进行流域的水系提取,如果提取的水系不太符合实际情况,可以手动添加数字水系到模型中。由于研究区域内地势比较平坦,各地高程差较小,根据模型提取出来的水系与实际的水系相差比较大,因此根据当地的实际水系,添加了一条数字水系,再通过模型的提取,所得到的水系与实际水系比较符合。

　　选择流域出口点,然后规定合适的水文响应单元面积阈值便可以进行子流域划分,得到 9 个子流域 51 个水文响应单元。子流域示意图如图 7-11 所示。

7.2.4　土地利用数据处理

　　土地利用图利用江西省南昌县农业局提供的土地利用现状图经过 MapGIS 软件和 ArcGIS 软件处理得到,分辨率为 20m(图 7-12)。根据研究区域的具体情况,将土地利用类型分为水稻田、旱地、林草地、裸地、居民点、水域六大类。土地利用类型及面积比例见表 7-1。

图 7-11 研究区域子流域划分示意图

图 7-12 研究区域土地利用图

表 7-1　土地利用类型及面积比例

土地利用类型	面积比例 /%
水稻田	79.27
旱地	1.71
林草地	0.24
水域	12.63
居民用地	6.11
裸地	0.04

7.2.5　土壤数据处理

土壤类型图从江西省南昌县农业局获得的资料经过投影变换和处理得到。土壤类型图主要分为两大部分：一部分是土壤属性数据；另一部分是土壤类型空间分布图，分辨率为 20m（图 7-13）。土壤属性数据主要分为物理属性数据和化学属性数据，物理属性决定了土壤剖面中水分和气的运动状态，并对 HRU 中的水循环起着重要作用；化学属性主要用来给模型赋初值。本书根据当地实际情况结合南昌县农业局提供的资料，将各种类型的物理属性数据按照类型输入数据库文件soil. dat 中，化学属性数据输入数据库文件 chm. dat 中。

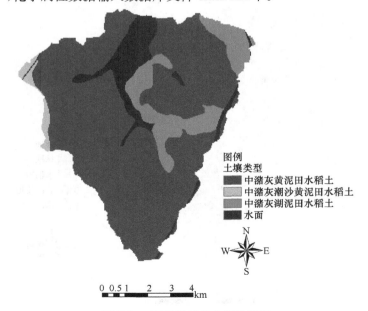

图 7-13　研究区域的土壤类型图

研究区域主要有中潴灰黄泥田水稻土、中潴灰潮沙泥田水稻土、中潴灰湖泥田水稻土三大类。土壤类型及面积比例见表 7-2。表 7-2 中的水面面积占比与表 7-1 中不一致,原因是土地利用类型与土壤类型图是由不同时期的遥感影像分析得到。

表 7-2　土壤类型及面积比例

土壤类型	面积比例 /%
中潴灰黄泥田水稻土	76.52
中潴灰湖泥田水稻土	12.38
中潴灰潮沙泥田水稻土	1.79
水面	9.31

7.2.6　HRU 划分

将子流域划分图、土地利用类型图和土壤类型图等图像加载完成之后,模型会根据土地利用类型和土壤类型的面积阈值再进行一次子流域响应单元微调,以保证面积在响应单元面积阈值以下的土地利用类型和土壤类型进行重新整合,以利于模型的后续模拟。本书中水文响应单元的面积阈值都设置为 1%,最终得到的水文响应单元划分情况见表 7-3。

表 7-3　研究区域子流域及 HRU 划分情况

HRU	HRU 数	面积/km²	面积所占比例/%
1	4	2.54	8.23
2	8	6.85	22.23
3	6	1.23	4.00
4	6	5.72	18.56
5	7	1.27	4.13
6	2	6.24	20.27
7	10	1.05	3.41
8	5	2.33	7.56
9	3	3.58	11.62

7.2.7　气象水文数据

进行研究区域水分养分迁移规律模拟时的基础是进行研究区域的径流模拟,因此需要研究区域内较为全面的水文气象资料。SWAT 所需要的水文气象资料主要包括日降水、太阳辐射、风速、相对湿度、最高和最低气温及日蒸发量。由于气象数据在空间上差异很大,所以要用离研究区域最近气象站点的资料,将离研究区域 6km 处江西省灌溉试验中心站的气象资料作为研究区域唯一的气象资料来源。同时,将灌水量、排水量及研究区域主要控制点的径流量实际观测值作为模型输入值。

SWAT 模型所需要的气象资料需要以 Dbase 格式存入安装 SWAT 模型的 AVS2000 文件下才能被 SWAT 识别。因此,需要对现有气象资料进行处理,转换成 Dbase 格式。同时,模型中所需要的蒸发蒸腾量(ET)资料也需通过已有的气象资料计算获得。本书研究的主要作物为南方双季稻,利用 Penman-Monteith 公式计算参考作物腾发量 ET_0(Allen et al.,1998),计算公式见式(7-13)。

$$ET_0 = \frac{0.408\Delta(R_n-G)+\dfrac{\gamma 900 u_2(e_s-e_a)}{\Delta+\gamma(1+0.34u_2)}}{\Delta+\gamma(1+0.34u_2)} \tag{7-13}$$

式中,Δ 为饱和水压与温度曲线的斜率,kPa/℃;γ 为干湿表常数,kPa/℃;R_n 为作物表面的净辐射量,MJ/(m^2·d);G 为土壤热通量,MJ/(m^2·d);u_2 为 2m 高处平均风速,m/s;e_s 为饱和水气压,kPa;e_a 为实际水气压,kPa;T 为平均气温,℃。

7.2.8　农业管理措施

根据江西省灌溉试验中心站的试验方案并结合当地农民的种植管理习惯,初步确定研究区域的水稻管理措施见表 7-4。将表 7-4 中所示的农田管理措施添加到模型中,以便模型后期参数率定。

表 7-4　研究区域水稻田管理措施

水稻分类	时间	所处生育期	农事活动	处理方式
早稻	2011-4-14	泡田期	泡田	—
	2011-4-16	泡田期	施基肥	N:90kg/hm^2;P:33.75kg/hm^2
	2011-4-17	返青复苗期	移栽	—
	2011-4-23	返青复苗期	灌水	灌水深:50mm
	2011-4-29	分蘖前期	施追肥	N:90kg/hm^2;P:33.75kg/hm^2
	2011-5-6	分蘖前期	喷洒农药	地虫咪:7.5kg/hm^2
	2011-5-18	分蘖后期	晒田	排干田间水
	2011-5-22	拔节孕穗期	灌水	灌水深:50mm
	2011-5-30	拔节孕穗期	喷洒农药	地虫咪:7.5kg/hm^2
	2011-6-26	乳熟期	喷洒农药	地虫咪:7.5kg/hm^2
	2011-7-6	黄熟期	排水落干	排干田间水
	2011-7-10	黄熟期	早稻收割	—

水稻分类	时间	所处生育期	农事活动	处理方式
	2011-7-18	泡田期	泡田	—
	2011-7-19	泡田期	施基肥	N:90kg/hm²;P:33.75kg/hm²
	2011-7-20	返青复苗期	移栽	
	2011-7-26	返青复苗期	灌水	灌水深:50mm
	2011-7-29	分蘖前期	施追肥	N:90kg/hm²;P:33.75kg/hm²
	2011-7-31	分蘖前期	喷洒农药	地虫咪:7.5kg/hm²
晚稻	2011-8-19	分蘖后期	晒田	排干田间水
	2011-9-3	拔节孕穗期	灌水	灌水深:50mm
	2011-9-7	拔节孕穗期	喷洒农药	地虫咪:7.5kg/hm²
	2011-9-21	抽穗开花期	灌水	灌水深:50mm
	2011-10-9	乳熟期	喷洒农药	地虫咪:7.5kg/hm²
	2011-10-31	黄熟期	排水落干	排干田间水
	2011-11-4	黄熟期	晚稻收割	—

作物系数是作物需水量 ET 和参考作物蒸发蒸腾量 ET_0 的比值,常用 K_c 表示。ET 值通过试验可以获得,ET_0 值根据当地气象资料用 Penman-Monteith 公式计算。研究区域水稻的作物系数 K_c 根据江西省灌溉试验中心站的观测资料分析得到,具体见表 7-5。

表 7-5　水稻作物系数

生育期	早稻	晚稻
返青复苗期	0.85	1.04
分蘖前期	0.85	1.25
分蘖后期	1.09	1.25
拔节孕穗期	1.09	1.46
抽穗开花期	1.28	1.46
乳熟期	1.28	1.03
黄熟期	0.83	1.03

7.2.9　污染源数据

模拟研究区域的污染物质迁移转化规律时,需要确定研究区域的各种污染源。经过调查,研究区域的主要污染源包括生活污染源、畜禽养殖污染源、水产养殖污染源和农田排放污染源。

1. 生活污染源

研究区域芳溪湖流域位于南昌县境内,地处武阳镇、塔城乡和渡头乡三地交界处,国土面积为 30.8km²。根据研究区域具体范围对当地情况进行调查走访,并结合南昌县农业局的部分统计资料,确定研究区域内的常住人口为 17404 人。根据《第一次全国污染源普查城镇生活污染源产排污系数手册》提供的生活污水和污染物计算方法,可以计算出研究区域内由生活污染源产生的污水排放量,以及污水中的 TN、TP 等的含量,即

$$G_p = 3650NF_p \tag{7-14}$$

式中,G_p 为城镇居民生活污水或污染物年排放量,其中污水年排放量单位为 t/a,污染物年排放量单位为 kg/a;N 为城镇居民常住人口数量,万人;F_p 为城镇居民生活污水或污染物排放系数,其中污水量排放系数为 L/(天·人),污染物排放系数单位为 g/(天·人)。

根据计算公式可算得研究区域生活污染源排放见表 7-6。

表 7-6　研究区域生活污染源排放情况

生活污水排放量/(kg/d)	TN/(kg/d)	TP/(kg/d)	铵态氮/(kg/d)
2784.64	189.70	13.58	132.27

2. 畜禽养殖污染源

研究区域的畜禽养殖产业主要种类为鸭、鸡、猪、牛、羊等。芳溪湖附近有 3 个大型养猪场,养猪场的废水废渣直接排入附近排水沟并最终汇入芳溪湖。芳溪湖流域内有大型养鸭场及养鸭散户,产生的废弃物也最终排入芳溪湖中。经过研究区域走访调查并结合南昌县农业局提供的资料,根据《第一次全国污染源普查畜禽养殖业污染源产排污系数手册》提供的排污系数及计算方法,得到研究区域由畜禽养殖污染源产生的氮、磷排放量见表 7-7。

表 7-7　研究区域畜禽养殖污染物排放情况

种类	年出栏数	TN/(kg/d)	TP/(kg/d)	铵态氮/(kg/d)
鸭	56000 只	46.07	25.97	3.35
鸡	18000 只	12.23	6.67	5.94
猪	23600 头	291.43	109.83	139.22
牛	610 头	102.11	16.84	42.09
羊	500 头	16.74	2.76	6.90

3. 水产养殖污染源

研究区域内由于水塘面积比例较大,水产养殖业比较发达,通过对当地进行走访调查,并结合南昌县农业局提供的资料,计算得到研究区域主要水产养殖为鱼类及河蚌养殖,养殖面积占整个流域湖面面积的 30%。根据研究区域调查和现有资料,估算出研究区域水产养殖规模,并根据《第一次全国污染源普查水产养殖业污染源产排污系数手册》提供的产排污系数和计算公式,计算得到芳溪湖流域由水产养殖业污染源所产生的污水排放量,以及氮、磷排放量见表 7-8。

表 7-8 研究区域内水产养殖业污染物排放情况

水产种类	养殖规模/hm²	总产量/kg	TN/(kg/d)	TP/(kg/d)
成鱼	53.3	400000	6.86	1.349
鱼苗	113.3	170000	1.34	0.345
甲鱼	24.0	144000	2.47	0.298
河蚌	20.0	60000	1.96	0.169

4. 农田污染源

农田污染源主要是施肥污染。芳溪湖流域主要农作物为水稻,且以双季稻为主,水稻生育期内分两次施肥。该区域主要肥料种类为复合肥、尿素、过磷酸钙、氯化钾等。研究区域内水稻的施肥量折算成 TN、TP 含量后的数据见表 7-9。

表 7-9 研究区域内水稻施肥污染物排放情况

项目	氮肥/(kg/hm²)	磷肥/(kg/hm²)
基肥	90	33.75
追肥	90	33.75
总量	180	67.50

7.3 水量水质观测

为了开展模型的率定及验证工作,针对芳溪湖流域设计并开展了水量及水质观测试验,分析获得了模型率定及验证所需的径流、水质实测资料。试验的主要内容包括观测研究区域出流的水量、水质情况,以及调查农田管理措施情况。

为了观测研究区域内出流的水量和水质情况,在芳溪湖出口处设置了湖面水位观测点,并在芳溪湖水流入湖口处(共设 5 个点)及芳溪湖出湖口闸门处分别设置了水质观测点。取样点位置如图 7-14 所示。

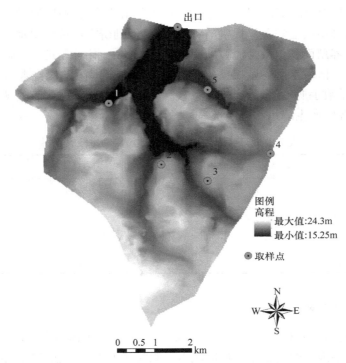

图 7-14　研究区域取样点布置图

7.3.1　研究区域水量观测

　　研究区域的水量观测试验工作主要包括野外观测和后期数据计算两大部分。野外观测主要包括芳溪湖湖面水位观测、芳溪湖边坡测量及芳溪湖出口闸门处流量观测;后期数据计算则是基于观测数据根据水量平衡原理反演芳溪湖的入湖流量。

　　SWAT 模型率定及验证需要流域出口处的流量过程,由于经过湖泊调蓄后,芳溪湖出口测得的不是原始径流系列。而由于存在多个入湖断面,直接监测入湖流量过程也不现实。本书通过出湖流量过程及湖水位的变化反演入湖流量过程,该入湖流量过程实际上就是研究区域原始径流系列。湖泊入流量计算式为

$$W_{in} = W_{out} - R_{day} + S_t + E_a + \Delta W \qquad (7\text{-}15)$$

式中,W_{in} 为日入湖水量,m^3;W_{out} 为日出湖水量,m^3;R_{day} 为湖面接纳的日降水量,m^3;S_t 为芳溪湖日渗漏水量,m^3;E_a 为湖面日蒸发量,m^3;ΔW 为湖泊库容增加量,

等于水位增加量乘以湖面面积，m^3。

由于没有实测的湖水位面积关系曲线，只知道湖泊蓄满时的湖面面积和相应水位，因此通过估测湖岸边坡进行湖水位面积关系的计算。在芳溪湖周边选择了10 个较典型的测量点，由这 10 个点的观测值得到边坡的平均坡度为 1∶2。芳溪湖湖面水位观测点定在芳溪湖闸门上游 5m 处及闸门下游 5m 处，分别观测芳溪湖出口闸门上游水位和下游水位，观测频率为 1 天 1 次，根据闸上、闸下水位及闸门开度计算流量。

7.3.2　研究区域水质观测

研究区域的水质观测点设置在芳溪湖流域主要排水沟入湖口处和芳溪湖出湖闸门处。水样取样时间为水稻每个生育期第 3 天，并确保每次取样地点、取样方式相同，水样从取样点取回后冷藏保存并及时进行水样化验。水样化验的主要指标为 TN、TP、硝态氮、铵态氮。

2011 年(2012 年及 2013 年数据略，下同)研究区域内各取样点水样 TN 浓度见表 7-10，TP 浓度见表 7-11，硝态氮浓度见表 7-12，铵态氮浓度见表 7-13。

表 7-10　2011 年研究区域内各取样点水样的 TN 浓度　　　(单位：mg/L)

水稻种类	生育期	1 号	2 号	3 号	4 号	5 号	出口 1	出口 2
早稻	返青期	2.397	1.941	0.000	5.031	1.066	0.353	0.000
	分蘖前期	1.081	4.028	0.647	0.130	1.288	1.123	0.000
	分蘖后期	5.794	7.771	5.389	5.805	5.732	4.702	4.515
	拔节孕穗期	6.646	10.147	3.690	7.583	8.757	8.479	8.582
	抽穗开花期	3.013	5.629	2.228	3.434	3.172	2.911	4.742
	乳熟期	5.106	4.219	3.911	4.071	3.388	4.264	3.343
晚稻	返青期	0.969	2.820	0.860	0.939	2.333	0.929	1.288
	分蘖前期	0.838	2.889	0.644	0.955	1.480	0.702	0.557
	分蘖后期	1.044	2.257	0.673	0.937	1.553	0.858	0.673
	拔节孕穗期	1.849	0.838	1.120	0.868	2.646	1.227	1.159
	抽穗开花期	1.434	1.804	0.651	2.272	0.879	1.271	1.761
	乳熟期	1.195	7.207	0.942	1.167	3.887	0.952	0.914

表 7-11　2011 年研究区域内各取样点水样的 TP 浓度　　　（单位:mg/L）

水稻种类	生育期	1 号	2 号	3 号	4 号	5 号	出口 1	出口 2
早稻	返青期	0.810	0.038	0.063	0.233	0.075	0.087	0.213
	分蘖前期	0.170	1.411	0.133	0.182	0.276	0.345	0.365
	分蘖后期	0.125	1.497	0.069	0.137	0.202	0.069	0.069
	拔节孕穗期	0.187	0.102	0.089	0.115	0.000	0.051	0.051
晚稻	返青期	0.115	0.887	0.119	0.079	0.162	0.170	0.115
	分蘖前期	0.047	0.681	0.038	0.034	0.151	0.071	0.087
	分蘖后期	0.078	0.522	0.047	0.051	0.105	0.089	0.089
	拔节孕穗期	0.119	0.047	0.067	0.219	0.079	0.087	0.055
	抽穗开花期	0.011	0.053	0.008	0.018	0.034	0.030	0.031
	乳熟期	0.065	1.054	0.117	0.172	0.371	0.153	0.232

表 7-12　2011 年研究区域内各取样点水样的硝态氮浓度　　　（单位:mg/L）

水稻种类	生育期	1 号	2 号	3 号	4 号	5 号	出口 1	出口 2
早稻	返青期	0.504	0.876	0.627	0.556	0.667	0.053	0.085
	分蘖前期	1.192	0.372	0.997	0.903	0.185	0.202	0.241
	分蘖后期	1.152	1.239	0.822	0.343	0.759	0.201	0.233
	拔节孕穗期	0.720	1.425	0.835	0.578	0.396	0.364	0.356
	抽穗开花期	0.684	0.776	0.465	0.362	0.318	0.437	0.401
	乳熟期	0.971	0.518	0.639	0.097	0.734	0.111	0.214
晚稻	返青期	0.641	0.316	0.088	0.390	0.261	0.104	0.347
	分蘖前期	0.576	0.576	0.565	0.538	0.273	0.277	0.332
	分蘖后期	0.813	0.531	0.601	0.499	0.366	0.300	0.307
	拔节孕穗期	0.565	0.619	0.487	0.522	0.405	0.510	0.444
	抽穗开花期	0.517	0.900	0.638	0.627	0.316	0.213	0.205
	乳熟期	0.886	1.189	0.773	0.542	0.435	0.189	0.114

表 7-13　2011 年研究区域各取样点水样铵态氮浓度　（单位：mg/L）

水稻种类	生育期	1 号	2 号	3 号	4 号	5 号	出口 1	出口 2
早稻	4-28	4.924	1.358	1.714	3.446	1.307	1.256	1.409
	5-14	0.255	7.918	0.197	0.080	2.712	0.000	0.080
	6-8	0.011	7.537	0.586	1.788	3.931	0.743	0.743
	6-12	0.912	7.760	0.474	0.200	3.761	0.090	0.254
	6-21	0.962	1.944	0.47	0.907	1.344	0.907	0.689
	7-3	1.098	2.922	1.098	1.098	0.722	0.454	0.293
晚稻	8-9	0.080	0.080	0.082	0.080	0.080	0.080	0.080
	8-20	0.018	2.448	0.000	0.131	0.000	0.131	0.075
	8-25	0.064	0.148	0.126	0.064	0.064	0.053	0.047
	9-10	0.131	0.470	0.301	0.000	0.188	0.979	0.131
	9-22	0.411	0.354	0.296	0.000	0.182	0.182	0.182
	10-25	0.035	5.509	0.152	0.506	2.389	0.152	0.035

　　经过水样化验分析计算，可以得到研究区域内主要排水沟各生育期的水质变化情况，为模型的水质率定和研究区域内的营养物质流失规律模拟分析提供数据和依据。其中水质浓度采用 5 个入湖观测点的平均值。

7.4　芳溪湖流域农业面源污染分布式模拟模型率定及验证

7.4.1　模型效率评价指标

　　评价 SWAT 模型的模拟效果时，一般用相对误差 R_e、决定系数 R^2 和 Nash-Sutcliffe 效率系数 E_{ns} 作为判断依据。

　　（1）相对误差 R_e 的计算公式为

$$R_e = \frac{P_t - O_t}{O_t} \times 100\% \qquad (7-16)$$

式中，R_e 为模型模拟相对误差；P_t 为模型模拟值；O_t 为实测值。

　　若 R_e 为正值，说明模型模拟值偏大；若 R_e 为负值，说明模型模拟值偏小；若 R_e 为 0，说明模型模拟值与实测值正好吻合。

　　（2）决定系数 R^2 的计算，一般是利用 Excel 中的线性回归方法求得，R^2 可以用于评价模型模拟值与实测值的相近程度。$R^2=1$ 说明模型模拟值与实测值正好吻合,当 $R^2<1$ 时,其值越小说明模型模拟值与实测值的吻合程度越低。

（3）Nash-Sutcliffe 效率系数 E_{ns} 的计算公式为

$$E_{ns} = 1 - \frac{\sum_{i=1}^{n} (Q_0 - Q_p)^2}{\sum_{i=1}^{n} (Q_0 - Q_{avg})^2} \tag{7-17}$$

式中,Q_0 为实测值;Q_p 为模型模拟值;Q_{avg} 为实测平均值;n 为实测值个数。

E_{ns} 值的大小为 $0 \sim 1$,值越大表示模型的模拟效率越好。

对于一般的模型,特别是在实测资料本身误差比较大的情况下,可以认为 $R_e < 20\%$、$R^2 > 0.6$、$E_{ns} > 0.5$ 时,模型的模拟效果较好,参数较为可靠,可以用于实际模拟应用。

7.4.2 径流参数率定及验证

模型校正过程中,参数调节的顺序一般为先进行径流参数调节,然后进行泥沙负荷参数调节,最后进行水质参数调节（查恩爽等,2010;李常斌等,2008）。

径流校正需要调节的参数见表 7-14。

表 7-14 径流计算的敏感性参数

参数名称	参数物理意义	SWAT 模型中参数所属文件
CN2	SCS 径流参数,表征产生地表径流的能力	.mgt
ESCO	土壤蒸发补偿系数,表征土壤水蒸发能力	.hru
EPCO	作物蒸腾补偿系数,表征作物蒸腾能力	.hru
SOL-AWC	土壤有效含水量	.sol
REVAPMN	浅层地下水再蒸发的地下水位阈值	.gw
GW-REVAP	地下水再蒸发系数	.gw
GWQMN	浅层含水层中基流产生的地下水位阈值	.gw

实测径流资料为 2011～2013 年水稻生育期内的数据,因此将 2011～2012 年数据率定,2013 年数据验证,结果分别如图 7-15、图 7-16 所示。

径流率定期 E_{ns} 为 0.86,多年平均相对误差为 10.97%,决定系数为 0.71,模拟结果较好;验证期 E_{ns} 为 0.88,多年平均相对误差为 17.21%,决定系数为 0.71,符合模拟精度要求。经过参数率定,得到主要参数的取值见表 7-15。

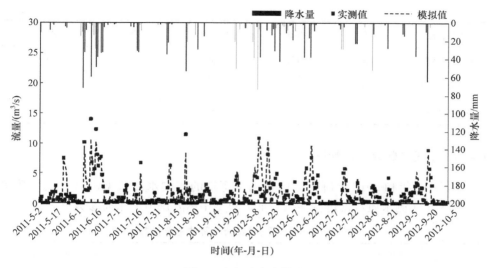

图 7-15　径流率定结果

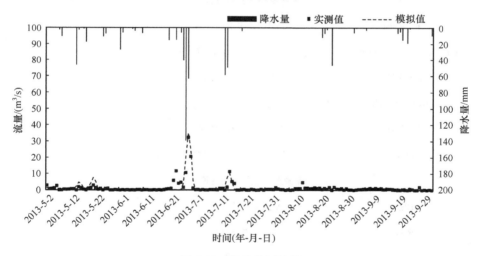

图 7-16　径流验证结果

表 7-15　径流敏感性参数最终取值

参数名称	水田	旱地	居民地	裸地	林草地
CN2	70	85	86	90	78
ESCO	0.3	0.6	0.7	0.5	0.5
EPCO	0.7	0.8	0.5	0.5	0.8
SOL-AWC	0.18	0.13	0.14	0.16	0.18

参数名称	水田	旱地	居民地	裸地	林草地
REVAPMN	450	450	450	450	450
GW-REVAP	0.2	0.2	0.2	0.2	0.2
GWQMN	1	1	1	1	1

7.4.3　水质参数率定及验证

用 2011 年和 2012 年研究区域水稻生育期的实测水质数据进行水质参数率定,2013 年实测水质数据进行参数验证。模型中需要调节的水质参数见表 7-16。

表 7-16　模型氮、磷负荷计算的主要参数

主要参数名称	参数含义	SWAT 模型中所属文件
SOL_NO3	土壤初始硝态氮含量	.chm
SOL_SOLP	土壤初始可溶磷含量	.chm
SOL_ORGN、SOL_ORGP	土壤初始有机氮、有机磷含量	.chm
FRT_LY1	表层施肥量比例	.mgt
NPERCO、PPERCO	氮、磷下渗速率	.bsn
PHOSKD	磷的土壤分离系数	.bsn
BC1	铵态氮生物氧化速率常数	.swq
BC2	亚硝态氮生物氧化速率常数	.swq
RS2	底泥的无机磷释放速率	.swq
RS3	底泥的铵态氮释放速率	.swq
RS5	有机磷沉淀速率	.swq
BIOMIX	生物混合速率	.mgt

经过参数调整,得到率定期 TN、TP 模拟值与实测值的相对误差 R_e 分别为 -15.85%、-23.79%,决定系数 R^2 分别为 0.92、0.98,E_{ns} 分别为 0.82、0.95,验证期 TN、TP 模拟值与实测值相对误差 R_e 分别为 -24.94%、8.93%,决定系数 R^2 分别达到 0.93、0.96,相关性明显,E_{ns} 分别为 0.77、0.69,根据一般模型评价标准,E_{ns} 为 $0.60\sim0.79$ 且 R^2 为 $0.80\sim0.94$ 时,模型模拟良好。总体来讲,水质部分模拟结果较好,本次水质参数率定、验证结果如图 7-17~图 7-20 所示。

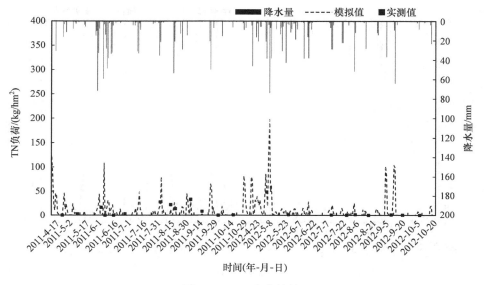

图 7-17　TN 率定结果

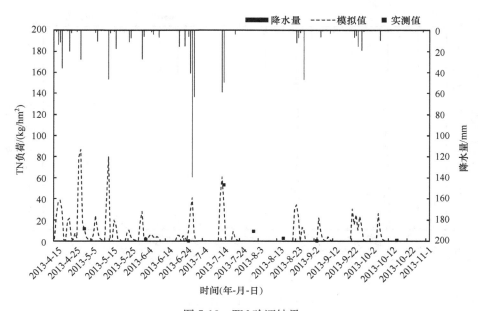

图 7-18　TN 验证结果

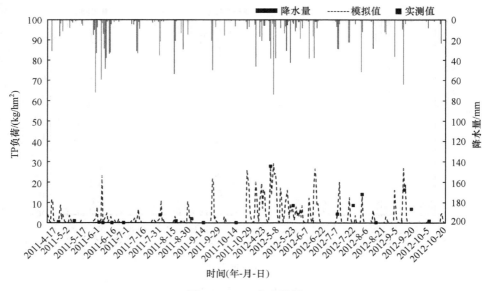

图 7-19　TP 率定结果

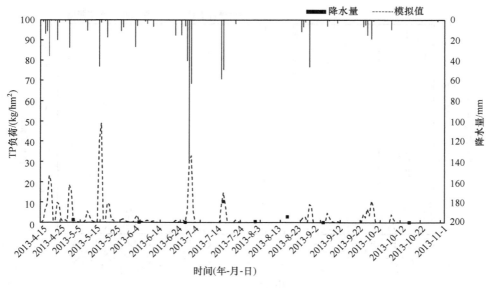

图 7-20　TP 验证结果

水质参数率定的结果见表 7-17。

表 7-17　水质参数率定结果

主要参数名称	中潴灰黄泥田水稻土	中潴灰湖泥田水稻土	中潴灰潮沙泥田水稻土
SOL_NO3	30.1	32	39
SOL_SOLP	93.4	95	97
SOL_ORGN	119.47	200	20
SOL_ORGP	55.66	50	30
FRT_LY1	—	0.2	—
NPERCO	—	0.9	—
PPERCO	—	16	—
PHOSKD	—	120	—
BC1	—	0.15	—
BC2	—	2	—
RS2	—	0.001	—
RS3	—	0.9	—
RS5	—	0.009	—
BIOMIX	—	0.2	—

　　由于本次所使用的 SWAT 模型是经过改进的适用于灌区流域的模型,因此得到的率定验证结果比较理想,可见本次构建的灌区分布式水文及面源污染模型适合灌区的水循环及污染物迁移转化规律的模拟,率定所得的各项参数也都准确地刻画了灌区各水文属性和作物生长属性,可用于实际研究区域的相关模拟分析。

　　本节基于芳溪湖流域 2011~2013 年早稻、晚稻生育期的径流资料、污染源资料及水质监测资料,对构建的灌区分布式水文及面源污染模型进行了径流参数和水质参数的率定及验证,并评价了其模拟效率,分析了模型在研究区域的适用性。结果显示,模型对径流、TN、TP 模拟的 Nash-Sutcliffe 效率系数均在 0.69 以上,模型模拟值与实测值的相对误差在 24.94% 以内,模型模拟结果与实测值的决定系数在 0.86 以上,模型模拟效果总体较好,构建的灌区分布式水文及面源污染模型适用于芳溪湖流域,可以利用此模型进行芳溪湖流域的水量平衡过程模拟及污染物质迁移转化规律模拟。

7.5　不同水肥管理制度下农业面源污染排放规律模拟

7.5.1　不同灌溉模式下氮、磷排放规律

1. 不同灌溉模式情景设置

灌溉模式是指通过灌溉与排水,使水稻田在水稻不同生育阶段形成的水层深

度和土壤水分状况。一定的灌溉模式决定了灌水次数、时间、定额和灌溉定额,也就是灌溉制度。

为了探明研究区域内水稻田灌溉模式对氮、磷污染负荷排放的影响,设置两种水稻灌溉模式,分别为第 2 章研究推荐的间歇灌溉模式和传统淹水灌溉模式,对两种灌溉模式下氮、磷排放模拟结果进行对比。两种灌溉模式水稻田间水层控制标准见表 2-1 和表 2-2。

2. 不同灌溉模式水稻田氮、磷排放变化

不同水肥管理制度下面源污染排放规律分析针对 1990～2013 年多年平均水稻田的产污量及最后进入芳溪湖水体(流域出口)的排污量两个角度进行。

对水稻生育期内水稻田排放的氮、磷污染负荷进行统计分析,得到两种灌溉模式下水稻田单位面积氮、磷排放负荷量,见表 7-18。

表 7-18　水稻田间歇灌溉和淹水灌溉氮、磷污染排放负荷对比

灌溉模式	TN/(kg/hm²)	TP/(kg/hm²)
淹水灌溉	29.71	4.61
间歇灌溉	25.40	4.13
间歇灌溉与淹水灌溉相比的削减率/%	14.51	10.41

从表 7-18 可以看出,间歇灌溉水稻田 TN、TP 单位面积排放负荷分别比淹水灌溉模式下的减少 14.51% 和 10.41%。

3. 不同灌溉模式流域出口氮、磷排放变化

两种灌溉模式下对水稻生育期内流域出口氮、磷负荷模拟结果进行统计,结果见表 7-19。从表 7-19 可以看出,间歇灌溉流域出口 TN、TP 总负荷分别比淹水灌溉模式下的减少 8.41% 和 8.63%。

表 7-19　间歇灌溉和淹水灌溉模式流域出口氮、磷入库负荷对比

淹水灌溉	TN/t	TP/t
淹水灌溉	65.74	15.64
间歇灌溉	60.21	14.29
间歇灌溉与淹水灌溉相比的削减率/%	8.41	8.63

7.5.2　不同施肥量及施肥制度下氮、磷排放规律

1. 不同施氮肥制度对氮、磷排放的影响

1) 氮肥情景设置

按照施氮肥量、次数及时间的不同,共设置了 5 种施肥情景,分别如下所述(表 7-20):

(1) N0 为不施氮肥,施磷肥同 N2F2。

(2) N1F2 为 2 次施氮肥,施氮肥量为 N2F2 的 80%,即 144kg/hm²,施磷肥量不变,施肥时间与 N2F2 相同。

(3) N1F3 为 3 次施氮肥,施氮肥量为 N2F3 的 80%,施磷肥量不变,施肥时间与 N2F3 相同。

(4) N2F2 为农民经验,早稻、晚稻施氮肥总量均为 180kg/hm²,都分两次施,氮肥施肥比为基肥∶分蘖肥=5∶5。施磷肥 67.5kg/hm²,作为基肥一次施入。早稻 4 月 16 日施基肥,氮 90kg/hm²、磷 67.5kg/hm²,4 月 29 日追肥,氮 90kg/hm²;晚稻 7 月 19 日施基肥;7 月 29 日追肥。

(5) N2F3 为 3 次施氮肥,早稻、晚稻施氮肥总量均为 180kg/hm²,氮肥施肥比为基肥∶分蘖肥∶拔节肥=5∶3∶2。磷肥 67.5kg/hm²,作为基肥一次施入。早稻 4 月 16 日施基肥,氮 90kg/hm²、磷 67.5kg/hm²;4 月 29 日追氮肥 54kg/hm²,5 月 25 日两次追氮肥 36kg/hm²,晚稻 7 月 19 日施基肥,7 月 29 追氮肥,9 月 5 日两次追氮肥。

表 7-20　不同情景下施氮肥制度

处理	施氮量/(kg/hm²)	施氮肥比
N0	0	—
N1F2	144	基肥∶分蘖肥=5∶5
N1F3	144	基肥∶分蘖肥∶拔节肥=5∶3∶2
N2F2	180	基肥∶分蘖肥=5∶5
N2F3	180	基肥∶分蘖肥∶拔节肥=5∶3∶2

2) 不同氮肥情景水稻田氮、磷排放变化

5 种情景模拟的水稻田 1990～2013 年多年平均氮、磷排放负荷变化如图 7-21 和图 7-22 所示。

从图 7-21 和图 7-22 中可见,随着施氮肥量减少水稻田排放的 TN 负荷相应减少,现状条件下减少氮肥使用量 20%,TN 排放量相应减少 5% 左右。施肥总量相等的情况下三次施肥与两次施肥相比,稻田排放的 TN 量平均减少 3%～4%。而

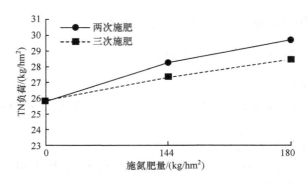

图 7-21　不同氮肥水平下单位面积水稻田排放的 TN 负荷变化

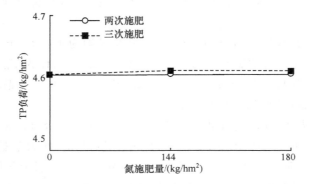

图 7-22　不同氮肥水平下单位面积水稻田排放的 TP 负荷变化

TP 负荷并没有随施氮肥量的减少而变化,说明 TP 排放与施氮肥量没有交互作用。

　　与现状模式 N2F2 相比,N0、N1F2、N1F3、N2F3 这 4 种施肥制度下水稻田排放 TN 污染负荷的削减情况见表 7-21。从表 7-21 中可以看出,同等施肥量情况下(现状施氮水平)三次施氮肥比两次施氮肥排放的 TN 削减 4.18%,TP 变化很小。当施氮肥量减少 20% 时,两次施肥模式下 TN 削减 4.89%,TP 几乎不变。同时减少施氮肥量 20% 并采用三次施氮肥模式,TN 削减 7.91%,TP 变化很小。

表 7-21　相对 N2F2 处理不同施肥情景下水稻田排放的氮、磷污染负荷削减率

施肥制度	TN 削减率/%	TP 削减率/%
N0	13.11	0.01
N1F2	4.89	0.00
N1F3	7.91	0.05
N2F3	4.18	−0.12

　　减少施氮量会减少水稻产量,经实测证明减少 10% 左右的施氮量不会引起水稻减产,由图 7-22 可以看出,相对现状施肥水平,施氮量减少 10%,两次施氮肥 TN 排放量相应减少 2.38%,三次施氮肥 TN 排放量减少 5.75%,可见在维持水稻产量稳定情况下,适当减少施氮量及增加施肥次数对削减水稻田 TN 负荷的排放有明显效果。

　　3) 不同氮肥情景流域出口氮、磷负荷变化

　　模拟 5 种施氮肥情景得到流域出口 1990~2013 年多年平均氮、磷负荷变化如图 7-23 和图 7-24 所示。可见随着水稻田施氮肥量减少流域出口 TN 负荷相应减少,TP 变化很小,并且在施肥总量相等的情况下三次施氮肥与两次施氮肥相比,TN 排放有所减少。改变施氮肥次数对 TP 排放并没有影响。

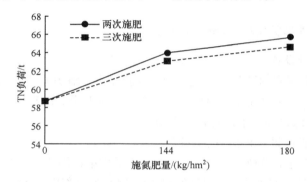

图 7-23　不同氮肥水平下流域出口 TN 负荷变化

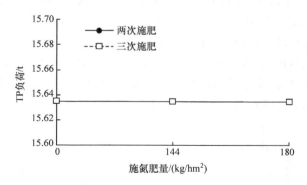

图 7-24　不同氮肥水平下流域出口 TP 负荷变化

　　与现状模式 N2F2 相比,N0、N1F2、N1F3、N2F3 这 4 种施肥制度下流域出口氮、磷负荷削减率见表 7-22。可见施氮肥量不变(现状施氮水平)三次施氮肥与两次施氮肥相比 TN 排放削减 1.62%,TP 变化很小。施氮肥量减少 20% 时,两次施肥模式下 TN 排放削减 2.63%;三次施肥模式下 TN 排放削减 4%,TP 变化均很小。

由图 7-23 可见,相对现状施氮肥水平,施氮量减少 10%,流域出口两次施氮肥 TN 排放减少 1.12%,三次施氮肥 TN 排放减少 2.64%,可见减少施氮量及增加施肥次数能在一定程度上削减流域出口氮、磷负荷排放。

表 7-22 相对 N2F2 处理不同施肥情景流域出口氮、磷污染负荷削减率

施肥制度	TN 削减率/%	TP 削减率/%
N0	10.75	0.02
N1F2	2.63	0.01
N1F3	4.00	0.01
N2F3	1.62	0.00

2. 不同施磷肥制度对氮、磷排放的影响

1)磷肥情景设置

按照施磷肥量的不同,设置三种施磷肥情景,施氮肥量及施氮肥制度同 N2F2:即①P0 为不施磷肥;②P1F2 为施磷肥量为 P2F2 的 80%;③P2F2 为农民经验,磷肥 67.5kg/hm² ,作为基肥一次施入。

2)不同磷肥情景水稻田氮、磷排放变化

三种施磷肥情景模拟 1990~2013 年多年平均单位面积稻田排放氮、磷负荷变化如图 7-25 和图 7-26 所示。可见随施磷肥量减少水稻田排放的 TP 负荷相应减少,磷肥减少 20%,TP 排放减少 4% 左右,而 TN 排放没变,说明 TN 排放与磷肥量之间没有明显交互作用。

3)不同磷肥情景流域出口氮、磷负荷变化

三种情景流域出口 1990~2013 年多年平均氮、磷排放负荷变化如图 7-27 和图 7-28 所示。可见随水稻田施磷肥量减少流域出口 TP 排放相应减少,磷肥减少 20%,TP 排放减少 3% 左右,TN 变化很小。

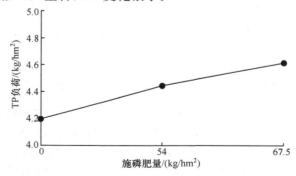

图 7-25 不同磷肥水平下单位面积水稻田排放的 TP 负荷变化

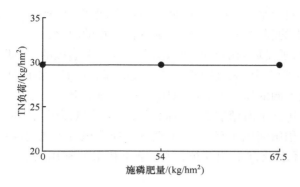

图 7-26　不同磷肥水平下单位面积水稻田排放的 TN 负荷变化

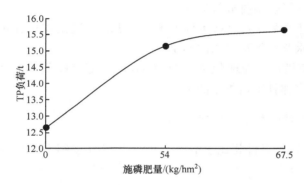

图 7-27　不同磷肥水平下流域出口 TP 负荷变化

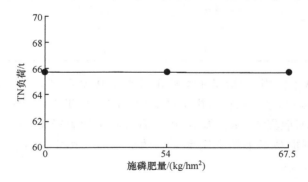

图 7-28　不同磷肥水平下流域出口 TN 负荷变化

7.5.3　不同塘堰用水管理制度下氮、磷排放规律

1. 不同塘堰用水管理制度设置

在南方丘陵或河网水稻灌区,数量众多的中小型水库、塘堰等蓄水设施有效的

拦截降水和灌溉回归水,并在一段时间后重新分配到田间或下游,从而提高了水的重复利用、灌溉水的利用率,以及对氮、磷等污染物的净化。

在本模型中,子流域内的所有塘堰均概化为一个虚拟的"大塘堰"。假定"大塘堰"不在汇流的主沟道上,只接纳所在子流域的部分径流。不同塘堰用水管理制度的设定通过假设不同的塘堰汇流面积比实施,塘堰汇流面积比定义为实际降水或排水径流能够汇集到下游塘堰的土地面积占整个流域面积的比例。塘堰汇流面积比与塘堰湿地占稻田面积比有关,一般塘堰湿地面积占比越大,塘堰汇流面积比也越大,有更多的降水及排水能够被拦截、净化和重复利用,相应污染物排放负荷减少。

在现状塘堰汇流面积比(12.3%)基础上,另设置两种情景模式,比较两种模式与现状模式相比的氮、磷排放效果。

情景1:渠道供水量为现状条件的80%,塘堰汇流面积比在现有基础上提高20%,利用塘堰水弥补渠道供水的不足。

情景2:渠道供水量为现状条件的60%,塘堰汇流面积比在现有基础上提高40%,利用塘堰水弥补渠道供水的不足。

2. 水稻田单位面积氮、磷排放变化

两种情景与现状条件相比水稻田1990~2013年多年平均氮、磷排放负荷削减率见表7-23。

表 7-23　与现状相比不同情景下单位面积水稻田氮、磷排放负荷削减率

情景模式	排水量削减率/%	TN 削减率/%	TP 削减率/%
情景 1	8.33	13.25	14.58
情景 2	15.34	17.38	19.42

可见与现状条件相比,情景1水稻田排水量减少8.33%,TN减少13.25%,TP减少14.58%;情景2水稻田排水量减少15.34%,TN减少17.38%,TP减少19.42%。提高塘堰集流、净化能力,可以有效减少地表径流,同时明显减少TN、TP负荷排放,既提高了水的利用率又有效地削减了稻田氮、磷面源污染负荷的排放。

3. 流域出口氮、磷排放负荷的变化

从表7-24可见,与现状条件相比情景1流域出口年平均排水量减少7.13%,TN减少7.57%,TP减少10.43%;情景2流域出口年平均排水量减少14.19%,TN减少11.65%,TP减少15.84%。表明提高塘堰汇流面积比例,可以有效减少流域出口径流,对TN和TP污染负荷的削减也十分显著。

表 7-24　与现状相比不同情景下流域出口氮、磷负荷削减率

情景模式	年平均排流量削减率/%	TN 削减率/%	TP 削减率/%
情景 1	7.13	7.57	10.43
情景 2	14.19	11.65	15.84

7.5.4　综合措施下芳溪湖流域氮、磷排放规律

1. 综合调控措施设置

结合前面各单项措施的模拟分析结果,考虑措施实施的可能性,设置水肥综合调控措施如下:稻田采用间歇灌溉模式、施氮肥在现有基础上减少 10%、施氮肥方式采用一次基肥两次追肥、塘堰汇流面积比在现有基础上提高 10%。模拟综合措施与现状条件下稻田及流域出口 1990~2013 年多年平均氮、磷排放负荷变化。

2. 水稻田氮、磷排放变化

由表 7-25 可知,与现状条件相比,综合措施对水稻田排水量减少 12.53%,TN排放减少 20.83%,TP 排放减少 16.83%,总体减排效果高于前面各单项措施,表明在综合几种减少氮、磷排放管理措施下能显著减少水稻田氮、磷的排放。

表 7-25　相对现状情景综合措施下单位面积水稻田排放的氮、磷负荷削减率

情景模式	排水量/mm	TN/(kg/hm²)	TP/(kg/hm²)
现状	864.99	29.71	4.61
综合措施	756.61	23.52	3.84
削减量	108.38	6.19	0.77
削减率/%	12.53	20.83	16.83

3. 流域出口氮、磷排放变化

由表 7-26 可知,与现状条件相比,综合措施对研究区域出口年平均排水量减少 10.62%,TN 排放减少 14.92%,TP 排放减少 11.60%。同样证实在综合几种减少氮、磷排放管理措施下能显著减少流域出口氮、磷的排放。

表 7-26　相对现状情景综合措施下流域出口氮、磷负荷削减率

情景模式	年均排水流量/(m³/s)	TN/t	TP/t
现状	1.40	65.74	15.64
综合措施	1.25	55.93	13.82
削减量	0.15	9.81	1.82
削减率/%	10.62	14.92	11.60

7.5.5 减少芳溪湖流域农业面源污染排放的水稻水肥综合管理技术

经过不同水肥管理措施下的模拟,在不影响稻田产量的前提下,间歇灌溉、减少水稻田的施肥量和增加施肥次数均可以有效减少水体污染,其中,间歇灌溉水稻田 TN、TP 单位面积排放负荷分别比淹水灌溉模式下减少 14.52% 和 10.32%,间歇灌溉流域出口 TN、TP 排放总负荷分别比淹水灌溉模式下减少 8.41% 和 8.61%。

在不影响水稻产量前提下,与现状水肥管理模式(N2F2)相比,当施氮量减少 10%,两次施肥稻田 TN 排放量相应减少 2.38%,三次施肥稻田 TN 排放量减少 5.75%,流域出口两次施肥 TN 排放量相应减少 1.12%,三次施肥 TN 排放量减少 2.64%;当施磷肥量减少 20%,水稻田 TP 排放减少 4%左右,流域出口 TP 排放减少 3%左右。

提高塘堰湿地面积比,配合使用塘堰供水,适当减少渠道供水,通过塘堰对排水的截留、净化和重复利用,可以明显减少水稻田氮、磷污染负荷的排放量及流域出口负荷。塘堰汇流面积比例在现有基础上提高 20%,水稻田排水量减少 8.33%,TN 排放减少 13.25%,TP 排放减少 14.58%;流域出口年平均排水流量减少 7.13%,TN 排放减少 7.57%,TP 排放减少 10.43%。

采用水肥综合调控措施水稻田排水量减少 12.53%,TN 减少 20.83%,TP 减少 16.83%;研究区域出口年平均排水流量减少 10.62%,TN 减少 14.92%,TP 减少 11.60%。

因此,采用间歇灌溉管理模式,适当减少施肥量和增加施氮肥次数,增加塘堰汇流面积比、提高塘堰对排水的截留与重复利用,是灌区提高水资源利用效率,提高流失氮、磷肥料的重复利用率,减轻面源污染排放的重要措施之一,是实施资源节约及环境友好灌区管理的重要举措。

7.6 本章小结

本章以鄱阳湖流域内芳溪湖灌区小流域为研究区域,收集研究区域内土壤类型图、土地利用图等空间信息图像数据资料和水文气象资料、土壤属性资料等属性数据资料,并调查研究区域内点源污染源及农田管理措施等基本情况。根据灌区水量转化特点改进了 SWAT 模型。将所收集的资料进行计算和整理,运用改进 SWAT 模型,针对研究区域建立灌区分布式水文及农业面源污染模拟模型。开展 3 年径流及水质观测试验,根据试验观测数据对模型进行率定和验证,得到适用于研究区域水量转化及农业面源污染模拟的模型。基于此模型,通过不同水肥管理制度情景下研究区域氮、磷面源污染迁移转化的模拟分析,提出了提高研究区水肥

利用效率,减少氮、磷污染排放的管理措施。主要工作及结论总结如下:

(1) 收集研究区域内 DEM 图、土壤类型图和土地利用类型图,并利用 ArcGIS 进行坐标转换,根据研究区域的实际情况对图件所包含的属性数据进行计算和转换,得到能被 SWAT 模型识别的空间信息图和空间信息数据库;通过从当地农业局及测绘局了解基本信息和查阅相关资料,计算得到研究区的土壤属性数据,建立了土壤属性数据库;通过实地走访调查,得到研究区域的农田管理措施及各种污染源的分布情况,并通过数据计算,整理得到农田管理措施数据库和污染源数据库。

(2) 结合研究区域,在已有基础上进一步改进 SWAT 模型,基于改进 SWAT 模型,建立灌区分布式水文及面源污染模拟模型。利用 2011～2013 年 4～11 月的观测资料对模型径流参数和水质参数进行率定及验证,表明模型模拟效果较好,构建的灌区分布式水文及面源污染模型适用于芳溪湖流域,可以利用此模型进行芳溪湖流域的水量平衡分析,以及污染物质迁移转化规律模拟和分析。

(3) 根据校正后的模型,模拟分析了不同水肥管理措施、不同塘堰汇流面积比下研究区域氮、磷污染负荷排放规律及其原因,提出了减轻农业面源污染排放的水肥综合管理技术。①不同灌溉模式对氮、磷面源污染负荷的影响。与淹水灌溉相比,间歇灌溉水稻田单位面积排放 TN、TP 分别减少 14.51% 和 10.47%,间歇灌溉芳溪湖流域出口 TN、TP 负荷分别减少 8.41% 和 8.63%。②不同施肥制度对氮、磷面源污染负荷的影响。与现状模式相比,氮肥使用量减少 20%,稻田 TN 排放量相应减少 5% 左右,流域出口 TN 排放量减少 3% 左右。施氮肥量相等情况下三次施肥与两次施肥相比,稻田 TN 排放平均减少 3%～4%,流域出口 TN 排放减少约 2.6%。磷肥使用量减少 20%,稻田 TP 排放减少 4% 左右,流域出口 TP 排放减少 3% 左右。减少稻田施肥量和增加施氮肥次数可以有效削减农田氮、磷排放量及研究区域出口氮、磷污染负荷。③不同塘堰用水管理制度对面源污染的影响。塘堰汇流面积比在现有基础上(12.3%)提高 20%,稻田排水量减少 8.33%、TN 减少 13.25%、TP 减少 14.58%,流域出口年均排水量减少 7.13%、TN 减少 7.57%、TP 减少 10.43%。④减轻芳溪湖流域农业面源污染排放的水肥综合调控措施包括:稻田采用间歇灌溉模式、施氮肥在现有基础上减少 10%、施氮肥方式采用一次基肥两次追肥、塘堰汇流面积比在现有基础上提高 10%。与现状相比,水肥综合调控措施对稻田排水量减少 12.53%,TN 减少 20.83%,TP 减少 16.83%;对研究区域出口年均排水量减少 10.62%,TN 减少 14.92%,TP 减少 11.60%。

第8章 水稻灌区节水减排模式及示范

8.1 水稻节水减排模式试验总结

8.1.1 田间最优水肥综合调控模式与农民传统模式试验对比效果

由第2章分析可知,江西省灌溉试验中心站 2012 年、2013 年的试验结果表明,优选最优水肥综合调控模式(W1N2F2,间歇灌溉、180kg·N/hm² 、三次施肥)与农民传统模式(W0N2F1,淹水灌溉、180kg·N/ hm² 、两次施氮肥)相比,具有节水、增产,提高灌溉水分生产率及提高氮肥利用率,减少氮、磷排放的效果。早稻、晚稻平均每年节水 903m³/hm² ,节水率达 16.0%;双季稻年均增产 1074.8kg/hm² ,增产率为 7.4%;平均提高灌溉水分生产率 16.6%;提高氮肥利用率 27.2%,减排 TN 排放量 3.12kg/hm² ,减排率 24.4%;减排 TP 排放量 0.077kg/hm² ,减排率为 14.9%。具体见 2.3 节~2.5 节及 2.7 节的分析。

8.1.2 水稻节水减排模式试验及其效果

将田间水肥综合调控、生态沟的去除、塘堰湿地的去除三道防线综合,在江西省灌溉试验中心站集成稻田—生态沟—塘堰湿地系统,构建水稻节水减排模式(包括田间节水灌溉与水肥综合调控、灌区农业面源污染生态治理)(图 8-1)。

第一道防线。农业面源污染源头控制技术。主要技术包括根据当地条件采用合理的水稻节水灌溉模式及其不同阶段的水分控制标准,合适氮肥施用量及追肥模式。第 2 章的研究表明,在农业面源污染源头控制方面,赣抚平原灌区推广水稻间歇灌溉,氮肥施肥量不变,但在原有基肥加一次追肥的施肥方式上,改一次追肥为两次追肥,同时应控制水稻田的施肥时间,避免降水发生前施肥,可有效减少水稻田面源的排放。研究表明,在保持施肥量不变的条件下,采用节水灌溉模式(如间歇灌溉)与适当分次使用氮肥相结合,可提高水稻产量、减少灌溉水量、提高降水有效利用率、减少稻田排水量、提高氮肥利用率及水分生产率,从而减少氮、磷排放量,达到节水、增产、高效、减排的效果。

第二道防线。生态型排水沟对农业面源污染的去除净化。排出农田的氮、磷等面源污染首先进入生态沟(一般为长草毛沟或农沟),通过生态沟的拦截和净化达到对面源污染的去除,称为第二道防线。主要技术包括适宜的生态沟中植物类型、适宜的横断面形态、适宜的水停留时间,以及对排水进行有效的控制等。

第三道防线。塘堰湿地对农业面源污染的去除净化。稻田排水经过生态沟

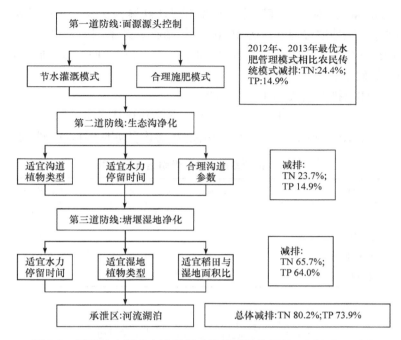

图 8-1　试验站水稻节水减排模式及其减排效果（2012 年、2013 年）

后，进入下游的塘堰湿地，继续被拦截和净化，称为第三道防线。主要技术包括适宜的稻田与塘堰湿地面积比，塘堰大小及结构，塘堰湿地植物类型、水深、水力停留时间，以及水流状况等。

采用生态沟及塘堰湿地系统对氮、磷等面源污染进行去除，具有建造和运行成本低、污染物去除率高、出水水质好和操作维护简单等优点。兼顾了可操作性和经济性。可操作性主要体现为该技术模式在现有基础上对排水沟及塘堰湿地进行简单改造，便于农民掌握，操作方便；经济性是指技术模式通过在生态沟及塘堰湿地中种植适合当地的有较好的氮、磷等面源污染去除效果的湿地经济作物，通过湿地作物的收割回收，能够产出一定经济效益。

以上第三道防线中的塘堰，可以是串在排水系统上的塘堰，也可以是广义的可汇集上游排水的中小型水库或其尾水区的缓冲带，对有些灌区，也可以是下游坡度较缓、沟道面积较宽的排水支沟、干沟等，只要能起到对排水进行拦截，对面源污染负荷进行截留净化效果的较大含植物水体，且有一定的水力停留时间均可。另外，实际灌区排水系统可能经过多级生态沟及塘堰的净化，因此，以上第二道防线及第三道防线是一个概化的过程。

根据 2012 年、2013 年的试验数据及年平均情况，计算得到的各道防线及总体减排率见表 8-1，其中田间平均减排 TN 24.4%、TP 14.9%；推荐试验站生态沟植物为高秆灯心草,其对 TN、TP 的平均减排率(也称为去除率)分别为 23.7%、14.9%;推荐适宜塘堰湿地水深为 40cm,种植植物为莲藕,其对 TN、TP 的平均减排率分别为 65.7%、64.0%。三道防线协同运行,可以实现总体减排 TN 80.2%、TP 73.9%的效果。

其中,总体减排率按式(8-1)计算,即

$$RE_t = 1 - (1 - RE_f)(1 - RE_d)(1 - RE_p) \tag{8-1}$$

式中,RE_t、RE_f、RE_d、RE_p 分别为总体、田间、生态沟及塘堰湿地的减排率,%。

表 8-1　试验站建立的三道防线减排效果

三道防线	TN 减排率/%	TP 减排率/%
田间	24.4	14.9
生态沟	23.7	14.9
塘堰湿地	65.7	64.0
总体减排	80.2	73.9

8.2　生态沟建设典型案例

根据 4.3 节的生态沟设计及运行技术,分别于 2012 年及 2013 年底在江西省南昌市南昌县向塘镇的礼坊村建立示范区,并在其内修建了生态斗沟和生态支沟,其中生态斗沟长 146m,采用生态袋护坡型,用于净化来自农田的面源污染;生态支沟长 138m,采用树枝填埋、灌木扦插护坡的复式断面,用于净化多种来源的面源污染。

8.2.1　生态袋护坡型生态斗沟

礼坊村示范区位于礼坊自然村内,距离试验站 1km,示范区内有水稻田 13.3hm²、水体 1.7hm²(包括排水沟)。拟改造的排水斗沟原先淤积严重、农民将各种垃圾倾倒入排水沟、边坡因长期冲刷不稳、断面水力冲刷下切严重、水质感官有恶臭,水质实测结果表明进出水口均为劣 V 类。由于植物腐烂、泥沙淤积,排水沟不仅不能起到净化作用,反而成为污染源。2012 年底对该排水斗沟进行设计和建设,2013~2014 年进行水质水量示范观测。

1. 设计及建设

(1) 根据排水沟的控制面积(13.3hm²)、历年降水资料(1987~2011 年)、排涝标准,计算得到排涝设计流量为 0.1278m³/s。

（2）排水沟断面设计。根据核算得到的流量,确定排水沟护坡形式为生态袋护坡,在坡脚处种植植物,边坡采用1：1的坡降,并设置3～5级生态袋与边坡,取糙率为0.03、渠底比降为0.0005。排水沟横断面设计如图8-2所示。

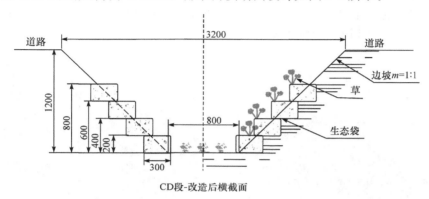

图 8-2　生态袋护坡型排水沟断面设计图(生态斗沟,单位:cm)

（3）控制建筑物。在生态沟进口、出口处设置复合三角堰,如图8-3所示,控制日常水深平均为40cm。

图 8-3　用于控制日常水深和量水的复式三角堰(生态斗沟)

（4）植物。在生态袋内装土、草籽,待发芽长草。在坡底种植原有的莲藕,密度约为10株/m²,在坡脚处种植茭白等挺水植物,间距为40～60cm。

（5）底泥挖除。在实际施工过程中,将原有的淤泥挖出后暴晒约1个月,后期根据边坡调整需要回填。

（6）防止水土流失。在生态沟边坡顶角处种植香根草,利用其发达的根系稳固边坡,拦截地表的径流泥沙,同时具有防蚊虫的作用。

2. 示范效果

排水斗沟生态改造后,边坡变稳定,出流水质更清澈,水生植物恢复(图 8-4),对 TN、TP 的去除效应较明显。通过 2013～2014 年的取样观测,对 TN、TP 的平均去除率分别达到了 9.2% 和 2.2%。

(a) 改造过程

(b) 效果图

图 8-4　生态斗沟改造过程及其效果图

8.2.2　树枝填埋灌木扦插护坡的复式断面型生态支沟

在礼坊自然村头,有平行于道路的排水支沟,其排水来源有农田面源、农村生活用水、畜牧养殖业等。该排水沟总长度约为 600m,挑选自然村村口处 138m 长排水支沟进行生态改造。该段在改造以前,淤积深度 0.8～1.1m,排水沟改造前淤塞严重,边坡布满生活垃圾,水体发黑发臭,边坡因长久冲刷不稳定,下切较深。主要水生植物为水花生、密集沉水水草及有害藻类。因下游有堵塞处,水位长期处于高位,不能及时排出,影响行洪。岸边有养猪场,废水直接排入排水沟导致水体氮、磷浓度严重超标。

1. 设计及建设

(1) 根据排水沟的控制面积(62.9hm²)、历年降水资料(1987～2011 年)、排涝标准,计算得到排涝设计流量为 3.496m³/s。取糙率系数为 0.033。排水沟最宽处为 7.8m,最窄处为 4.0m。

(2) 边坡测量。现场勘测表明(图 8-5),排水沟断面比较复杂,左岸边坡系数有 0.2、0.25、0.3、0.6、1.6 等不同的边坡形态及组合边坡形态,右岸边坡系数有 0.2、0.25、0.35、0.55、2.0、4.0 等不同的边坡形态及组合边坡形态。排水沟坡降为 0.0028;枯水期水深为 0.20m。根据此特点,排水支沟设计采用复式断面。

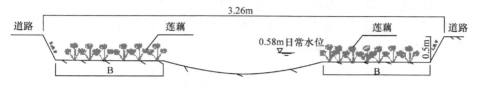

图 8-5　生态支沟改造前断面情况

（3）清淤。先清除排水沟内 0.4m 厚的淤泥，然后在沟的中线位置开挖深为 1.0m、底宽为 1.0m、坡度为 1：1 的水槽；对原有边坡和沟的形状，按照如下原则进行治理：①边坡系数小于 0.5 的断面，根据现场实际情况采取合理的边坡整治方案；边坡系数大于 0.5，进行边坡修整，以达到设计边坡标准。②清除排水沟两边的杂草，修剪树木，尽量保证新修建的生态沟顺直。③排水沟水槽的坡脚铺设 10cm 厚的鹅卵石垫层进行衬砌；此外，边坡按照如下方案进行整治。

首先将排水沟左岸的边坡设置为 1：1（或 1：2）；其次，在左岸边坡坡脚处铺设一捆干树枝（柳枝），并打入木桩起到固定的作用；再次，在边坡上去除表土约 20cm 后均匀铺设修剪好的干枝，并且结成捆，接着做好护坡与扦插工作；最后，在树枝上重新回填覆盖土壤，该技术示意图如图 8-6 所示。

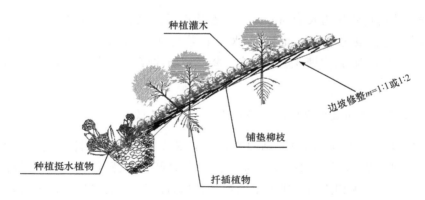

图 8-6　生态支沟生态护坡技术示意图

（4）植物种植。底部至最高层的台地分别种植沉水植物、挺水植物、景观植物等，起到进化水质和美化乡村环境的双重功效。按照满足最小过水断面优先的设计原则，根据设计流量推算过水断面的正常水深为 1.23m。

2. 示范效果

根据 2014 年的观测表明，生态支沟对 TN、TP 的去除率分别达 38.2％、12.7％。由于除农业面源以外，还有生活污水、养殖业等污水进入，因此，该排水支沟水质总体较差,但是仍然体现了良好的去污能力。改造后的排水支沟边坡齐整变缓,形成了较为稳定的复式断面,植物恢复较佳,且种植的莲藕、茭白有较佳的经济效益。改造后的排水支沟如图 8-7 所示。

(a) 改造中(断面修整)　　　　　　　　(b) 改造后(植被形成)

图 8-7　复式断面生态支沟改造中和改造后

8.3　礼坊示范区水稻节水减排模式示范及其效果

选择礼坊自然村为农业面源污染生态治理示范区,对示范区的入流及出流口进行简单整治,设置量水断面 6 个、水质取样点 10 个,改造 146m 的生态斗沟和 138m 的生态支沟,其中塘堰湿地 3 个。将三道防线综合构成水稻节水减排示范区如图 8-8 所示。

1. 示范区田间最优水肥综合调控模式示范及其效果

2013 年及 2014 年,将试验站研究得到的最优水肥综合调控模式在礼坊示范区进行大田示范(每块大田面积约为 0.07hm²),同时与农民传统模式进行对比,每种模式选择 3 块大田进行水肥要素的观测,田间管理由笔者等进行技术指导,农民自行管理,笔者等进行水量平衡,以及水质氮、磷浓度要素观测。

1) 产量对比

2013~2014 年早稻、晚稻田间最优模式与传统模式下稻田产量对比见表 8-2。可见,在 4 季推广示范结果中,田间最优模式下稻田产量均不同程度的大于传统模式。与传统模式相比,最优模式 2013 年及 2014 年两年合计,每年平均增产 0.99t/hm²,平均增产率为 6.05%,增产效果稍差于试验站内的水平。

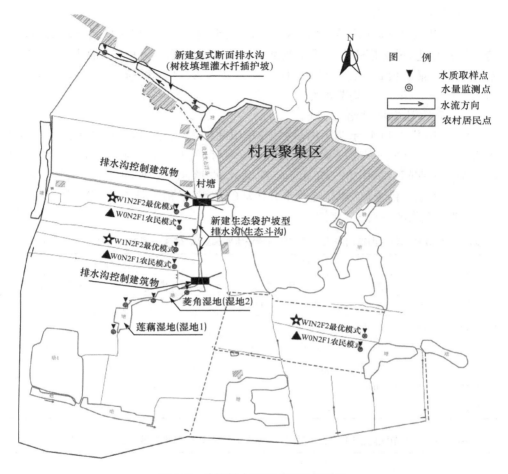

图 8-8　礼坊村水稻节水减排示范区

表 8-2　示范区最优模式与传统模式产量对比

年份	水肥模式	早稻			晚稻			早晚稻合计	
		产量/(t/hm²)	增产量/(t/hm²)	增产率/%	产量/(t/hm²)	增产量/(t/hm²)	增产率/%	增产量/(t/hm²)	增产率/%
2013	最优模式	8.323	0.543	6.98	8.317	0.538	6.92	1.081	6.95
	传统模式	7.780			7.779				
2014	最优模式	7.455	0.315	4.41	10.609	0.584	5.83	0.899	5.24
	传统模式	7.140			10.025				
平均值			0.429	5.75		0.561	6.30	0.99	6.05

2）水量要素对比

2013 年及 2014 年示范区内早稻、晚稻田间最优模式与传统模式比较表明，与传统模式相比，最优模式在 4 季示范试验中都不同程度减少了稻田灌水量、排水量及渗漏量。最优模式与传统模式相比，2013 年及 2014 早稻、晚稻合计，每年平均节水 901.5m³/hm²，平均节水率为 20.9％。

3）氮、磷流失量对比

2013 年及 2014 年示范区内早稻、晚稻田间最优模式与传统模式下的 TN、TP 流失情况见表 8-3、表 8-4。从表 8-3、表 8-4 中可见，TN、TP 的地表流失主要发生在早稻生长期间。早稻生长期间降水多，排水多；晚稻生长期间降水少，排水少，甚至不产生排水。由于氮、磷是随着水分运动的，所以早稻生长期间 TN、TP 流失量大，是肥料流失的主要发生时期。

表 8-3　2013 年示范区内稻田最优水肥模式与传统水肥模式氮、磷流失量对比 （单位：kg/hm²）

稻类水肥管理模式	2013 年早稻				2013 年晚稻			
	最优模式		传统模式		最优模式		传统模式	
	TN	TP	TN	TP	TN	TP	TN	TP
地表流失量	2.640	0.139	3.540	0.164	0.225	0.011	0.540	0.025
渗漏流失量	1.086	0.032	1.239	0.037	0.850	0.025	1.011	0.030
流失总量	3.726	0.171	4.779	0.201	1.075	0.036	1.551	0.055
减排量	1.050	0.030	—	—	0.480	0.019	—	—
减排率/%	22.04	14.89			30.73	35.32		

表 8-4　2014 年示范区内稻田最优水肥模式与传统水肥模式氮、磷流失量对比 （单位：kg/hm²）

稻类水肥管理模式	2014 年早稻				2014 年晚稻			
	最优模式		传统模式		最优模式		传统模式	
	TN	TP	TN	TP	TN	TP	TN	TP
地表流失量	11.493	0.237	14.381	0.260	0.000	0.000	0.000	0.000
渗漏流失量	1.121	0.033	1.204	0.036	0.968	0.029	1.213	0.036
流失总量	12.614	0.270	15.585	0.296	0.968	0.029	1.213	0.036
减排量	2.970	0.026	—	—	0.250	0.070	—	—
减排率/%	19.06	8.78			20.23	20.23		

从表 8-3、表 8-4 中可见，田间最优模式下 TN、TP 地表流失量及渗漏流失量均不同程度小于传统模式。另外，渗漏流失量在不同年份及稻季之间差异不大，但地表流失量差异显著，在降水量较大、地表排水较多的年份（2014 年早稻），地表流失量显著大于渗漏流失量，从而显著增加氮、磷流失总量，因此，在降水较多时更应

关注田间水肥管理,减少氮、磷流失。

最优模式与传统模式相比,2013 年及 2014 年早稻、晚稻合计,每年平均减排 TN 2.37kg/hm²,平均减排率 20.5%;每年平均减排 TP 0.0725kg/hm²,平均减排率为 14.0%。

2. 生态沟对农业面源污染去除效果示范

在礼坊示范区进行排水沟生态改造,对底泥进行挖除,对边坡进行整治:从易坍塌的边坡整治为含有草籽的生态袋,在排水沟尾端设置控制闸门用于控制日常水深,在坡脚处恢复种植莲藕、茭白等适用于当地的对农业面源污染物去除效果较佳的湿地植物,在边坡顶角边缘种植香根草以稳固土壤。

由于生态斗沟主要处理农田面源污染,而生态支沟污染源有养殖废水,因此,以生态斗沟的数据为例分析生态沟的去除率。根据 2013 年、2014 年的数据,生态斗沟进口处、出口处 TN 的平均浓度分别为 3.94mg/L、3.26mg/L;TP 的平均浓度分别为 0.124mg/L、0.122mg/L。整个观测期间 TP 平均浓度低于 0.2mg/L,为Ⅲ类水质标准,该区域内 TP 浓度并不高。2013 年、2014 年,水稻生育期内,根据进口、出口处逐日水量、浓度等数据计算污染负荷量和去除率,对 TN 的平均去除率为 9.2%;对 TP 的平均去除率为 2.2%。

由于生态斗沟入口处有渠道渗漏水流入,形成长流水的情况,同时流入的灌溉水 TN、TP 浓度不高,因此其氮、磷去除率明显小于试验站中观测的值。

3. 塘堰湿地对农业面源污染去除效果示范

礼坊示范区内有两块塘堰湿地(图 8-9),全部承接稻田排水,一块湿地植物为莲藕,另一块湿地植物为菱角,在原位条件下分析塘堰湿地对氮、磷的去除效果。按水流顺序方向分别命名为塘堰湿地 1(植物为莲藕)和塘堰湿地 2(植物为菱角)。湿地 1 形状大致为正方形,面积为 1095m²,水深约为 45cm,种植莲藕,水流从一边中部流入,从对边中部流出,在另外两个对角处可能存在水流死区。湿地 2 为长椭圆形,面积为 1329m²,水深约为 70cm,种植菱角,水流沿长边流动,几乎无死水区。

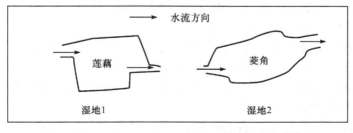

图 8-9　塘堰湿地形状及水流形态

2013 年和 2014 年连续两年对塘堰湿地净化农田排水效果进行观测,分析得到塘堰湿地 1 及塘堰湿地 2 去除率情况见表 8-5。

表 8-5　示范区塘堰湿地对氮、磷去除率情况

塘堰湿地	年份	TN 去除率/%			TP 去除率/%		
		早稻期间	晚稻期间	均值	早稻期间	晚稻期间	均值
湿地 1	2013	11.3	5.6	8.5	21.3	18.8	20.1
	2014	11.5	8.7	11.2	−4.2	−8.3	−6.1
	均值	11.4	7.2	9.9	8.6	5.3	7.0
湿地 2	2013	11.3	6.1	8.7	29.4	22.3	25.9
	2014	16.7	5.4	15.7	17.8	4.3	12.5
	均值	14.0	5.8	12.2	23.6	13.3	19.2

原位条件下礼坊示范区塘堰湿地对氮、磷具有一定去除效果。两年平均莲藕湿地 1 对 TN、TP 的去除率分别为 9.9%、7.0%,菱角湿地 2 对 TN、TP 的去除率分别为 12.2%、19.2%。在 TP 去除方面,湿地 2 体现出了比湿地 1 更好的效果。造成湿地 1 与湿地 2 在 TP 去除方面差异的原因之一可能是两块湿地结构方面的差异,湿地 2 有着更大的长宽比(3.4∶1),有利于水流在横断面上均匀分布,减小流速以利于 TP 的沉降。

与试验站内控制条件下塘堰湿地对氮、磷去除效果相比,礼坊示范区原位条件下塘堰湿地对氮、磷的去除效果降低,主要原因:一是试验站采用蓄水减污模式,水力停留时间长;示范区采用非蓄水减污模式,水力停留时间短。二是野外环境变化大,影响因素多外。例如,湿地上游有斗渠流水经过,渠道渗漏水量进入湿地,造成水流在湿地停留时间较短,同时较大水量的低浓度灌溉水使总体氮、磷浓度更低,湿地植物对低浓度氮、磷溶液更难吸收。

4. 礼坊示范区水稻节水减排模式效果

根据礼坊示范区田间施肥最优调控模式、生态沟及塘堰湿地示范 2013 年及 2014 年的观测效果,集成稻田—生态沟—塘堰湿地系统,由三道防线综合构成水稻节水减排模式,示范效果分析如下:

(1)节水。最优水肥综合调控模式与农民传统模式的对比,早稻、晚稻合计每年平均节水 901.5m³/hm²,节水率为 20.9%。

(2)增产。最优水肥综合调控模式与农民传统模式的对比,每年平均增产 0.99t/hm²,平均增产率为 6.05%。

(3)减排。在礼坊示范区内构建的节水减排模式,包括示范田、生态沟、塘堰湿地。

第一道防线。最优水肥综合调控模式与农民传统模式的对比，TN 的平均减排率为 20.5%；TP 的平均减排率为 14.0%。

第二道防线。以生态斗沟为例，生态沟平均减排 TN 9.2%、减排 TP 2.2%。

第三道防线。在示范区内两块塘堰湿地分别种植的作物为莲藕、菱角，虽然两个塘堰湿地为串联，综合作用比单个塘堰湿地的去除效果更好，但考虑到实际灌区中大部分农田排水基本只能经过一个塘堰湿地的净化，因此在三道防线综合去除效果的计算中，只选单个塘堰湿地的去除效果进行考虑。根据试验站内推荐的适宜作物类型为莲藕，当地大部分塘堰湿地也主要种植莲藕，因此选取示范区内种植莲藕的塘堰湿地的两年平均去除率作为计算依据，2013～2014 年塘堰湿地 TN 减排率为 9.9%、TP 减排率为 7.0%。

三道防线协同运行可以减排 TN 35.0 %、TP 21.8%，见表 8-6。与试验站三道防线的综合减排效果相比，示范区的减排效果明显减小，主要是示范区内生态沟及塘堰湿地的去除效果明显降低，原因是示范区塘堰没有改造，同时采用非蓄水减污模式运行，水力停留时间不够，还有生态沟进来的水流氮、磷浓度偏低。

表 8-6　礼坊示范区内水稻节水减排模式减排效果

三道防线	TN 减排率/%	TP 减排率/%
田间	20.5	14.0
生态沟	9.2	2.2
塘堰湿地	9.9	7.0
总体减排率	35.0	21.8

8.4　本 章 小 结

在各单个环节研究的基础上，将田间水肥综合调控对氮、磷的源头控制、生态沟对氮、磷的去除，塘堰湿地对氮、磷的去除综合，构成水稻灌区节水减排模式（田间节水灌溉与水肥综合调控、灌区农业面源污染生态治理），并将试验站试验总结的各道防线的技术在礼坊示范区进行示范应用，分别分析试验站及礼坊示范区构建的水稻节水减排模式中各道防线对 TN、TP 的去除效果及总体效果。结果表明，与传统模式相比，无论在试验站还是示范区，推荐的田间水肥最优管理模式均具有很好的节水、增产，提高灌溉水分生产率及氮肥利用率，减少氮、磷排放的效果。农业面源污染生态治理模式可以显著减少氮、磷等农业面源污染对下游水体的危害。两年的试验和示范具体结果如下：

（1）试验站内推荐的田间最优水肥管理模式与农民传统模式相比，2012 年及 2013 年平均，年节水 903m³/hm²，节水率为 16.0%；双季稻年均增产 1.075t/hm²，增产率为 7.4%,平均提高灌溉水分生产率 16.6%,提高氮肥利用率 27.2%;TN 的减排率为 24.4%,TP 的减排率为 14.9%。

(2)试验站内建立的水稻灌区节水减排模式,2012 年及 2013 年两年运行结果表明,可以实现总体减排 TN 80.2%、TP 73.9%的效果。

(3)将生态沟设计及运行管理技术应用于礼坊示范区,分别改建 146m 长的生态袋护坡型排水斗沟和 138m 长的复式断面排水支沟。经过 2013 年、2014 年的试验观测,生态袋护坡型排水斗沟平均去除 TN 9.2%、TP 2.2%,2014 年复式断面生态排水支沟平均去除 TN 38.2%、TP 12.7%。

(4)礼坊示范区田间水肥综合调控模式示范表明,与传统模式相比,年平均节水 901.5m³/hm²,节水率为 20.9%;增产 0.99t/hm²,增产率为 6.05%;年平均减少 TN 排放 20.5%,减少 TP 排放 14.0%。

(5)在礼坊示范区内构建了水稻灌区节水减排模式并进行示范观测,其中排水沟进行生态改造,而塘堰湿地利用现有的。观测表明,三道防线协同运行减排 TN 35.0%、TP 21.8%。

第9章 结论与展望

9.1 主 要 内 容

2012～2014 年,笔者以鄱阳湖流域的赣抚平原灌区为背景,针对水稻水肥综合调控模式及农业面源污染生态治理模式,开展了以下研究。

(1) 在江西省灌溉试验中心站开展水稻水肥综合调控田间对比试验,观测分析不同水肥处理下(灌溉模式、施氮肥量、施肥次数)水稻的生物学特性指标、产量、水量平衡要素、灌溉水分生产率、肥料利用率、氮磷排放负荷、稻田氨挥发、稻田土壤肥力等指标变化规律及其机理。

(2) 根据 3 年早稻、晚稻共计 6 季水稻的试验研究,从节水、增产、提高水肥利用效率,以及减少氮、磷排放等综合指标提出了适合当地早稻、晚稻的田间最优水肥管理模式。

(3) 在江西省灌溉试验中心站开展生态沟对稻田氮、磷排放的去除效果试验,观测分析生态沟对稻田排水中氮、磷的去除效果、主要影响因素及其规律。

(4) 在赣抚平原灌区选择典型排水沟,开展原位条件下不同级别排水沟对农业面源污染的去除效果试验观测。

(5) 开展示踪试验,观测分析生态沟的水力指标随不同设计参数的变化规律。根据试验分析,提出生态沟的设计及运行技术。

(6) 在江西省灌溉试验中心站,开展塘堰湿地对稻田氮、磷排放的去除效果试验,观测分析塘堰湿地不同湿地植物、水力停留时间、湿地水深、塘堰湿地运行模式等对稻田排水中氮、磷的去除效果及其规律。

(7) 赣抚平原灌区选择典型塘堰湿地,开展原位条件下塘堰湿地对农业面源污染的去除规律观测试验。

(8) 根据试验观测及计算分析,提出适合鄱阳湖流域的稻田与塘堰湿地面积比。

(9) 开展示踪试验,观测分析不同湿地水深条件下塘堰湿地水力性能变化规律,优选塘堰湿地水深。根据试验分析,提出塘堰湿地的设计及运行技术。

(10) 改进 SWAT 模型,使之适合灌区水量转化的分布式模拟,基于改进 SWAT,收集资料,以芳溪湖典型流域为背景,构建水稻灌区农业面源污染分布式模拟模型。

(11) 针对芳溪湖流域,设置观测点,开展 3 年入湖径流及氮、磷污染负荷过程的观测。基于观测数据,对构建的模拟模型进行率定和验证。

（12）开展不同水肥管理制度下农业面源污染排放规律模拟分析，提出减少芳溪湖流域农业面源污染排放的水肥综合管理措施。

（13）构建水稻灌区节水减排模式，选择礼坊示范区，开展两年的示范效果观测。

9.2　主要结论

9.2.1　水稻最优水肥综合调控模式

在保持施氮肥总量不变的情况下，节水灌溉模式与适当减少基肥氮肥用量，增加追肥氮肥用量及追肥次数，可以达到节水、增产、提高水肥利用效率，以及减少氮、磷污染排放的目的。在鄱阳湖流域，即间歇灌溉＋一次基肥（氮肥）、两次追肥（氮肥）是最优的田间水肥管理模式。该模式与传统模式相比，早稻、晚稻合计年平均节约灌溉水量 903m^3/hm^2、节水率 16.0%、增产稻谷 1074.8kg/hm^2、增产率为 7.4%、TN 排放量减少 3.12kg/km^2、减排率为 24.4%、TP 排放量减少 0.077kg/km^2、减排率为 14.9%、灌溉水分生产率提高 16.6%、氮肥利用率提高 27.2%。

（1）水稻分蘖数从返青期开始快速增长，至分蘖后期达到最大，从分蘖后期到黄熟期分蘖数逐渐衰减；水稻叶面积指数从返青期开始快速增长，至拔节孕穗期达到最大，然后慢慢变小；水稻株高从返青期开始快速增长，至抽穗开花期达到最大，然后略微下降并逐渐稳定；水稻干物质累积量随着生育期的进行不断增加，在黄熟期达到最大，在拔节孕穗期干物质增长速率达到全生育期最大。

（2）与淹水灌溉相比，间歇灌溉对株高的影响不明显，对无效分蘖的抑制作用在此次试验中体现得也不明显，对干物质累积量的影响在不同时段的试验中体现的规律不一致，不会阻碍水稻生育前期叶面积指数的增长，但有利于水稻生育后期对叶面积指数的保持与稳定。与淹水灌溉相比，间歇灌溉下水稻每穗总粒数少，但提高了千粒重、结实率，一定程度上增加水稻产量，增产率为 2%左右。

（3）不同施氮水平下，施氮处理的株高都明显大于不施氮处理的，但施氮处理之间株高无明显差异。水稻分蘖数随着施氮量的增加而增加，水稻叶面积指数在生育前期不同处理之间没有差异，但生育后期随着施氮量的增加而变大。在一定施氮量范围内，如不超过 N2 水平，水稻干物质累积量随施氮量的增加而增加，但超过一定范围后，增施氮肥则不会增加水稻干物质累积量，甚至出现负增长。施氮量对水稻产量影响显著，一定范围增施氮肥能显著提高水稻产量，但超过一定范围后则不会进一步提高产量，甚至造成减产。一定范围增施氮肥对产量构成要素的影响在于能显著增加有效穗和穗长，提高总粒数和千粒重，但会降低结实率。

（4）同一施氮水平下通过分次施肥增加追肥次数，对水稻株高无明显影响，有利于生育后期稻田分蘖数的保持,从而起到控制无效分蘖的作用,有利于水稻生育后期对叶面积指数的保持与稳定,对水稻干物质累积量的影响规律不明显。方差分析表明,通过增加追氮肥次数能显著提高水稻产量。增加追氮肥次数对产量构成要素的影响在于增加有效穗(不显著)、提高穗长(显著)、增加每穗总粒数(不显著)和千粒重(不显著),但结实率有所降低。

（5）从水稻高产的角度出发,以 4 季水稻试验结果为依据,稻田采用间歇灌溉优于淹水灌溉,施氮量不宜过高,应定为 $180kg/hm^2$（N2 水平）左右,过高可能导致产量负增长,两次追氮肥显著优于一次追氮肥。又因为不存在显著的水肥交互效应,所以从水稻高产的角度出发稻田最优水肥管理模式为 W1N2F2。2012 年及 2013 年,与传统水肥模式 W0N2F1 相比,优选模式 W1N2F2 在试验站内试验中每年（早晚稻合计）平均增产 $1074.8kg/hm^2$,平均增产率为 7.35％。

（6）灌溉模式是影响稻田各水量平衡要素的主要因子,施氮水平及施肥次数对各水量平衡要素的影响不显著;与淹水灌溉相比,间歇灌溉能显著减少田间灌水量,不同施肥制度平均下,2012 年及 2013 年平均,每年平均节水 $720m^3/hm^2$,平均节水率为 12.7％。间歇灌溉的节水原因主要是提高了田间蓄水能力,从而提高了降水利用率,并降低了稻田腾发量,年均减少 53mm,减少了渗漏量,年均减少14mm。2012 年及 2013 年平均,优选模式 W1N2F2 与当地传统模式 W0N2F1 相比,每年平均节水 $903m^3/hm^2$,平均节水率为 16.0％。

（7）田面水 TN 浓度有随施氮量增加而变大的趋势,施肥后 1～3 天田面水TN 浓度达到最大值,然后快速下降,且施用基肥后田面水 TN 浓度的下降速率要慢于施用蘖肥和穗肥后的,施肥后 7～10 天田面水 TN 浓度趋于稳定;田面水 TP浓度远小于田面水 TN 浓度,试验过程中最大不超过 2mg/L,从插秧到稻田分蘖后期落干晒田之前田面水 TP 浓度是震荡下行的,分蘖后期晒田结束以后的田面水 TP 浓度一直维持在低位,与试验站灌溉水 TP 浓度出入不大;施氮肥对田面水铵态氮浓度影响很大,田面水铵态氮浓度变化趋势与田面水 TN 浓度变化趋势一致;不同水肥处理对田面水硝态氮浓度值大小的影响十分有限,整个试验过程中田面水硝态氮浓度最大值远小于田面水 TN 及铵态氮的最大值（140mg/L、90mg/L）,仅为 1.35mg/L,但其变化趋势与田面水 TN、铵态氮变化趋势保持一致。

灌水施肥仅对耕层土壤水氮、磷浓度有影响,对耕层以下土壤水氮、磷浓度影响不明显,土壤水中 TN、TP、铵态氮浓度比田面水小一个数量级,且浓度大小变化过程具有较大随机性。虽然土壤水硝态氮浓度平均值甚至大于田面水硝态氮浓度平均值,但在土壤水 TN 成分中所占比例仅为 10％左右,而铵态氮在土壤水 TN成分中所占比例则达 50％以上。

（8）2012 年及 2013 年,与淹水灌溉相比,稻田采用间歇灌溉的 TN 流失总量早稻、晚稻合计每年平均减排 $1.41kg/hm^2$,平均减排率为 12.2％;TP 流失总量早稻、晚稻合计每年平均减排 0.078kg/hm²，平均减排率为 15.1％。早稻生长期间降水多，排水多，是肥料地表流失的主要发生时期。间歇灌溉模式下灌水定额小且允许田间土壤干到一定程度，这样就有效提高了田间蓄水能力，减少了排水量，特别是水稻生育前期田面水中氮、磷浓度高，减少排水对减少氮、磷地表流失意义重大。灌水施肥对耕层以下土壤水氮、磷浓度影响很小，间歇灌溉有效减少了田间渗漏水量，从而有效减少了田间氮、磷渗漏流失。

最优模式与传统模式相比，TN 流失总量早稻、晚稻合计每年平均减排 3.12kg/hm²，平均减排率为 24.4％；TP 流失总量早稻、晚稻合计每年平均减排 0.077kg/hm²，平均减排率为 14.9％。最优模式减少 TN 流失的另一个重要原因在于大幅度降低了分蘖期田面水 TN 浓度，而分蘖期在试验区及其周边地区是稻田排水高发期。

稻田肥料流失情况取决于施肥后的一段时间是否遭遇大的降水并产生排水，因此灌水、施肥应尽量以当地天气预报为指导。由于返青期及分蘖期田面水氮、磷浓度高，而这两个时期的降水较多，特别是早稻期间，因此在水稻生育前期，在满足水稻生理需要的基础上采用间歇灌溉模式并尽量降低田间灌水深度对减少氮、磷地表流失意义重大。

（9）早稻、晚稻生长期间气象条件差异大，田间氨挥发现象差异明显，在中等施氮水平两次追氮肥的情况下，早稻、晚稻氨挥发总量分别为 22.56kg/hm² 和 68.54kg/hm²，分别占当季施氮量的 12.5％、38.1％；施肥制度对稻田氨挥发的影响很大，通过将氮肥分施于水稻生长茂盛的时期能显著减小田间氮素氨挥发损失；本次研究结果显示，间歇灌溉相比于淹水灌溉在一定程度上增加了稻田氮素氨挥发损失量，但如果调整施肥制度，将更大比例的氮肥施于水稻生长后期，利用间歇灌溉模式下田间更好的"以水带氮"效果，可以使间歇灌溉模式下氨挥发损失显著减少，甚至小于淹水灌溉模式；已有研究成果及本试验都表明，不论早稻、中稻还是晚稻，施用穗肥后产生的氮素氨挥发损失占穗肥的比例都明显小于分蘖肥。在 2014 年早稻试验中，与当地传统模式 W0N2F1 相比，优选模式 W1N2F2 减少了田间氮素氨挥发损失 7.4kg/hm²，差异达 5％显著水平，减排率达 24.7％。

以 2014 年早稻为例，一季早稻氮素氨挥发损失量约为氮素年平均流失总量的 2 倍，优选模式与传统模式相比，一季早稻减少的氨挥发损失量是地表及渗漏流失总量减少量的 2.5 倍。因此，稻田氮素损失中氨挥发损失比氮素流失更严重。

（10）不同水肥处理下稻田灌溉水分生产率变化规律与不同水肥处理下稻田产量变化规律基本一致，即间歇灌溉模式下的灌溉水分生产率高于淹水灌溉模式下的；不同施氮水平下为 N2＞N3＞N1＞N0；在 N1、N2 施氮水平下稻田灌溉水分生产率两次追肥大于一次追肥，在 N3 施氮水平下一次追肥大于两次追肥。优选模式 W1N2F2 与当地的传统模式 W0N2F1 相比，稻田灌溉水分生产率平均提高

$0.59kg/m^3$,平均提高率 16.6%。

（11）不同灌溉模式对植株总吸氮量的影响规律不明显,植株总吸氮量随着施氮量的增加而增加,在中低氮水平下分次施肥能增加植株吸氮总量,但高氮水平下则不一定。稻田采用间歇灌溉对氮肥利用率的提高作用不显著,不同施氮水平下氮肥利用率无明显变化规律,但分次施肥普遍提高了氮肥利用率。优选模式 W1N2F2 与当地传统模式 W0N2F1 相比,氮肥利用率平均提高 10.9%,平均提高率 27.2%。

（12）与淹水灌溉相比,稻田采用间歇灌溉能降低土壤干土容重、胀缩性,促进稻田土壤团聚体的形成,改善土壤通透性,增强土壤通气透水性能。

（13）与淹水灌溉相比,间歇灌溉有利于土壤对 TN、有机质的保持,减缓耕层 TP 下移,有益于稻田土壤肥力的可持续发展。施肥主要影响耕层土壤水氮素浓度,对耕层以下土壤氮素浓度影响不显著。拔节孕穗期以前,施肥后间歇灌溉模式下的田面水 TN 浓度高于淹水灌溉模式下的,氨挥发速率也高。分蘖后期晒田结束后,与淹水灌溉相比,间歇灌溉模式下田间裂隙发育程度高,穗肥施用后的田间氮素在向下运移的过程中更容易被土壤胶体所吸附,提高了耕层土壤水 TN 浓度,有效降低田面水 TN 浓度,使氨挥发速率变小,减少稻田后期氮素的氨挥发损失。

（14）与淹水灌溉相比,间歇灌溉存在加速稻田耕层土壤酸化的风险,有利于植株对耕作层速效钾的吸收,降低了下层土壤有效磷含量。

9.2.2　生态沟对稻田氮、磷排放的去除效果

生态沟对农田排水氮、磷负荷具有较好的去除效应,影响其去除效果的主要因素有植物类型、排水流量、氮和磷的污染浓度、是否有挡水建筑物、天气状况等。在鄱阳湖流域,高秆灯心草、茭白为沟中适宜的植物,适宜水力停留时间为3~5天,同时沟中应有挡水建筑物,以提高水力停留时间。典型生态沟对 TN、TP 的平均去除率分别为 23.7% 和 14.9%。

生态沟设计及运行技术。设计:采用宽浅式横断面,满足排水条件下尽量采用缓坡,坡脚处种植适宜植物,挺水植物的密度以 15%~20% 为宜,间隔 300~500m 设置控水建筑物。运行:排洪、排涝时打开控水建筑物,日常排水时关闭控水建筑物,定期清淤与收割植物。

通过试验站控制条件及灌区原位条件下生态沟对农业面源中氮、磷的去除规律试验,得到主要结论如下。

（1）不同湿地植物试验结果。2012 年不同湿地植物对氮、磷污染的净化效果为:对 TN、TP 和硝态氮的净化效果表现为高秆灯心草＞茭白＞菖蒲,对铵态氮的净化效果表现为茭白＞高秆灯心草＞菖蒲;2013 年不同植物对氮、磷污染的净化效果为:对 TN 和硝态氮的净化效果表现为高秆灯心草＞茭白＞菖蒲,对 TP 和铵

态氮的净化效果表现为菖蒲＞高秆灯心草＞茭白。总的来说,对 TN 的净化效果,高秆灯心草、茭白、菖蒲两年平均去除率分别为 23.7％、18.3％、4.7％,即高秆灯心草及茭白效果较好;对磷的净化年际之间存在差异,但两年的去除率平均值仍表现为高秆灯心草最高,平均值为 14.9％。同时,植物在不同温度、不同生育期对TN、TP 的净化效果差异较大,不同的植物适宜温度有所差别,植物在适宜温度和生长旺盛期时净化效果好于其他条件下。因此,在鄱阳湖流域,有利于排水沟对氮、磷净化的湿地植物推荐为高秆灯心草或茭白。

(2) 不同排水浓度下排水沟对氮、磷的去除具有波动性,总体上排水沟对劣于Ⅲ类排水中氮、磷的净化效果较好。其中对于氮的净化,排水沟对Ⅳ类排水中 TN的去除率为 18.3％～61.4％,对Ⅴ类排水中 TN 的去除率为 8.2％～70.72％,对劣Ⅴ类排水中 TN 的去除率为－5.7％～29.02％;对于磷的净化,排水沟对Ⅲ类排水中 TP 的去除率为－37.7％～24.1％,对劣Ⅴ类排水中 TP 的去除率为 3.5％～82.87％。在一定排水浓度范围内,随着排水浓度增加,排水沟的净化效果增加,但是当排水浓度过大时,由于其超过了排水沟的净化能力,净化效果会有所降低。同时不同的取样时间也会对净化效果产生影响,在水稻生育前期,排水沟水生植物处于旺盛生长时期,对氮、磷等营养物质需求量较大,有较好的去除效应,晚稻后期水生植物大量枯萎,对氮、磷的净化效果较差。

(3) 理论上排水沟对氮、磷污染物的净化效果应随排水强度增大而降低。试验结果表明,排水强度不同时,三段沟对氮、磷的去除率处于上下波动状态,原因在于不同排水强度下,由于排水浓度和湿地植物状况均会影响其净化效果,同时排水沟较短,水力停留时间不长,导致对氮、磷的去除率处于波动状态,这与理论上有些偏差。

(4) 当排水强度处于某一较小范围内时,采用三角堰作为控制建筑物可以适当延长水力停留时间,对排水中氮、磷的净化效果比较好,在排水强度非常小时,有无控制建筑物排水中污染物均能得到充分净化,排水强度过大时,由于排水沟长度较短,排水的水力停留时间太短,采用控制建筑物时的净化效果不显著。

(5) 原位条件下的试验观测表明,各排水沟氮、磷等污染物浓度在早稻时期总体上高于晚稻时期,并在水稻各生育期呈现一定的波动性。总体上各级沟段对氮、磷均具有较好的去除率,两年平均,毛沟、农沟、斗沟、支沟、干沟对 TN 的平均去除率分别为 4.1％、15.2％、14.8％、11.3％、10.0％,表现为农沟＞斗沟＞支沟＞干沟＞毛沟。两年平均,毛沟、农沟、斗沟、支沟、干沟对 TP 的平均去除率分别为 20.2％、4.2％、4.3％、1.2％、7.8％,表现为毛沟＞干沟＞斗沟＞农沟＞支沟。

通过在江西省灌溉试验中心站对种植有高秆灯心草、茭白、菖蒲的生态沟开展的罗丹明示踪试验,得出主要结论如下。

(1) 不同排水流量下,沟段各水力指标在年际之间表现出大体一致的变化趋势,说明示踪试验具有可重复性和真实性。

(2) 不同排水流量下,随着流量的增加,流速呈现非线性升高趋势,在流量较大时,流速的变化趋于平缓甚至会出现一定降低趋势。平均水力停留时间与流量的变化成反比,随着排水流量的持续增加水力停留时间的降低趋于平缓。由于2014 年高秆灯心草的密度高于 2013 年的,沟段存在一定的水力死区或滞留区,所以不同排水流量下沟段的有效容积比和水力效率均表现为 2013 年高于2014 年。

(3) 对于不同植物情况,在不同排水流量下,流速大小总体表现为沟段 3>沟段 2>沟段 1,平均水力停留时间为沟段 2>沟段 1>沟段 3,这主要是由于生态沟的总体地势和不同植物沟段的坡度导致。不同植物生态沟的有效容积比大小为沟段 3>沟段 2>沟段 1,结合不同植物沟段对氮、磷污染物的净化效果分析,生态沟水力停留时间较长且有效容积比较大(接近于 1 时)时其净化效果较好。

(4) 不同管理模式时,在不同排水流量下,无堰时的流速普遍高于有堰时的,平均水力停留时间、有效容积比和水力效率均表现为有堰时的高于无堰时的。结合不同管理模式下生态沟对氮、磷污染物的净化,当流量较大时,有堰时沟段滞留区比无堰时大,造成较大的厌氧区,不利于污染物的降解;流量较小时,两种管理模式下污水的水力停留时间均较长,均能与污染物充分接触。所以,对于该试验条件下的生态沟,当流量为 0.5～ 2.8L/s 时,有堰情况下沟段的水力性能较好,对污染物的净化效果优于无堰时的,而当流量较大或较小时,无堰时的净化效果反而会优于有堰时的,这与第 3 章的结论一致。

(5) 适当种植植物可以减缓排水沟中排水的水流速率,增加水力停留时间,有利于氮、磷污染物的去除,但是排水沟植物密度过大,不仅影响排洪、排涝能力,也会导致滞留区的存在,不利于污染物的去除,因此,排水沟中植物密度应适当,并不是越大越好。

(6) 总结提出了生态沟的设计及运行要点:①在满足排渍和排涝要求的基础上,排水沟断面设计可采用宽浅式横断面,采用较平缓的纵坡。②生态沟中需要种植适当密度的植物,在鄱阳湖流域生态沟可种植高秆灯心草或茭白。③排水沟中植物密度应适当,如果为挺水植物(以茭白为代表),建议种植密度为 15%～20%。④生态沟应通过设置闸门、闸板等控制建筑物使沟中排水的水力停留时间延长,提高氮、磷的去除率。一般 300～500m 设置一个多级闸板。⑤生态沟的运行管理方面,在汛期,要打开闸门,使排水迅速通过,满足排涝要求;非汛期时,关闭闸门,提高排水水力停留时间。⑥生态沟要定期进行植物收割(一般每年冬天进行),并2～3 年定期进行清淤。

9.2.3　塘堰湿地对稻田氮、磷排放的去除效果

塘堰湿地对农业面源污染具有明显的去除效应,影响其去除效果的因素包括湿地植物类型、水力停留时间、水深、天气状况等。在鄱阳湖流域,适宜的湿地植物为莲藕、西伯利亚鸢尾、高秆灯心草、美人蕉。其中莲藕由于经济效益最佳最适宜进行推广,但是需要注意成藕期对莲藕湿地进行收割,以免造成二次污染。从经济及有利于氮、磷的去除效果评价,稻田与湿地面积比为15∶1～20∶1较好,最佳的塘堰湿地水力停留时间为3～4天,塘堰湿地水深以40cm为宜。

(1) 9 种塘堰湿地植物的筛选试验表明,早稻、晚稻不同生育期各湿地植物对氮、磷的去除效果存在差异。试验表明,适合鄱阳湖流域生长且对氮、磷污染物净化效果较好的湿地植物为茭白、高秆灯心草、莲藕、西伯利亚鸢尾,其中茭白、高秆灯心草和莲藕还有较好的经济价值,适合在鄱阳湖流域推广。最佳塘堰湿地水力停留时间为3～4天,在水力停留超过 5 天后,湿地对 TN、TP 去除率增幅明显变慢。以水力停留时间 4 天为标准:早稻期间茭白对 TN、TP 的去除率分别为85%和80%,晚稻期间分别为70%和65%;早稻期间高秆灯心草对 TN、TP 的去除率分别为80%和70%,晚稻期间分别为75%和70%;早稻期间西伯利亚鸢尾对 TN、TP 的去除率分别为80%和60%,晚稻期间分别为85%和75%;早稻期间莲藕对TN、TP 的去除率分别为75%和65%,晚稻期间分别为70%和70%。

(2) 不同水深条件下莲藕塘堰湿地对氮、磷的净化分析表明,试验条件下40cm 水深对氮、磷的净化效果最好。其中,莲藕开花期对氮、磷的净化效果最好,主要是莲藕在该生育期对氮、磷的吸收作用相对更强。莲藕对氮的净化效果优于对磷的净化效果,各生育期莲藕对 TN 的去除率比 TP 的去除率高约10%。

(3) 运用 1980～2012 年江西省灌溉试验中心站的气象资料,结合水稻淹水灌溉模式水层控制标准,计算稻田排水量,通过稻田排水量与塘堰湿地蓄水量,得到稻田与湿地面积比,然后再对稻田与湿地面积比进行排频分析。取平水年,即截污保证率为 50%(或年最大日排水量频率为 50%)时,稻田与湿地面积比为12.3∶1。

(4) 塘堰蓄水减污运行模式应用于降水量较大的情况,此时塘堰湿地最佳水力停留时间为3～4天。以 3 天为净化时间标准计算,TN、TP 的去除率分别能达到 70%和40%。塘堰非蓄水减污运行模式应用于平时稻田排水流量较小的情况,试验条件下塘堰湿地最佳水深为 40cm,此时,湿地对排水 TN、TP 的去除率分别达到53%和50%。

(5) 勒家村原位条件下塘堰湿地 1 及塘堰湿地 2 对 TN 的去除率分别为29.8%、33.9%,对 TP 的去除率分别为30.2%、4.3%,与试验站控制条件相比,去除效果相对减小,主要是原位条件采用非蓄水减污模式,水力停留时间与试验站控

制条件的蓄水减污模式相比减少。另外,原位条件下还会受到来水的不可控影响。

(6) 针对 8 种典型湿地植物的观测分析表明,全生育(只统计 5～10 月的数据)蒸发蒸腾量日平均值为 4.3～6.1mm,平均值为 5.1mm,其中菖蒲最高为6.1mm,白莲最低为 4.3mm。全生育期 8 种典型湿地植物作物系数为 1.8～2.4,最大的是菖蒲、最小的是白莲和莲藕。湿地植物叶面积指数与作物系数比较表明,藜蒿、菖蒲、西伯利亚鸢尾作物系数与叶面积指数变化不同步。

(7) 通过对同一湿地不同水深的示踪试验,结果显示,湿地的水力性能随着水深的减小逐渐提高,当水深从 60cm 减小到 20cm 时,湿地的有效容积率 e 从 0.421逐渐增加到 0.844,水力效率 λ 从 0.281 增加到 0.604。水深对湿地整体的混合程度无明显影响,但是由于湿地前半部分受来水影响较大,湿地前半部分水流趋于完全混合流。实际运行中,湿地水深过小时,湿地的承载负荷不足,湿地净化污水的能力会受到限制,容易造成湿地土地资源的浪费。综合考虑湿地去污效果和水力效率,试验条件下湿地最佳水深推荐为 40cm。

影响湿地水力性能的因素主要有形状、长宽比、水力负荷、进出口布置、水生植物的布置方式、进出流量和水深等。

(8) 总结提出了塘堰湿地的设计及运行要点。

设计。稻田与塘堰湿地面积比为 15：1～20：1,单个塘堰湿地面积为 300～1000m² ,塘堰湿地采用椭圆形,其长短比为 3：1 左右,蓄水深度为 0.6～1.5m,采用生态护坡,在鄱阳湖流域湿地塘堰植物为白莲、莲藕、菖蒲、茭白。

运行。正常蓄水位以下拦截田面排水和地表径流,超过正常蓄水位时排水腾空部分库容;湿地水力停留时间 3～4 天;水流方向及水量分配应使水流充分混合并延长水流路径;定期进行植物收割(每年冬天进行),并 2～3 年进行清淤。

9.2.4　基于分布式模型的农业面源污染排放规律

改进后的 SWAT 适合灌区水量转化及农业面源污染的模拟。模拟结果表明,在不影响水稻产量的前提下,采用间歇灌溉、适当减少稻田的施肥量和增加施氮肥次数、提高塘堰湿地拦蓄地表径流能力均可有效减少水体污染。

(1) 收集了研究区域内的 DEM 图、土壤类型图和土地利用类型图,并利用ArcGIS 进行坐标转换,根据研究区域的实际情况对图所包含的属性数据进行计算和转换,得到能被 SWAT 模型识别的空间信息图和空间信息数据库;通过从当地农业局及测绘局了解的基本信息和查阅相关资料,计算得到研究区域内的土壤属性数据,建立了土壤属性数据库;通过实地走访调查和考察,得到研究区域内的农田管理措施及各种污染源的分布情况,并通过具体的数据计算,整理得到农田管理措施数据库和污染源数据。

(2) 结合研究区域,在已有基础上进一步改进 SWAT 模型,基于改进的

SWAT模型,建立了灌区分布式水文及面源污染模拟模型。利用 2011～2013 年 4～11 月的观测资料对模型的径流参数和水质参数进行了率定及验证,表明模型模拟效果较好,构建的灌区分布式水文及面源污染模型适用于芳溪湖流域水量平衡及污染物质迁移转化模拟。

(3) 根据校正后的模型,模拟分析不同水肥管理措施,不同塘堰汇流面积比下研究区域氮、磷污染负荷排放规律及其原因,提出了减轻农业面源污染排放的措施。①不同灌溉模式对氮、磷面源污染负荷的影响。与淹水灌溉相比,间歇灌溉水稻田单位面积排放 TN、TP 分别减少 14.52％和 10.32％,间歇灌溉芳溪湖流域出口 TN、TP 负荷分别减少 8.41％和 8.61％。②不同施肥制度对氮、磷面源污染负荷的影响。与现状模式相比,氮肥使用量减少 20％,水稻田 TN 排放量相应减少 5％左右,流域出口 TN 排放量减少 3％左右。施肥总量相等的情况下三次施肥与二次施肥相比,稻田排放的 TN 平均减少 3％～4％,流域出口 TP 减少约 2.6％。磷肥使用量减少 20％,水稻田 TP 排放减少 4％左右,流域出口 TP 排放减少 3％左右。③不同塘堰用水管理制度对面源污染的影响。塘堰汇流面积比在现有基础上(12.3％)提高 20％,水稻田排水量减少 8.33％,TN 减少 13.25％,TP 减少 14.58％;流域出口年平均排水流量减少 7.13％,TN 减少 7.57％,TP 减少 10.43％。塘堰汇流面积比例在现有基础上提高 40％,水稻田排水量减少 15.34％,TN 减少 17.38％,TP 减少 19.42％;流域出口年均排水流量减少 14.19％,TN 减少 11.65％,TP 减少 15.84％。④减轻芳溪湖流域农业面源污染排放的水肥综合调控措施包括:稻田采用间歇灌溉模式、施氮肥量在现有基础上减少 10％、施氮肥方式采用一次基肥二次追肥、塘堰汇流面积比在现有基础上提高 10％。与现状相比,水肥综合调控措施对水稻田排水量减少 12.53％,TN 减少 20.83％,TP 减少 16.83％;对研究区域出口年平均排水流量减少 10.62％,TN 减少 14.92％,TP 减少 11.60％。

9.3　特点与创新

与国内外现有研究成果相比,本书特色主要体现在以下方面。

(1) 从单纯以节水、增产目的而进行的水稻节水灌溉研究,发展到针对节水、增产、高效、减排四个方面目的进行水肥综合调控研究。水利、农学、环境与生态几个方面结合,研究作物水肥综合调控技术及其环境效应,以及农田面源污染的源头控制技术,从而扩展农田节水灌溉的作用,丰富农田节水灌溉研究与实践的内容。

我国及亚洲部分国家已研究提出许多水稻节水灌溉技术,并得到推广应用,但单纯以节水、增产目的而进行的水稻节水灌溉研究较多,而对节水灌溉条件下水肥耦合及其环境效应研究不足,单纯从水利方面对水分利用的角度研究水稻节水的成果较多,对水利、农学、环境与生态几方面结合进行灌溉排水的水量、水质进行的综合研究较少。本书从单纯以节水、增产目的而进行的农田节水灌溉研究,发展到针对节水、增产、高效、减排四个方面结合为目的而进行水肥综合调控研究。从单纯对水量的研究,发展到水利、农学、环境与生态几方面结合,对水量、水质进行的综合研究。系统地研究对节水、增产、高效、减排四个方面均有利的综合措施,探明这类措施对此四个方面的定量影响和各个方面的相互影响及其机理。将水稻节水灌溉及水肥综合调控与水稻灌区面源污染的源头控制相结合,扩展了农田节水灌溉的作用,丰富了农田节水灌溉研究与实践的内容,为农田节水灌溉的研究与实践探索出了一种新的方向与途径。

(2) 将排水沟及塘堰的功能从灌溉排水拓展到灌溉排水与减污功能相结合,从灌溉排水与减污的综合功能,提出生态沟设计及运行管理技术,以及塘堰的设计及运行管理技术。

常规排水系统(南方水稻灌区的排水沟往往还有灌溉的功能,以下主要从排水减污功能进行分析)的主要功能只是单纯从水量方面满足农业高产和排水的要求。为了使排水系统同时还具备减污功能,必须在原有排水系统的基础上构建新式排水系统——减污型生态沟。由于常规排水系统是无控制的,必须改无控制排水系统为合理控制排水系统。本书结合大量试验数据,综合生态沟的排水目标与减污目标,提出了生态沟的设计及运行技术。

水稻灌区的塘堰是一种自然湿地系统,传统上其主要功能是满足蓄水、养殖及其他农事活动用水。本书在完全自然状态或对塘堰进行简单改造后,研究塘堰湿地对氮、磷污染物的去除规律及机理,提出了综合考虑灌溉蓄水及减污功能的塘堰湿地设计及运行技术。

(3) 综合考虑田间节水灌溉与水肥综合调控的源头控制、排水沟湿地的净化、塘堰湿地的净化、排水的重复利用,构建南方水稻灌区节水减排模式(田间节水灌溉与水肥综合调控,灌区农业面源污染生态治理),提出不同环节的具体减排技术。

在农业面源污染控制管理与综合治理方面,一般将源头控制及末端处理集成,构成农业面源污染处理的集成模式。本书将田间节水灌溉与水肥综合调控减少面源污染排放的源头控制(第一道防线)、生态沟对面源污染的去除净化(第二道防线)、塘堰湿地对面源污染的去除净化(第三道防线)相结合,从面源污染流出农田到进入下游受纳水体的整个过程入手,研究三道防线中影响污染物排放的因素及其规律,提出三道防线的具体减排技术,并综合为水稻灌区节水减排模式。同时,将该模式进行集成示范,这些为稻田水肥高效利用及水稻灌区农业面源污染的防控提供了理论基础及整套解决方案。

(4) 针对鄱阳湖流域,优选出适宜的生态沟及塘堰湿地植物类型,提出适宜的水力停留时间、适宜的塘堰湿地水深、适宜的湿地与塘堰面积比等参数。

目前关于排水沟湿地对氮、磷去除效果的研究已有报道,但基本是在室内模拟或室外对排水完全控制的状态所获得的单一排水沟的净化效果。本书在野外原位条件下,对影响生态沟去除效应的因素进行系统试验分析,针对鄱阳湖流域筛选出适宜的生态沟植物类型,提出适宜的生态沟有关设计参数。

稻田面积与塘堰湿地面积比值决定了塘堰湿地所拦截的排水量及污染负荷,该比值过小浪费土地资源,过大达不到拦截和净化的效果,因此宜研究在一定保证率下适宜的稻田与塘堰湿地面积比。塘堰湿地的植物类型、水力停留时间等对面源污染的去除有显著的影响,这种选择需考虑地域差异及湿地植物收获的经济情况,因此需要结合我国南方特点进行研究。本书针对以上影响塘堰湿地去除效果的因素进行了系统研究,针对鄱阳湖流域,就相关指标提出了具体取值范围。

(5) 针对鄱阳湖流域,提出了流域节水减排的水肥综合调控措施,即稻田采用间歇灌溉+适当减少施氮肥量+适当增加施氮肥次数+提高塘堰汇流面积比。

灌区尺度农业面源污染的分布式模拟方面,已有将 SWAT 等分布式模型用于灌区农业面源污染模拟的报道,但由于面源污染随水分而迁移、流失,因此灌区尺度面源污染的模拟首先必须保证水分模拟的合理,而目前还没有适合灌区的分布式水文模型。本书采用课题组开发的适合南方水稻灌区的分布式水文模型(改进SWAT 模型)进行灌区尺度氮、磷面源污染的模拟,分析提出有利于水肥资源高效利用及减轻面源污染排放的灌区水肥协同管理技术。这些技术措施主要是对现有水肥管理制度进行改进,无需投资,便于实施,对鄱阳湖流域灌区及相似地区都具有很好的指导意义。

9.4 展　　望

1. 合理施氮水平的试验研究

本书在田间试验环节,虽然考虑了不同施氮水平下相关指标的对比分析,并进行了水肥交互的影响分析,但仅为了说明不同施氮水平对相关指标的影响规律,最终推荐最优水肥综合调控模式,并不涉及对施氮水平的调整,主要考虑到施氮水平对水稻产量的重要性。实际上,由于采用节水灌溉及多次施肥方式后,氮肥利用率提高,流失减少,因此,可以适当减少施氮水平,可就此进行典型试验分析。

2. 生态沟适宜湿地植物密度

关于生态沟中适宜的湿地植物密度问题,本书只针对试验站内生态沟在种植挺水植物下进行了分析,由于要获取不同湿地植物密度下水力性能的变化必须开展详细的试验观测,工作量较大,有待进一步观测分析。

3. 塘堰湿地水力性能试验

除水深外,影响塘堰湿地水力性能的因素还有形状、长宽比、水力负荷、进出口布置、水生植物的布置方式、进出流量等,这些都有待研究。

9.5　推广应用前景

本书研究的两项成果主要包括"水稻水肥综合调控模式"及"水稻灌区农业面源污染生态治理模式"。

成果 1:水稻水肥综合调控模式,即在田间采用各地适宜的水稻节水灌溉模式,配合多次施氮肥技术。该技术无需硬件投入,主要是改变现有水肥管理制度,农民也比较容易掌握,在我国水稻种植区均可以推广应用。

成果 2:水稻灌区农业面源污染生态治理模式,即在成果 1 的基础上,结合灌区续建配套与节水改造,以及小农水项目建设,对排水沟及塘堰进行适当的改建,如排水沟生态化、塘堰清淤、排水水系优化使更多的排水能进入塘堰湿地,在此基础上构建由三道防线组成的农业面源污染生态治理模式,使农田排水尽量经过三道防线的净化后再进入下游水体,即可达到净化农田排水水质的目的。在现有基础上改建,使该成果推广应用投入不大,也具有广泛的推广应用前景。

因此,本书提出的两项成果,结合"南方地区节水减排"战略的实施,具有广泛的推广应用前景。

参 考 文 献

曹志洪.2003.施肥与水体环境质量——论施肥对环境的影响(2)[J].土壤,35(5):353-363.

陈海生.2012.农田排水沟湿地耐寒植物水芹(*Oenanthe javanica*)降污研究[J].安徽农学通报,18(11):117-118.

陈新萍.2005.土壤中全磷测定方法的改进试验[J].塔里木大学学报,17(2):96-98.

陈祯,崔远来,刘方平,等.2013.不同灌溉施肥模式对水稻土物理性质的影响[J].灌溉排水学报,32(5):38-41.

程波,张泽,陈凌,等.2005.太湖水体富营养化与流域农业面源污染的控制[J].农业环境科学学报,(z1):118-124.

崔远来,李远华,吕国安,等.2004.不同水肥条件下水稻氮素运移与转化规律研究[J].水科学进展,15(3):280-285.

代俊峰,崔远来.2009a.基于 SWAT 的灌区分布式水文模型—Ⅰ.模型构建的原理与方法[J].水利学报,40(2):145-151.

代俊峰,崔远来.2009b.基于 SWAT 的灌区分布式水文模型—Ⅱ.模型应用[J].水利学报,40(3):311-318.

董斌,茆智,李新建,等.2009.灌溉—排水—湿地综合管理系统的引进和改造应用[J].中国农村水利水电,(11):9-12.

樊娟,刘春光,石静,等.2008.非点源污染研究进展及趋势分析[J].农业环境科学学报,27(4):1306-1311.

高焕芝,彭世彰,茆智,等.2009.不同灌排模式稻田排水中氮磷流失规律[J].节水灌溉,(9):1-3.

高延耀,夏四清,周增炎.1999.城市污水生物脱氮除磷机理研究进展[J].上海环境科学,18(1):16-18.

郭鸿鹏,朱静雅,杨印生.2008.农业非点源污染防治技术的研究现状及进展[J].农业工程学报,24(4):290-295.

国家环境保护局.1989.GB 11893—1989 水质总磷的测定 钼酸铵分光光度法[S].北京:中国标准出版社.

国家环境保护总局.2002.GB 3838—2002 地表水环境质量标准[S].北京:中国标准出版社.

郝芳华,程红光,杨胜天.2006.面源污染模型理论方法与应用[M].北京:中国环境科学出版社.

何军,崔远来.2012.生态灌区农田排水沟塘湿地系统的构建和运行管理[J].中国农村水利水电,(6):1-3.

何军,崔远来,吕露,等.2011a.不同水肥调控模式对稻田土壤氮磷肥力的影响试验[J].灌溉排水学报,30(4):1-4.

何军,崔远来,吕露,等.2011b.排水沟及塘堰湿地系统对稻田氮磷污染的去除试验[J].农业环境科学学报,30(9):1872-1879.

侯彦林,周永娟,李红英,等.2008.中国农田氮面源污染研究:Ⅰ污染类型区划和分省污染现状分析[J].农业环境科学学报,27(4):1271-1276.

胡颖.2005.河流和沟渠对氮磷的自然净化效果的试验研究[D].南京:河海大学硕士学位论文.

胡远安,程声通,贾海峰.2003.非点源模型中的水文模拟——以 SWAT 模型在芦溪小流域的应用为例[J].环境科学研究,16(5):29-32,36.

环境保护部.2007.HJ/T 346—2007 水质 硝酸盐氮的测定 紫外分光光度法(试行)[S].北京:中国标准出版社.

环境保护部.2009.HJ 535—2009 水质 氨氮的测定 纳氏试剂分光光度法[S].北京:中国标准出版社.

环境保护部.2011.HJ 632—2011 土壤 总磷的测定 碱熔—钼锑抗分光光度法[S].北京:中国标准出版社.

环境保护部.2012.HJ 636—2012 水质 总氮的测定 碱性过硫酸钾消解紫外分光光度法[S].北京:中国标准出版社.

环境保护部.2014.HJ 704—2014 土壤 有效磷的测定 碳酸氢钠浸提-钼锑抗分光光度法[S].北京:中国标准出版社.

环境保护部.2014.HJ 717—2014 土壤质量 全氮的测定 凯氏法[S].北京:中国标准出版社.

黄清华,张万昌.2004.SWAT 分布式水文模型在黑河干流山区流域的改进与应用[J].南京林业大学学报(自然科学版),28(2):22-26.

姜治兵,槐文信,杨中华,等.2008.导流明渠流速与底宽及流量的非线性关系[J].武汉大学学报(工学版),41(3):16-19.

焦锋,秦伯强,黄文钰.2003.小流域水环境管理——以宜兴湖滏镇为例[J].中国环境科学,23(2):220-224.

金可礼,陈俊,龚利民.2007.最佳管理措施及其在非点源污染控制中的应用[J].水资源与水工程学报,18(1):37-40.

金鑫.2005.农业非点源污染模型研究进展及发展方向[J].山西水利科技,(1):15-17.

孔莉莉,张展羽,夏继红.2009.灌区非点源氮在排水渠中的归趋机理及控制问题[J].中国农村水利水电,(7):48-51.

赖格英,于革.2005.流域尺度的营养物质输移模型研究综述[J].长江流域资源与环境,14(5):574-578.

李常斌,秦将为,李金标.2008.计算 CN 值及其在黄土高原典型流域降雨-径流模拟中的应用[J].干旱区资源与环境,22(8):67-70.

李恒鹏,杨桂山,黄文钰,等.2007.太湖上游地区面源污染氮素入湖量模拟研究[J].土壤学报,44(6):1063-1069.

李怀恩,沈冰,沈晋.1997.暴雨径流污染负荷计算的响应函数模型[J].中国环境科学,17(1):15-18.

李怀恩,吴晓光.1997.逆高斯分布水文频率分析模型[J].西北水电,17(2):55-58.

李强坤,胡亚伟,孙娟.2010.农业非点源污染物在排水沟渠中的迁移转化研究进展[J].中国生态农业学报,18(1):210-214.

李远华,张祖莲,赵长友,等.1998.水稻间歇灌溉的节水增产机理研究[J].中国农村水利水电,(11):12-16.

刘博,徐宗学.2011.基于 SWAT 模型的北京沙河水库流域非点源污染模拟[J].农业工程学报,

27(5):52-61.

刘文祥.1997.人工湿地在农业面源污染控制中的应用研究[J].环境科学研究,10(4):15-19.

刘振英,李亚威,李俊峰,等.2007.乌梁素海流域农田面源污染研究[J].农业环境科学学报,
　　26(1):41-44.

卢成,郑世宗,胡荣祥.2014.不同水肥模式下稻田氮渗漏和挥发损失的^{15}N同位素示踪研究[J].
　　灌溉排水学报,33(3):107-109.

鲁如坤,时正元,顾益初.1995.土壤积累态磷研究[J].土壤通报,27(2):57-59.

吕国安,李远华,陈明亮,等.1997.不同灌溉方式水稻植株对氮素的吸收利用研究[J].中国农村
　　水利水电,(12):18-20.

吕国安,李远华,沙宗尧,等.2000.节水灌溉对水稻磷素营养的影响[J].灌溉排水,19(4):10-12.

吕国安,李远华,沙宗尧,等.2001.节水灌溉对水稻钾素营养的影响[J].中国农村水利水电,
　　(2):24-26.

马蔚纯,陈立民,李建忠.2003.水环境非点源污染数学模型研究进展[J].地球科学进展,18(3):
　　358-366.

茆智.1997.水稻节水灌溉[J].中国农村水利水电,(4):45-47.

潘根兴,李恋卿,郑聚锋,等.2008.土壤碳循环研究及中国稻田土壤固碳研究的进展与问题[J].
　　土壤学报,45(5):901-913.

彭世彰,高焕芝,张正良.2010.灌区沟塘湿地对稻田排水中氮磷的原位削减效果及机理研究
　　[J].水利学报,41(4):406-411.

彭世彰,杨士红,徐俊增.2009b.节水灌溉稻田氨挥发损失及影响因素[J].农业工程学报,
　　25(8):35-39.

彭世彰,俞双恩,杜秀文,等.2012.水稻节水灌溉技术[M].北京:中国水利水电出版社.

彭世彰,张正良,罗玉峰,等.2009a.灌排调控的稻田排水中氮素浓度变化规律[J].农业工程学
　　报,25(9):21-26.

桑学锋,周祖昊,秦大庸,等.2008.改进的模型在强人类活动地区的应用[J].水利学报,39(12):
　　1377-1383.

沈志良,朱祖祥.1990.铁铝氧化物吸附磷的研究[J].浙江农业大学学报,16(1):7-13.

宋蕾,王永胜,张鸿涛.2001.关中抽渭灌区农田面源污染对渭河水体的影响[J].自然生态保护,
　　(8):24-28.

宋勇生,范晓晖.2003.稻田氨挥发研究进展[J].生态环境,12(2):240-244.

苏成国,尹斌,朱兆良,等.2005.农田氮素的气态损失与大气氮湿沉降及其环境效应[J].土壤学
　　报,37(2):113-120.

孙金华,朱乾德,颜志俊,等.2009.AGNPS系列模型研究与应用综述[J].水科学进展,20(6):
　　876-884.

童晓霞.2012.鄱阳湖典型小流域灌区农业面源污染迁移转化规律分布式模拟[D].武汉:武汉大
　　学硕士学位论文.

王淳,周卫,李祖章,等.2012.不同施氮量下双季稻连作体系土壤氨挥发损失研究[J].植物营养
　　与肥料学报,18(2):349-358.

王朝辉,刘学军,巨晓棠,等.2002.田间土壤氨挥发的原位测定——通气法[J].植物营养与肥料学报,8(2):205-209.

王建鹏.2011.灌区水资源高效利用与面源污染迁移转化规律模拟分析[D].武汉:武汉大学博士学位论文.

王建鹏,崔远来.2011.水稻灌区水量转化模型及其模拟效率分析[J].农业工程学报,27(1):22-28.

王毛兰,周文斌,胡春华.2008.鄱阳湖区水体氮、磷污染状况分析[J].湖泊科学,20(3):334-338.

王少丽,王兴奎,许迪.2007.农业非点源污染预测模型研究进展[J].农业工程学报,23(5):265-271.

王晓燕.2003.非点源污染及其管理[M].北京:海洋出版社.

王晓玥,徐青山,葛滢.2001.人工湿地对西湖面源污染源的治理研究[J].杭州师范学院学报(自然科学版),6(18):124-129.

王莹,彭世彰,焦健,等.2009.不同水肥条件下水稻全生育期稻田氮素浓度变化规律[J].节水灌溉,(9):12-16.

翁焕新,吴自军.2001.红壤中结合态磷在酸化条件下的变化及其相互关系[J].环境科学学报,21(5):582-586.

吴军,崔远来,赵树君,等.2012.不同湿地植物系统对农田排水氮磷净化效果试验研究[J].灌溉排水学报,31(3):26-30.

吴萍萍,刘金剑,杨秀霞,等.2009.不同施肥制度对红壤地区双季稻田氨挥发的影响[J].中国水稻科学,23(1):85-93.

谢先红.2008.灌区水文变量标度不变性与水循环分布式模拟[D].武汉:武汉大学博士学位论文.

熊立华,郭生练.2003.分布式流域水文模型[M].北京:中国水利水电出版社.

徐红灯,王京刚,席北斗,等.2007.降雨径流时农田排水沟水体中氮、磷迁移转化规律研究[J].环境污染与防治,29(1):18-21.

薛金凤,夏军,马彦涛.2002.非点源污染预测模型研究进展[J].水科学进展,13(5):649-656.

杨建昌,王志琴,朱庆森.1996.不同土壤水分状况下氮素营养对水稻产量的影响及其生理机理的研究[J].中国农业科学,29(4):58-66.

杨林章,周小平,王建国,等.2005.用于农田非点源污染控制的生态拦截型排水沟系统及其效果[J].生态学杂志,24(11):1371-1374.

杨士红,彭世彰,徐俊增.2008.控制灌溉稻田部分土壤环境因子变化规律[J].节水灌溉,(12):1-4.

于天仁.1988.中国土壤的酸度特点和酸化问题[J].土壤通报,19(2):49-51.

查恩爽,卞建民,姜振蛟,等.2010.吉林西部降水入渗模拟中有关参数转换及确定[J].节水灌溉,(6):15-17.

张东,张万昌,朱利,等.2005.SWAT分布式流域水文物理模型的改进及应用研究[J].地理科学,25(4):434-440.

张福锁,王激清,张卫峰,等.2008.中国主要粮食作物肥料利用率现状与提高途径[J].土壤学报,45(5):915-924.

张静,王德建. 2007. 太湖地区乌栅土稻田氨挥发损失的研究[J]. 中国生态农业学报,11(15):
　　84-87.

张维理,武淑霞,冀宏杰,等. 2004. 中国农业面源污染形势估计及控制对策Ⅰ. 21世纪初期中国
　　农业面源污染的形势估计[J]. 中国农业科学,37(7):1008-1017.

张文剑,王兆德,姚菊祥,等. 2007. 水文因素影响稻田氮磷流失的研究进展[J]. 生态环境,
　　16(6):1789-1794.

张永勇,王中根,于磊,等. 2009. SWAT水质模块的扩展及其在海河流域典型区的应用[J]. 资源
　　科学,31(1):94-100.

张志剑,董亮,朱荫湄. 2001. 水稻田面水氮素的动态特征、模式表征及排水流失研究[J]. 环境科
　　学学报,21(4):475-480.

章明奎,李建国,边卓平. 2005. 农业非点源污染控制的最佳管理实践[J]. 浙江农业学报,17(5):
　　244-250.

郑捷,李光永,韩振中,等. 2011. 改进的SWAT模型在平原灌区的应用[J]. 水利学报,42(1):88-
　　97.

郑世宗,陈雪,张志剑. 2005. 水稻薄露灌溉对水体环境质量影响的研究[J]. 中国农村水利水电,
　　(3):7-8.

中华人民共和国环境保护部,中华人民共和国国家统计局,中华人民共和国农业部. 2010. 第一
　　次全国污染源普查公报.

中华人民共和国农业部. 2005. NY/T 889—2004　土壤速效钾和缓效钾含量的测定[S]. 北京:
　　中国标准出版社.

中华人民共和国农业部. 2006. NY/T 1121.6—2006　土壤检测 第6部分:土壤有机质的测定
　　[S]. 北京:中国标准出版社.

中华人民共和国农业部. 2007. NY/T 1121.2—2006　土壤检测 第2部分:土壤pH的测定[S].
　　北京:中国标准出版社.

周伟,田玉华,尹斌. 2011. 太湖地区水稻追肥的氨挥发损失和氮素平衡[J]. 中国生态农业学报,
　　19(1):32-36.

朱庭芸. 1998. 水稻灌溉的理论与技术[M]. 北京:中国水利水电出版社.

邹桂红,崔建勇. 2008. 基于AnnAGNPS模型的农业非点源污染模拟[J]. 农业工程学报,
　　23(12):11-17.

Ahmad K, Gassman P W, Kanwar R. 2002. Evaluation of the tile flow component of the SWAT
　　model under different management systems[R]. Working paper02-WP303. Center for Agricul-
　　tural and Rural Development, Iowa State University.

Allen R G, Pereira L S, Raes D, et al. 1998. Crop Evapotranspiration-Guidelines for Computing
　　Crop Water Requirements-FAO Irrigation and Drainage Paper 56[M]. FAO, Rome.

Allred B J, Brown L C, Fausey N R, et al. 2003. Water table management to enhance crop yields in
　　a wetland reservoir subirrigation system[J]. Applied Engineering in Agriculture, 19(4):
　　407-421.

Arnold J G,Srinivasan R,Muttiah R S,et al. 1998. Large area hydrologic modeling and assessment part I: Model development[J]. Journal of the American Water Resource Association, 34(1):73-89.

Belder P,Spiertz J H J,Bouman B A M,et al. 2005. Nitrogen economy and water productivity of lowland rice under water-saving irrigation[J]. Field Crops Research,93(2):169-185.

Borin M,Tocchetto D. 2007. Five year water and nitrogen balance for a constructed surface flow wetland treating agricultural drainage waters[J]. Science of the Total Environment,380(1): 38-47.

Corwin D L,Loague K,Ellsworth T R. 1998. GIS-based modeling of non-point source pollutants in the vadose zone[J]. Journal of soil and water Conservation,53(1):34-38.

Flanagan D C,Nearing M A. 1995. USDA-water erosion prediction project: Hillslope profile and watershed model documentation[R]. NSERL Report.

Harmsen K,Moraghan J T. 1988. A comparison of the isotope recovery and difference methods for determining nitrogen fertilizer efficiency[J]. Plant and Soil,105(1):55-67.

Hession W C,Shanholtz V O. 1998. A geographic information system for targeting nonpoint source agricultural pollution. Journal of Soil and Water Conservation,43(3):264-266.

Holland J F,Martin J F,Granata T,et al. 2004. Effects of wetland depth and flow rate on residence time distribution characteristics[J]. Ecological Engineering,23(3):189-203.

Jari K,Ekholma P,Räty M,et al. 2003. Retaining agricultural nutrients in constructed wetlands—experiences under boreal conditions[J]. Ecological Engineering,20(1):89-103.

Kang M S,Park S W,Lee J J,et al. 2006. Applying SWAT for TMDL programs to a small watershed containing rice paddy fields[J]. Agricultural Water Management,79(1):72-92.

Knisel W G. 1980. CREAMS:A field-scale model for chemicals,runoff and erosion from agricultural management systems[R]. USDA Conservation Research Report.

Kroes J G,van Dam J C,Groenendijk P,et al. 2008. SWAP version 3. 2:Theory Description and User Manual[K]. Wageningen:Alterra.

Leonard R A,Knisel W G,Still D A. 1987. GLEAMS:Groundwater loading effects of agricultural management systems[J]. Transactions of the American Society of Agricultural Engineers, 30(5):1403-1418.

Lin A Y C,Debroux J F,Cunningham J A,et al. 2003. Comparison of rhodamine WT and bromide in the determination of hydraulic characteristics of constructed wetlands[J]. Ecological Engineering,20(1):75-88.

Liu L G,Cui Y L,Luo Y F. 2013. Integrated modeling of conjunctive water use in a canal-well irrigation district in the Lower Yellow River Basin,China[J]. Journal of Irrigation and Drainage Engineering,139(9):775-784.

Neitsch S L,Arnold J G,Kiniry J R. 2016-06-30. Soil and water assessment tool theoretical documentation version 2000[EB/OL]. http://swat. tamu. edu/documentation/.

Ramanarayanan T S,Storm D E,Smolen M D. 1998. Analysis of nitrogen management strategies using EPIC[J]. Journal of the American Water Resources Association,34(5):1199-1211.

Six J,Elliott E T,Paustian K. 2000. Soil macroaggregate turnover and microaggregate formation: A mechanism for C sequestration under no-tillage agriculture[J]. Soil Biology and Biochemistry,32(14):2099-2103.

Stamou A, Noutsopoulos G. 1994. Evaluating the effect of inlet arrangement in settling tanks using the hydraulic efficiency diagram[J]. Water SA,20(1):77-84.

Stone K C,Hunt P G,Johnson M H,et al. 1998. GLEAMS simulation of groundwater nitrate-N from row crop and swine wastewater spray fields in the eastern Coastal Plain[J]. Transactions of the ASAE,41(1):51-57.

Takeda I, Fukushima A. 2006. Long-term changes in pollutant loadout flows and purification function in a paddy field watershed using a circular irrigation system[J]. Water Research,40: 569-578.

US EPA. 2016-06-30. Better assessment science integrating point and nonpoint source[EB/OL]. https://www. epa. gov/exposure-assessment-models/basins.

US EPA. 2016-06-30. Nonpoint source: Agriculture[EB/OL]. https://www. epa. gov/polluted-runoff-nonpoint-source-pollution/nonpoint-source-agriculture.

Wahl M D,Brown L C,Soboyejo A O,et al. 2010. Quantifying the hydraulic performance of treatment wetlands using the moment index[J]. Ecological Engineering,36(12):1691-1699.

Williams J R,Renard K G,Dyke P T. 1983. EPIC:A new method for assessing of erosion's effect on soil productivity-the EPIC model[J]. Journal of Soil and Water Conservation, 38 (5): 381-383.

Wischmeier W H,Smith D D. 1978. Predicting rainfall erosion losses-A guide to conservation planning[R]. Predicting Rainfall Erosion Losses-A Guide to Conservation Planning.

Xie X H,Cui Y L. 2011. Development and test of SWAT for modeling hydrological processes in irrigation districts with paddy rice[J]. Journal of Hydrology,396(1):61-71.

Young R A,Onstad C A,Bosch D D,et al. 1989. AGNPS,agricultural nonpoint source pollution model for evaluating agricultural watersheds[J]. Journal of Soil and Water Conservation, 44(2):164-172.

Zheng J,Li G,Han Z,et al. 2010. Hydrological cycle simulation of an irrigation district based on a SWAT model[J]. Mathematical and Computer Modelling,51(11):1312-1318.